工程软件职场应用实例精析丛书

VERICUT 多轴机床搭建及仿真应用实例

主　编　韩富平　李春光　陈天祥

副主编　杜　静　张　晶　解广娟

参　编　张璐丹　张静静　任志勇　孙红花

陈　琳　田东婷　孙淑君　俞清辉

主　审　袁　懿　李凤波　张慧超

机械工业出版社

本书基于 VERICUT 9.1 中文版平台实际操作内容编制，全面系统、深入浅出地介绍了 VERICUT 数控仿真的操作技术与数控机床搭建的流程应用。全书共 10 章，主要内容包括 VERICUT 基础操作、组件定义、机床仿真环境构建，以及各种机床（三轴立式机床、四轴立式机床、四轴卧式机床、五轴 AC 摇篮机床及五轴 BC 双转台机床）的搭建流程及仿真讲解等，讲解范围涵盖了市面上绝大部分机床种类。读者学习本书后可掌握 VERICUT 数控机床搭建及仿真系统的操作技术与运用技巧，配合本书提供的案例素材文件、案例结果文件和讲解视频（用手机扫描相应二维码获取）进行实操，可实现从入门到精通。为便于读者学习，本书赠送 PPT 课件，联系 QQ296447532 获取。

本书可作为数控加工仿真应用参考教程，还可作为职业院校多轴仿真教学培训教程，同时可作为制造企业相关专业技术人员的自学参考用书。

图书在版编目（CIP）数据

VERICUT 多轴机床搭建及仿真应用实例 / 韩富平，李春光，陈天祥主编. -- 北京 : 机械工业出版社，2025. 2. --（工程软件职场应用实例精析丛书）. -- ISBN 978-7-111-77589-8

I. TG659

中国国家版本馆 CIP 数据核字第 202530Q9R6 号

机械工业出版社（北京市百万庄大街 22 号　邮政编码 100037）
策划编辑：周国萍　　责任编辑：周国萍　王春雨
责任校对：潘　蕊　李　杉　　封面设计：马精明
责任印制：张　博
北京雁林吉兆印刷有限公司印刷
2025 年 5 月第 1 版第 1 次印刷
184mm×260mm・11.25 印张・253 千字
标准书号：ISBN 978-7-111-77589-8
定价：59.00 元

电话服务
客服电话：010-88361066
010-88379833
010-68326294

网络服务
机　工　官　网：www.cmpbook.com
机　工　官　博：weibo.com/cmp1952
金　书　网：www.golden-book.com
机工教育服务网：www.cmpedu.com

前　言

VERICUT 软件是 CGTech 公司研发的一款数控加工仿真、优化软件，是当前全球数控加工程序验证、机床模拟、程序优化软件领域的领军者。该软件自 1988 年开始推向市场以来，始终与世界先进的制造技术保持同步，被广泛应用于航空航天、船舶、军工、电子、汽车、模具、动力等领域，已成为行业的标杆。

鉴于 VERICUT 在机械加工领域的卓越表现，VERICUT 被评定为全国数控技能大赛指定的仿真软件平台。

本书基于 VERICUT 9.1 中文版平台实际操作内容编制，全面系统、深入浅出地介绍了 VERICUT 数控仿真的操作技术与数控机床搭建的流程应用。全书共 10 章，主要内容包括 VERICUT 9.1 基础操作、组件定义、机床仿真环境构建，以及各种机床（三轴立式机床、四轴立式机床、四轴卧式机床、五轴 AC 摇篮机床及五轴 BC 双转台机床）的搭建流程及仿真讲解等，讲解范围涵盖了市面上绝大部分机床种类。为帮助读者实现从入门到精通，书中提供了相关的案例素材文件、案例结果文件（可用手机扫描下面二维码下载）和讲解视频（可用手机扫描正文中相应二维码观看）。为便于读者学习，本书赠送 PPT 课件，联系 QQ296447532 获取。

本书内容循序渐进，以图文对照方式进行编写，通俗易懂，可帮助 VERICUT 用户迅速掌握和全面提高使用技能，对具有一定基础的用户也有参考价值，并可供企业、研究机构、大中专院校从事 CAD/CAM 的专业人员使用。

在编写本书的过程中，我们得到了工程师及老师们的多方面的支持和帮助。在此特别感谢北京新吉泰软件有限公司（CGTech China）提供的 VERICUT 9.1 正版软件及技术支持。

由于编者水平有限，书中难免存在错误与不妥之处，恳请广大读者发现问题后不吝指正。

编　者

VT 案例素材文件

VT 案例结果文件

目　录

第 1 章　VERICUT 基础操作

本章将介绍 VERICUT 软件界面，缩放、平移及旋转，快捷按钮的添加，菜单命令的添加，项目树及坐标系等功能。

1.1　VERICUT 软件界面

VERICUT 软件界面如图 1-1 所示。

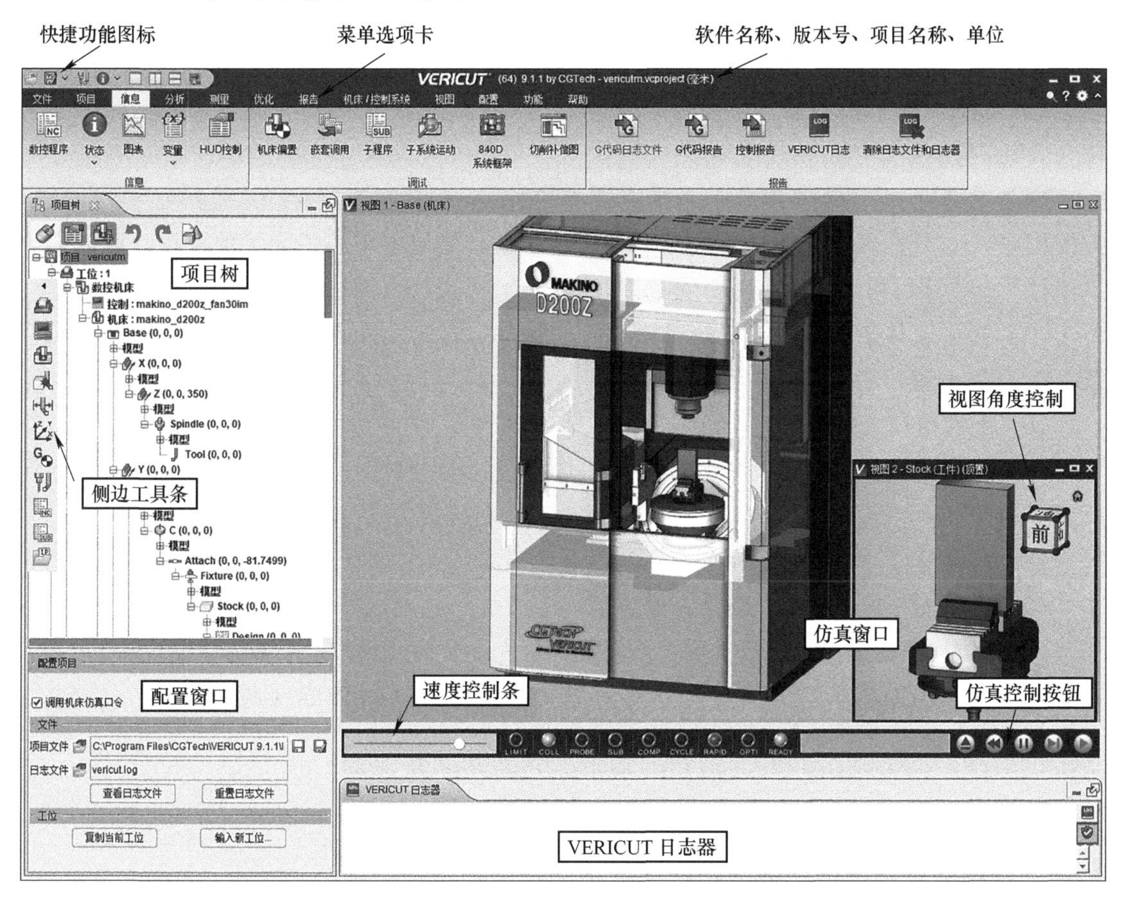

图　1-1

（1）快捷功能图标　图 1-1 中的快捷功能图标包括打开项目、保存项目、刀具、状态、单视图、双视图（水平）、双视图（垂直）、手工数据输入，用户也可以根据需要自定义快捷按钮栏来设置快捷功能。

（2）菜单选项卡

1）文件：包括新建项目、打开项目、保存项目、模型数据转换、模型输出等命令。

2）项目：项目树中工位参数的相关设置。

3）信息：用于查看仿真状态信息。

4）分析：用于对加工过程中的欠切和过切进行检查。

5）测量：对加工完的零件进行尺寸测量分析。

6）优化：对刀具轨迹进行优化。

7）报告：用于生成工艺报表。

8）机床 / 控制系统：用于对机床参数及控制系统进行配置及修改。

9）视图：设置视图显示数量、视图类型及工具按钮的显示等。

10）配置：设置颜色显示以及预设值等。

11）功能：模型格式之间的转换以及手动编程等。

12）帮助：VERICUT 帮助文档的打开及初始界面的打开等。

用户也可以根据需要自定义菜单命令栏来添加新页、新组等。

（3）软件名称、版本号、项目名称、单位　可以看到软件名称、版本号、项目名称和单位（公制 / 英制）。

（4）项目树　项目树相当于一个仿真要素的目录，包括机床、控制系统、毛坯、刀具、数控程序、G- 代码偏置以及可选的夹具和设计模型。如果不小心关闭了项目树，可以单击“项目”→“项目树”即可重新出现。

（5）侧边工具条　侧边工具条包括工位、控制、机床、检查碰撞、检查行程、坐标系统、G- 代码偏置、加工刀具、数控程序等。

（6）配置窗口　用来配置项目树中的各个参数。

（7）视图角度控制　在图形显示区域，选择任意一个视图，视图控制块会自动跳转到所选择的窗口。

（8）仿真窗口　包括显示机床、夹具、毛坯等。

（9）速度控制条　用于控制仿真的速度。

（10）仿真控制按钮　包括重置、倒回数控程序、暂停、单步、仿真。

（11）VERICUT 日志器　包含了错误、报警、消息。当 VERICUT 重新启动后，日志文件会被清空。该日志文件也可以另存，以便永久保存。

1.2　缩放、平移、旋转应用

在图形窗口将光标移动到想要设置为旋转中心的地方，右击，在弹出的快捷菜单中选择设置旋转中心按钮，即可设置旋转中心。

1）旋转：按住左键并拖动鼠标。

2）缩放到所选区域：按住中键。

3）平移：按住右键或左键 +<Shift> 键。

4）放大选择区域：按下鼠标中键并拖动鼠标。

5）缩放：滚动中键。

通过“配置”→“预设置”→“显示”→“鼠标控制方式”，可以选择所习惯的鼠标控制方式，如图 1-2 所示。

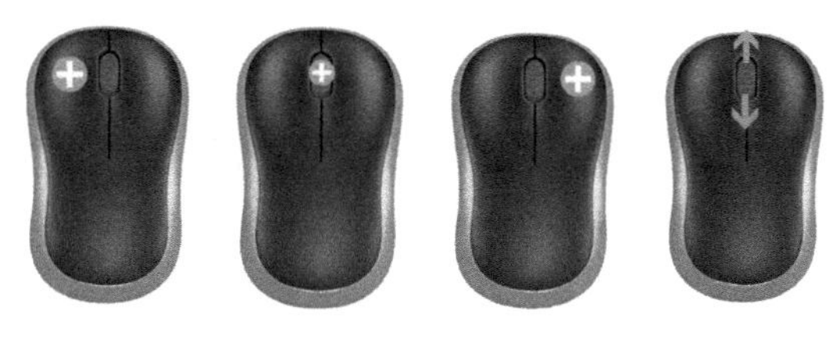

图　1-2

1.3　快捷按钮的添加

在菜单栏空白处右击选择“自定义快捷按钮栏”，如图 1-3 所示，弹出“自定义菜单命令栏”对话框，例如：①单击“文件汇总”→②单击“增加”，即可完成快捷按钮的添加，如图 1-4 所示。

自定义快捷按钮栏...
隐藏快捷按钮栏
自定义菜单命令栏...
最小化菜单命令栏

图　1-3

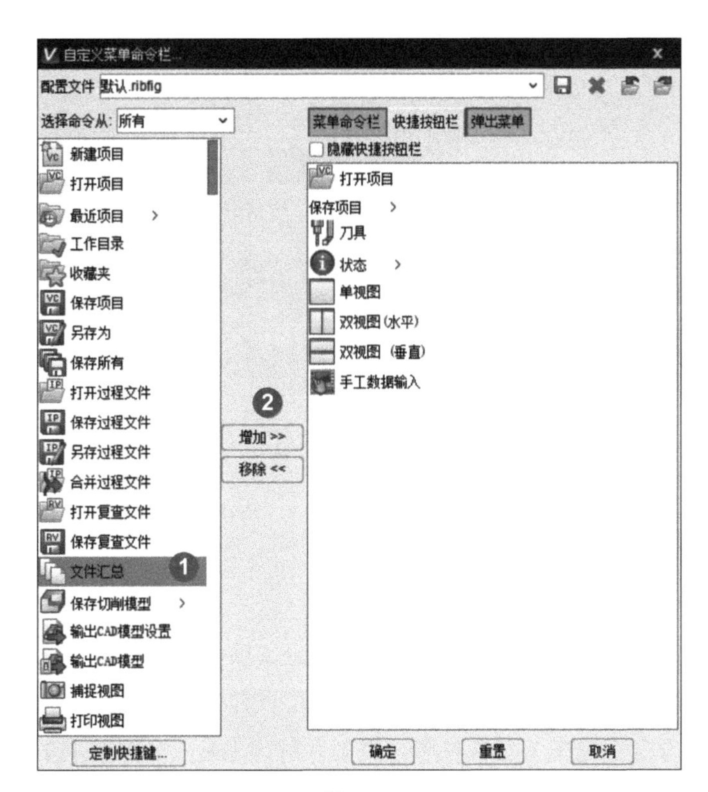

图　1-4

1.4 菜单命令的添加

在菜单栏空白处右击选择“自定义菜单命令栏”，如图 1-5 所示，弹出“自定义菜单命令栏”对话框，例如在“项目”选项卡下添加“文件汇总”：①单击“项目文件”→②单击“文件汇总”→③单击“增加”，即可完成菜单命令的添加，如图 1-6 所示。不需要的命令也可移除：单击不需要的命令→单击“移除”，这样就可以把不需要的命令移除。

自定义快捷按钮栏...
隐藏快捷按钮栏
自定义菜单命令栏...
最小化菜单命令栏

图 1-5

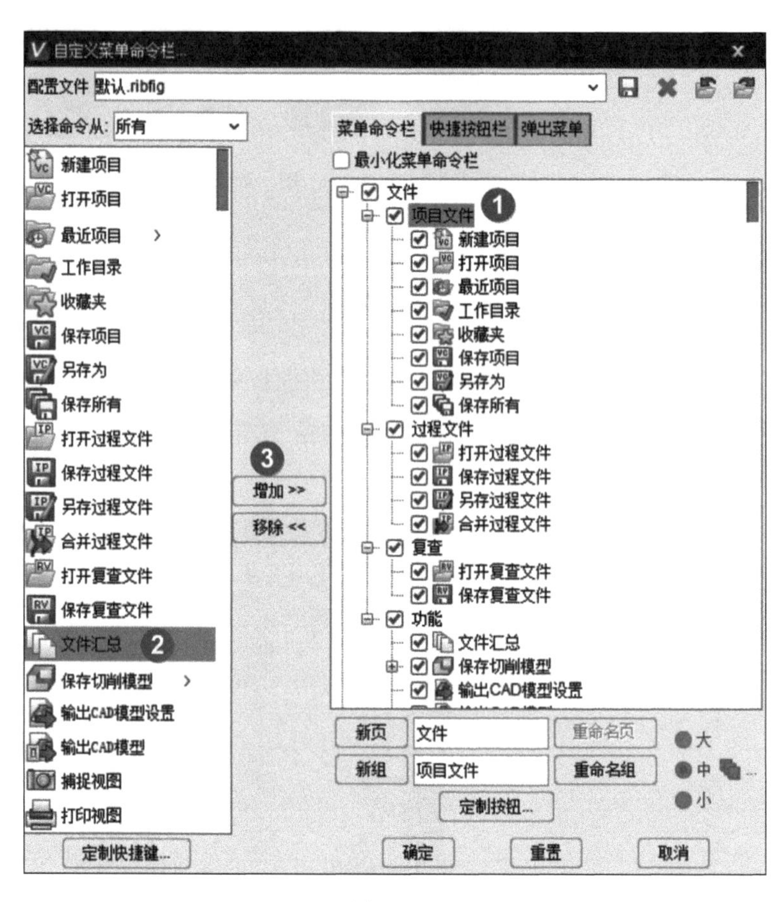

图 1-6

1.5 项目树介绍

VERICUT 项目树如图 1-7 所示，通过项目树能够设置一个零件从毛坯到最终加工成形的整个工艺加工仿真流程。一个项目中可以包含一个工位（工序），也可以包含多个工位（工序），每个工位中又包含机床、控制系统、毛坯、工装夹具、刀具、程序等加工要素。

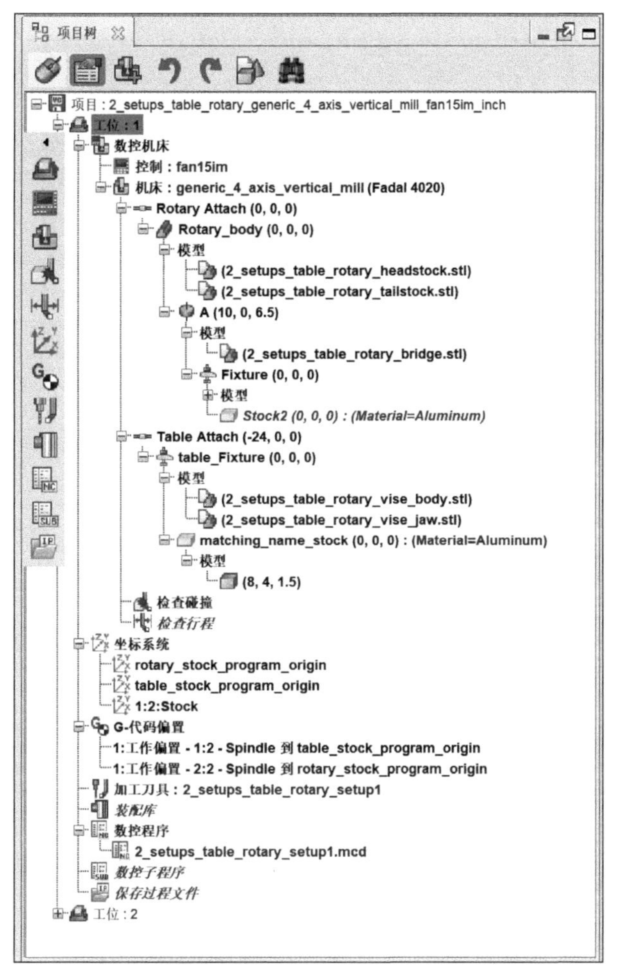

图 1-7

1.6 项目树的配置

配置项目树流程如同在机床上加工一个零件，需要有机床、控制系统、刀具、数控程序，找编程零点、对刀。在 VERICUT 中配置一个完整的工位也需要调用机床、控制系统、毛坯、刀具、数控程序，并且要设置编程零点、对刀。

当新建一个项目后，项目树中的分支都以紫红色显示，说明对应的分支没有被配置设定。当用户对相应的分支配置后，该分支就会显示黑色。下面是项目树中包含的配置项的说明。

1. 项目配置

在项目树中“项目”右侧显示该项目的名称，一个项目可以链接一个工位或多个工位。单击“项目”，在项目树下方显示“配置项目”对话框，如图 1-8 所示。如配置项目窗口被隐藏了，可以单击项目上面的配置按钮即可调出配置项目窗口。

图 1-8

当勾选“调用机床仿真口令”时，机床在发生碰撞时会停下来。

2. 工位配置

在项目树中单击“工位”，在项目树下方显示“配置工位”对话框，包括“运动”和“G- 代码”选项卡。

在“运动”选项卡中可以设置最大每分进给、最大每转进给、始终开启刀具主轴、检查主轴方向等，如图 1-9 所示。

在“G- 代码”选项卡中可以设定编程方式、刀具半径补偿方式等，如图 1-10 所示。

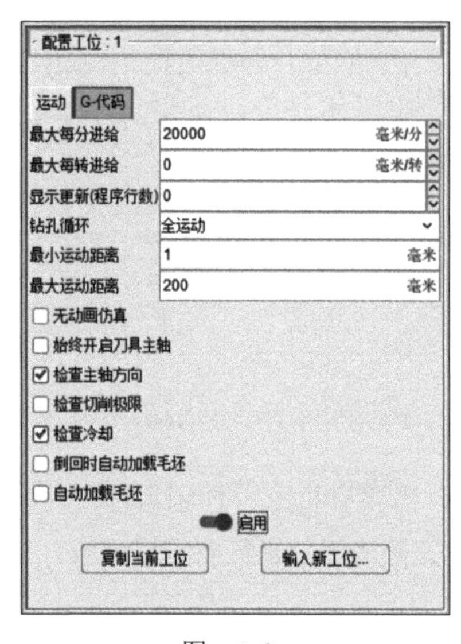

图 1-9

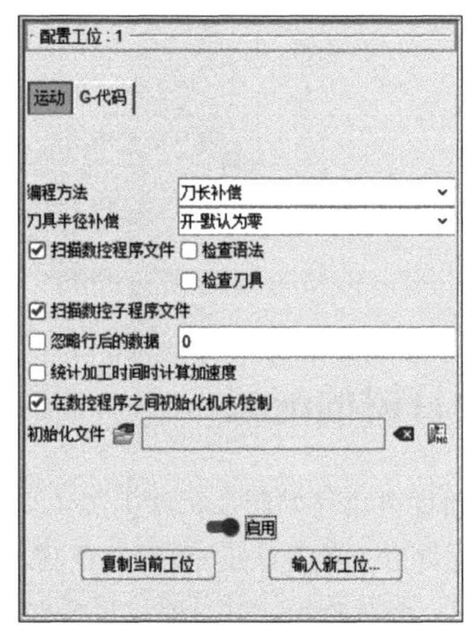

图 1-10

3. 数控机床配置

在项目树中单击“数控机床”，在“配置 CNC 机床”选项中通过菜单选择相应的仿真机床环境和控制系统，如图 1-11 所示。也可以右击“机床”和“控制”选项，选择“打开”，然后到 VERICUT“控制系统库”中选择机床和控制系统或者浏览用户自定义的位置去选择相应的机床文件和控制文件。

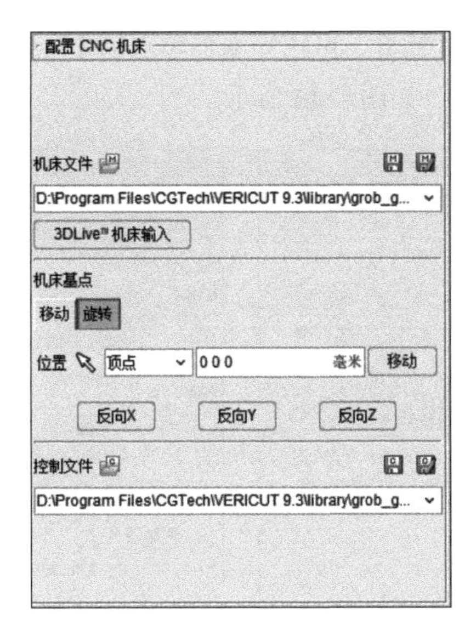

图 1-11

4. 配置模型

在项目树中单击“Stock”（毛坯），在“配置组件 :Stock”对话框中选择“添加模型”命令，选择要添加模型的形状，弹出“配置模型”对话框，输入相应的参数。同样操作添加“Fixture”模型和“Design”理论设计模型，如图 1-12 所示。

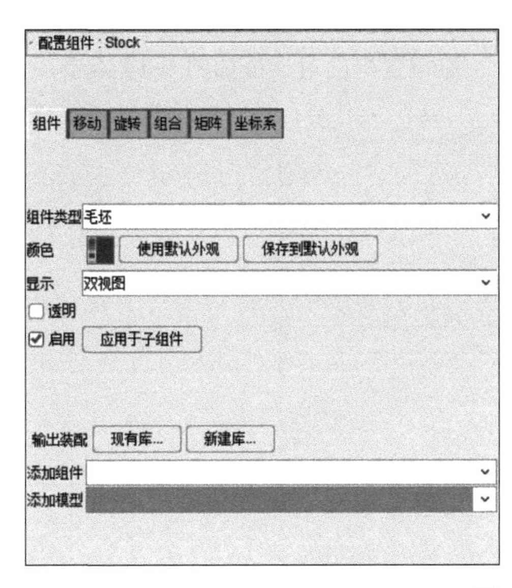

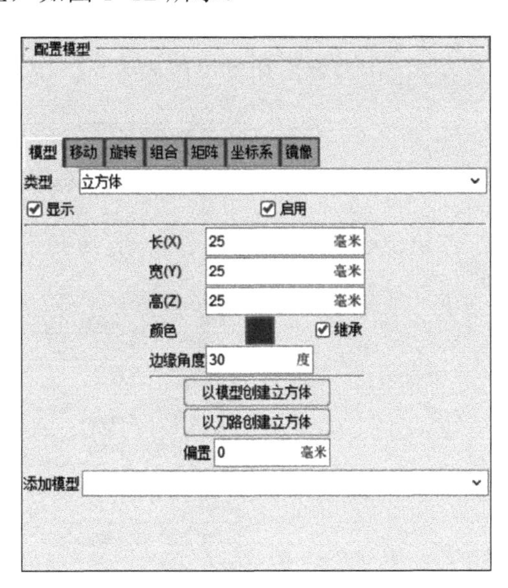

图 1-12

VERICUT 可以构建一些标准的几何模型，如方块、圆锥、圆柱、二维轮廓旋转及二维轮廓拉伸。如果模型是不标准的几何模型，可以通过 CAD/CAM 软件导出 stl、step 格式等，再通过“模型文件”加载到 VERICUT 中。

5. 坐标系统配置

在项目树中，单击“坐标系统”弹出“配置坐标系统”对话框，单击“新建坐标系”弹出“配置坐标系统：Csys1”对话框，可作为编程零点的坐标系。也可以添加其他用于仿真配置和模型操作的辅助坐标系，如图 1-13 所示。

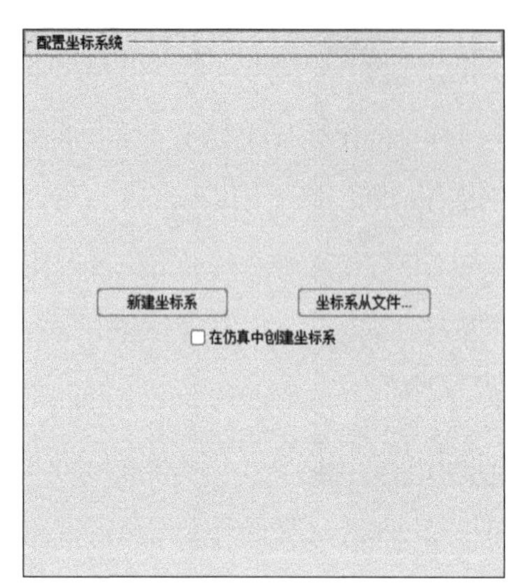

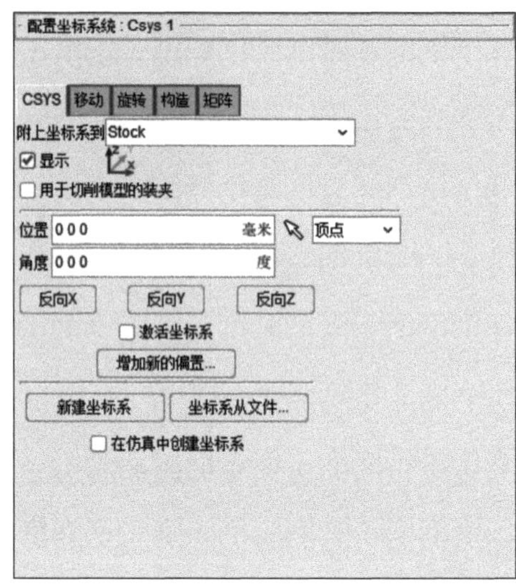

图 1-13

6. G- 代码偏置配置（设置对刀方式）

G- 代码偏置用于设定数控程序的加工基准，也就是实际加工所说的对刀。VERICUT 提供的对刀方式有“基于工作偏置”“工作偏置”“平移偏置”“程序零点”。常用的只有两种：“基于工作偏置”和“工作偏置”，选择“工作偏置”的对话框如图 1-14 所示。

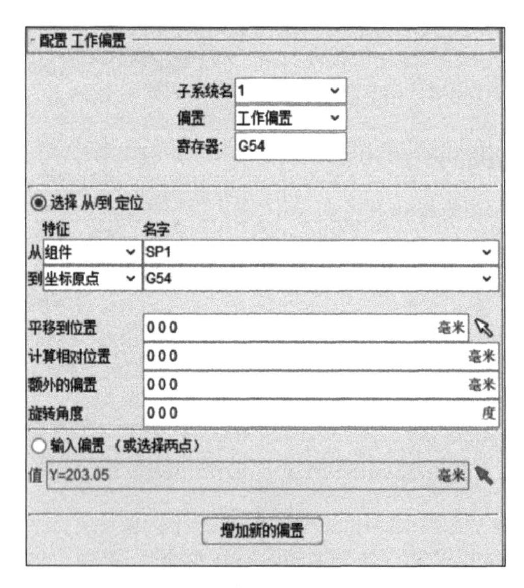

图 1-14

7. 加工刀具配置

在项目树中，单击“加工刀具”，在“配置刀具”对话框（图 1-15）中浏览已有的刀具库文件或者右击打开“刀具管理器”对话框进行设置，如图 1-16 所示。

配置刀具

刀具库文件　\CGTech\VERICUT 9.3\library\vericutm.tls

换刀　刀具号码

通过列表换刀...

初始刀具

刀具覆盖

最小切刀高度　0　毫米

控制点　刀尖

计算最小刀具夹持长度　更新

刀柄间隙　0　毫米

不缩短刀具　保持刀柄堆叠

显示刀柄　双视图

刀杆显示　双视图

显示刀具　双视图

透明

图　1-15

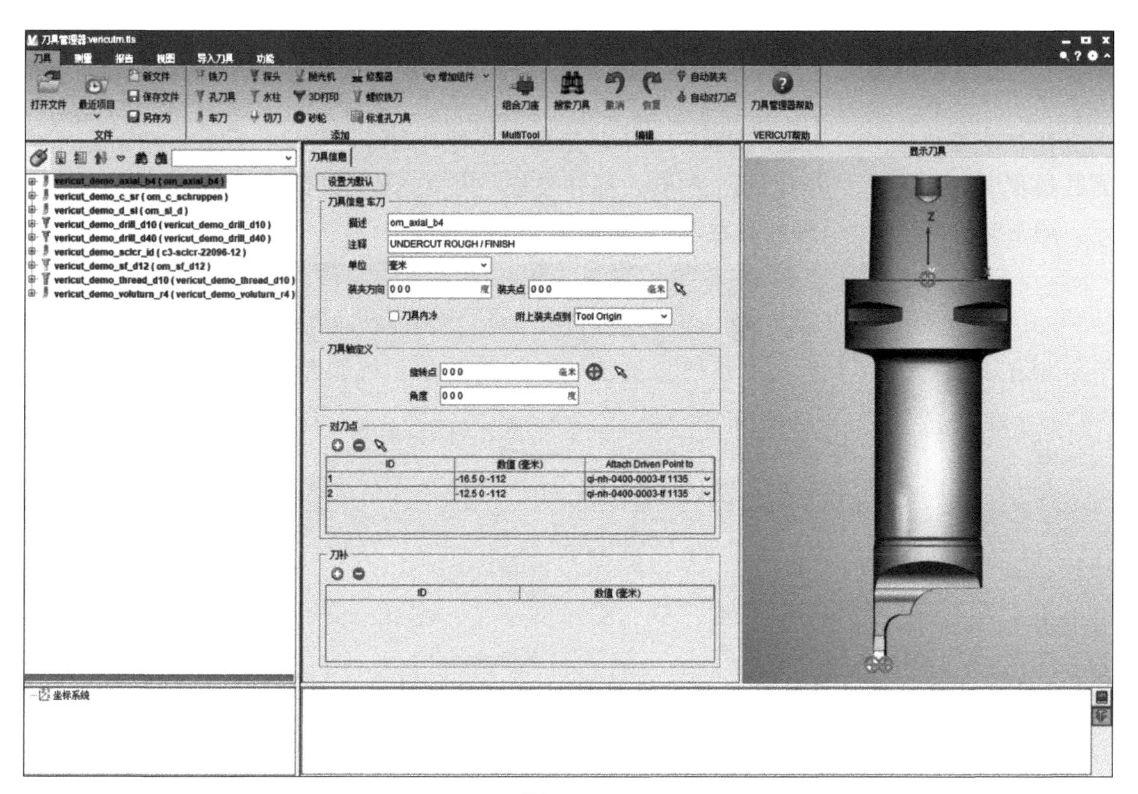

图　1-16

8．数控程序配置

在项目树中单击“数控程序”，在“配置数控程序”对话框中选择数控程序类型，默认“G- 代码数据”，然后单击“添加数控程序”，如图 1-17 所示。按照加工工艺顺序添加仿真程序，也可以在添加到 VERICUT 中后，通过“拖动”操作将程序按照加工工艺顺序排列进行仿真。

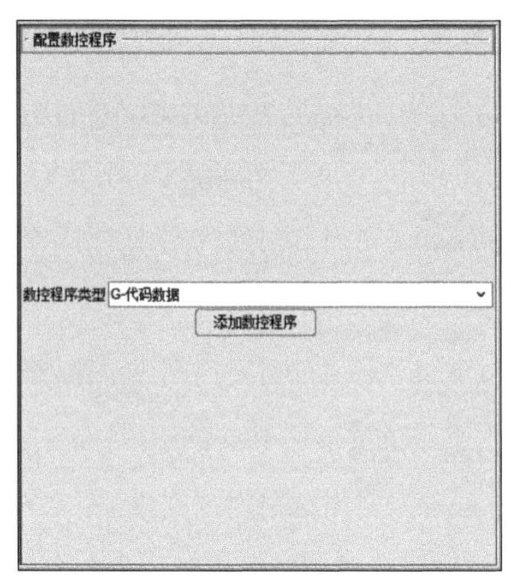

图 1-17

1.7 属性设置

在系统主菜单中，单击“配置”菜单，选择“属性”命令，弹出“设置”对话框，设置数控程序复查选项、复查时填充材料及插补公差、模型公差、切削公差等，如图 1-18 所示。通常在仿真之前进行属性设置。

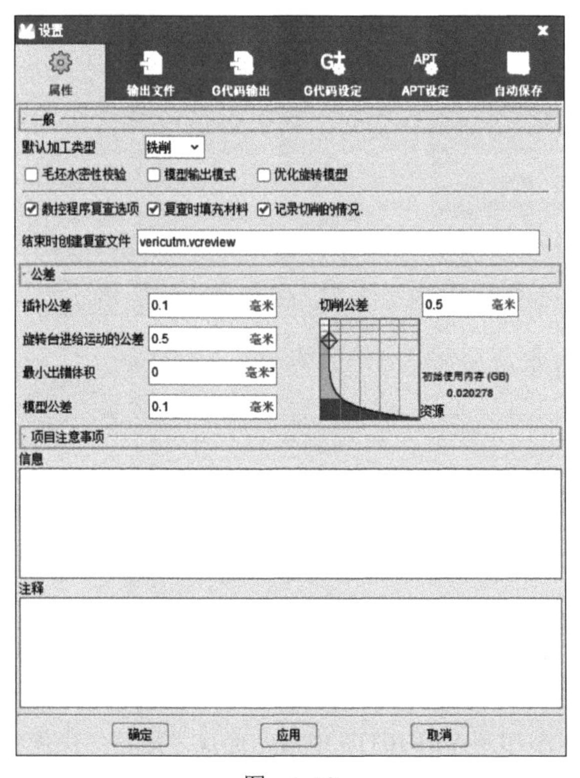

图 1-18

1.8　颜色设置

VERICUT 提供了很多颜色，以便用户选用不同的颜色区分不同的组件、模型、进给速度、切削刀具、坐标系等。

在系统主菜单中，选择“配置”→“颜色”命令，弹出“颜色”对话框，根据需要设置仿真颜色。

（1）“分配”选项卡　如图 1-19 所示，分配视图窗口中背景显示的颜色（需要在视图窗口中右击，将“背景样式”选择为“渐变”）。

（2）“切削颜色”选项卡　如图 1-20 所示，分配切削、刀具、进给速度范围和数控程序的颜色。可以添加更多的颜色，仿真加工按照颜色分配顺序依次显示。

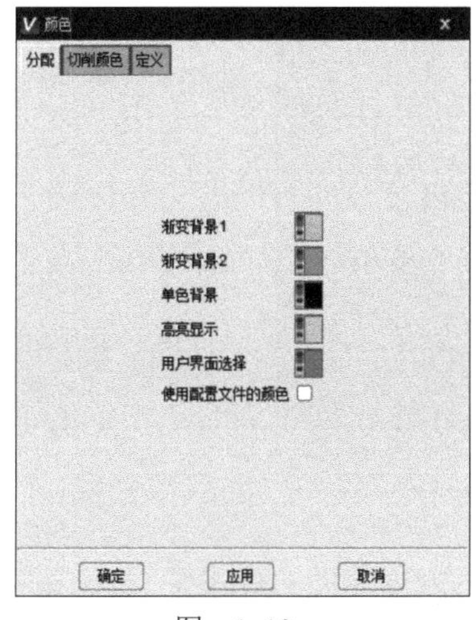

图　1-19

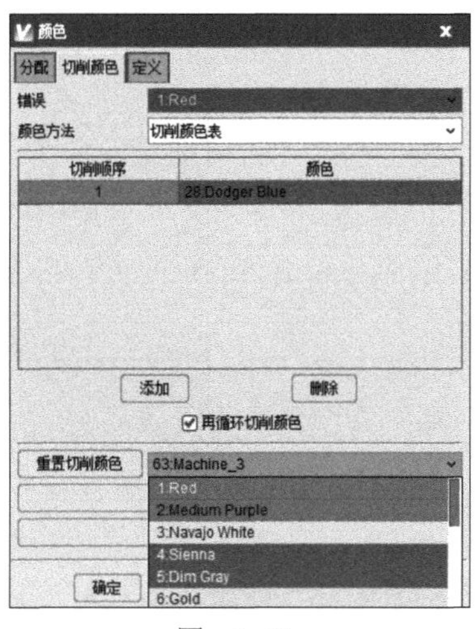

图　1-20

（3）“定义”选项卡　如图 1-21 所示，根据 RGB 定义更多的颜色，同时 VERICUT 提供了一个 RGB 颜色清单供用户参考。另外，可以定义视图窗口的“背景”颜色为单色显示（需要在视图窗口中右击，将“背景样式”选择为“单色”）。“前景”改变的是 VERICUT 自带的坐标系的颜色，例如机床基点、组件坐标系及工件坐标系等。

图　1-21

1.9 坐标系

根据使用需要，VERICUT中可以有多个坐标系，每个组件有自己的坐标系，称为组件坐标系；每个模型有自己的局部坐标系，称为模型坐标系；还有机床坐标系、工作坐标系，用户还可以自定义用户坐标系。

选择“视图”→“显示坐标系”命令，系统弹出图 1-22 所示的“显示坐标系”对话框。在该对话框中可以设置视图中是否显示描述坐标系的坐标轴。

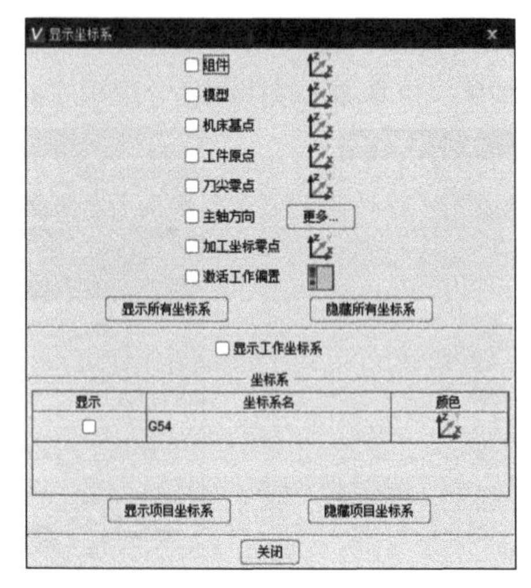

图 1-22

（1）组件坐标系　勾选“组件”，显示组件坐标系的 XYZ 组件轴。每个组件都有自己的局部坐标系。

（2）模型坐标系　勾选“模型”，显示模型坐标系的 XYZ 模型轴。每个模型都有自己的局部坐标系。

（3）机床坐标系　勾选“机床基点”，显示 XYZ 机床原点轴，表示定义 NC 机床的坐标系。

（4）工件坐标系　勾选“工件原点”，显示 XYZ 工件原点轴，这些轴表示与毛坯、夹具和设计组件连接的坐标系原点。

（5）用户自定义坐标系　用户可以自定义坐标系，单击工具栏中的“项目树”按钮，系统将打开“项目树”对话框。在列表框中选择“坐标系”或单击“项目树”中按钮，再单击“新建坐标系”按钮，“项目树”对话框变成“配置坐标系统”对话框，这时可以自定义用户坐标系。

第 2 章 机床仿真环境搭建讲解

2.1 机床仿真环境的意义

VERICUT 机床仿真环境有效避免了实际机床加工过程中的碰撞和干涉问题，机床创建过程完全按照机床运动原理进行分解，通过组件和模型的概念来定义运动轴的方向、原点、模型定位设置等。

2.2 机床仿真环境搭建基础

扫一扫，看视频

1. 坐标系

（1）组件坐标系　每个组件都有自己的坐标系，通过组件坐标系判断该组件相对于机床零点的位置和运动方向。

例如：①右击空白处，弹出右键快捷菜单→②将光标移动到“显示坐标系”→③单击组件→④单击 Z 轴组件，就会出现这个组件的坐标系如图 2-1 所示。

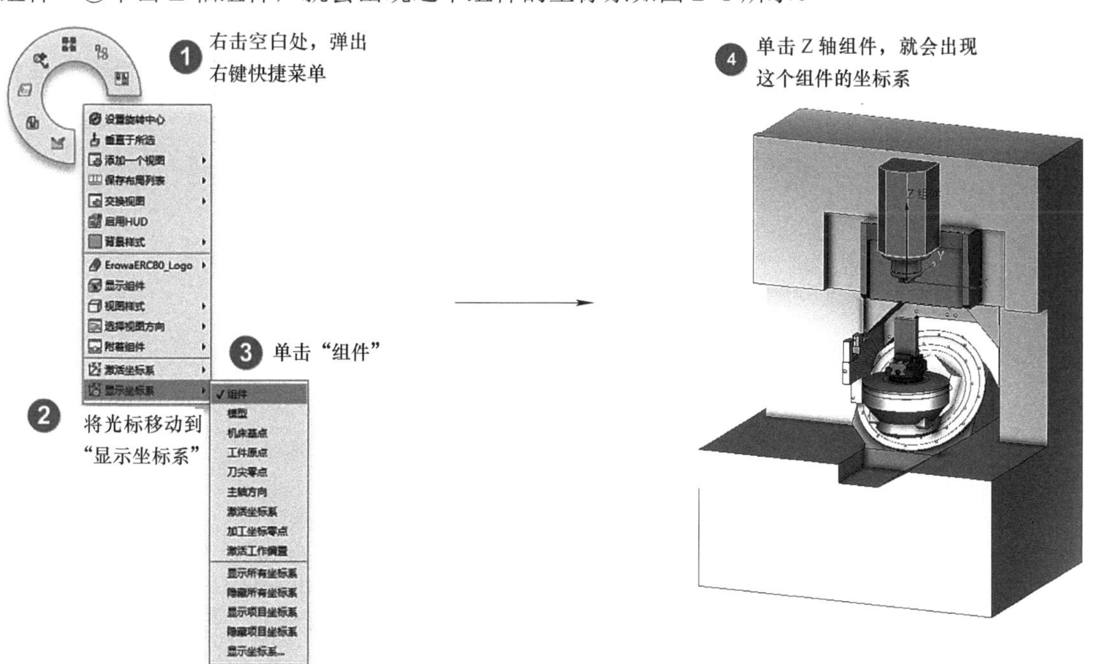

图　2-1

（2）模型坐标系　每个模型都有自己的坐标系，模型通过为组件提供三维几何形状与组件相关联。

例如：①右击空白处，弹出右键快捷菜单→②将光标移动到“显示坐标系”→③选择“模型”→④单击 Z 轴组件，就会出现这个模型的坐标系如图 2-2 所示。

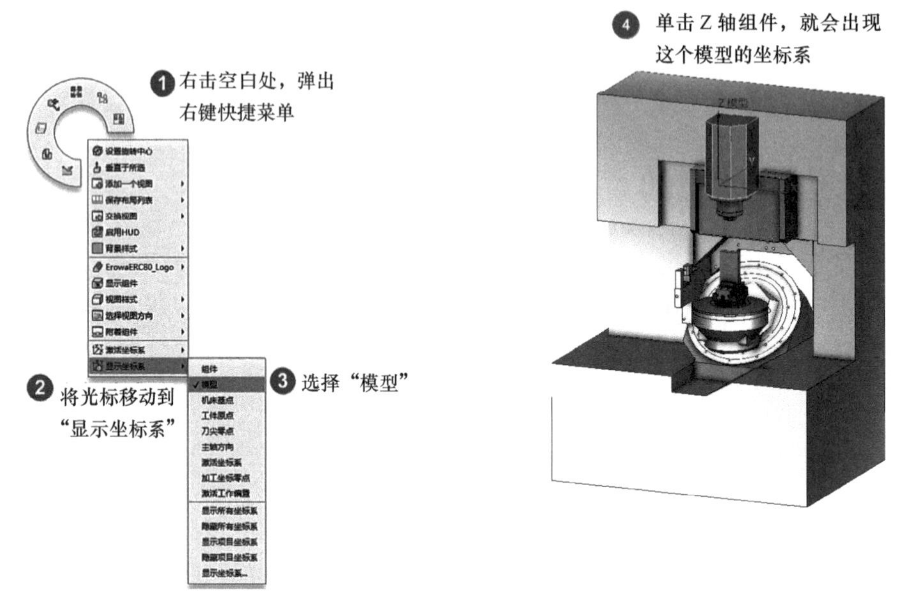

图　2-2

（3）机床基点　机床坐标系是 VERICUT 自带的坐标系，是定义机床和机床工作台的参考坐标系。构建机床时可以将此坐标系作为机床的零点坐标系构建，其他运动轴的位置相对此坐标系的偏置值就会被很方便地计算。

例如：①右击空白处，弹出右键快捷菜单→②将光标移动到“显示坐标系”→③选择“机床基点”→④所显示坐标原点即为机床基点如图 2-3 所示。

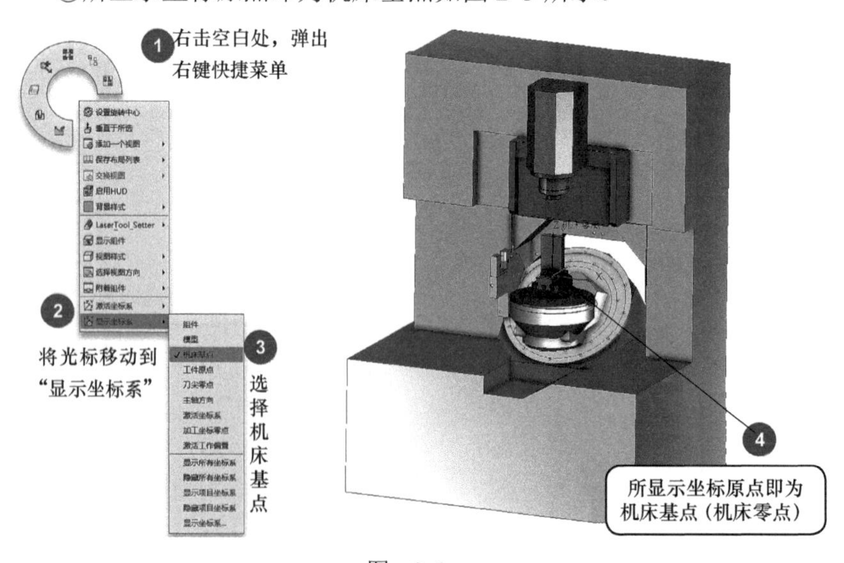

图　2-3

2. 机床组件逻辑关系（下面介绍只适用于图例机床，不同机床逻辑关系不同）

（1）基体到刀具　例如：①基体（床身 Base）→② X 轴→③ Z 轴→④刀具，如图 2-4 所示。

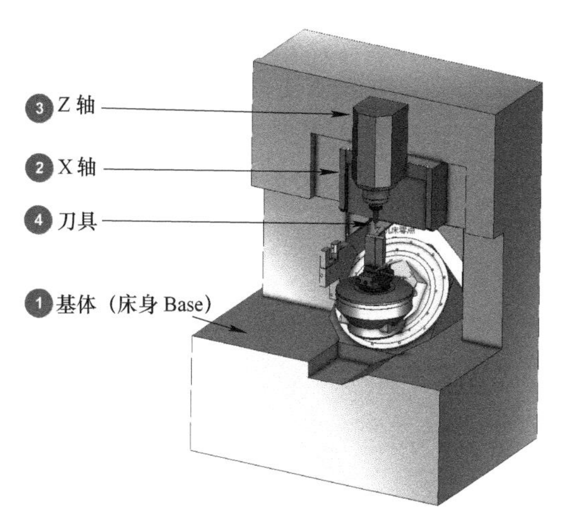

图　2-4

（2）基体到附件　例如：①基体（床身 Base）→② Y 轴→③ B 轴→④ C 轴→⑤自定心虎钳→⑥毛坯，如图 2-5 所示。

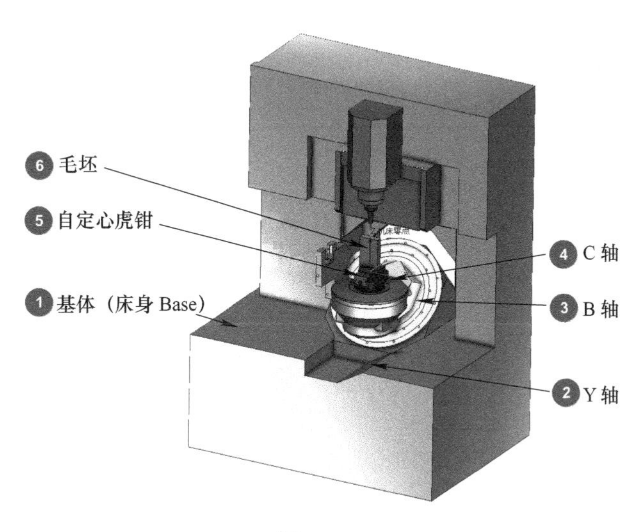

图　2-5

3. 机床类型（铣床）

机床类型（铣床）包含三轴立式机床、三轴卧式机床、四轴立式机床、四轴卧式机床、四轴摆头机床、五轴 AC 摇篮机床、五轴 BC 一转头一转台机床、五轴 AC 双摆头龙门机床、五轴 BC 非正交摇篮机床、五轴 BC 非正交一转头一转台机床、五轴 AC 非正交一转头一转台机床。

2.3 机床仿真环境搭建的概念

机床仿真环境的搭建实际上就是将数控机床实体按照运动逻辑关系进行分解，并为各组件添加相关的模型，然后按照它们之间的逻辑结构关系进行“装配”。

1. 组件

1）VERICUT 使用不同类型的组件表示不同功能的实体模型，并用模型来定义各组件的三维尺寸及形状。

2）组件被默认为没有尺寸和形状，如图 2-6 所示，组件只定义了实体模型的功能，通过增加模型到组件，使组件具有三维尺寸及形状。

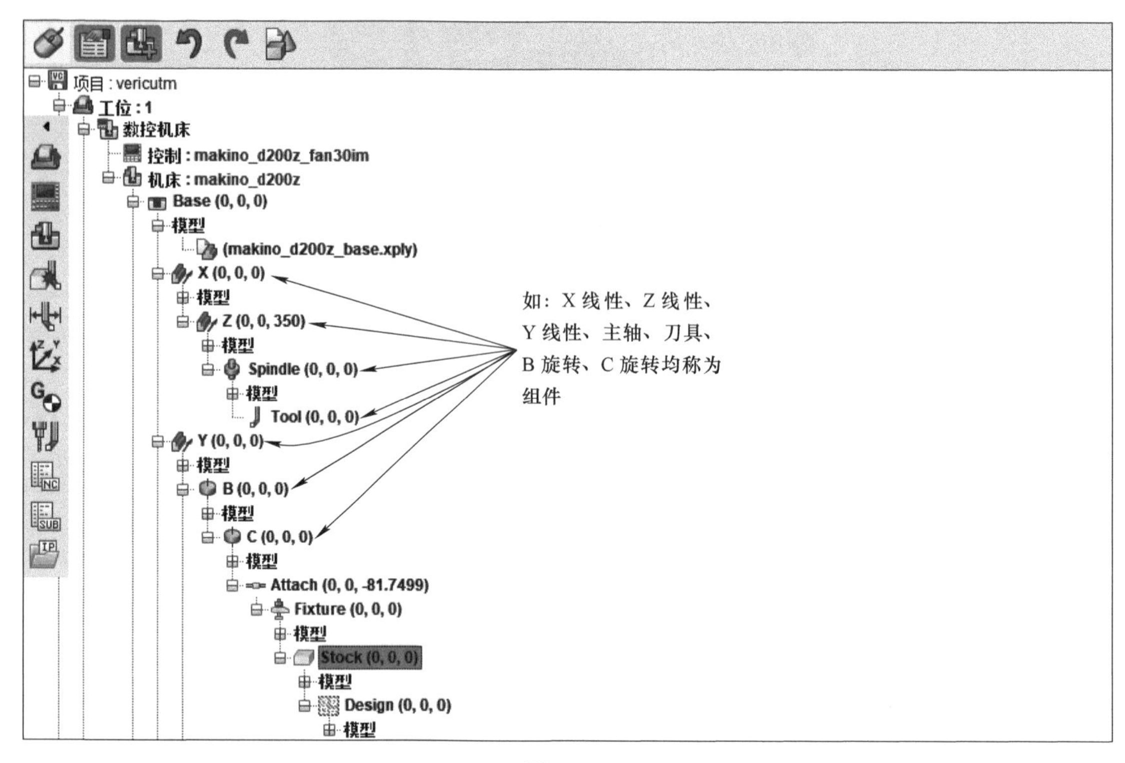

图 2-6

2. 模型

1）模型将使组件具有三维尺寸和形状。

2）通过将模型放到相应组件中完成机床模型的搭建。

3）每个模型都有自己的坐标系，通过调整模型位置来满足组件的逻辑关系。

2.4 机床仿真环境搭建流程

1. 建立机床各运动组件的逻辑关系

（1）Base（床身）→ Z 组件→主轴→刀具　具体操作步骤：

1）新建项目。在“新建 VERICUT 项目”对话框中，①选“新建项目”→②选“毫米”→③填写新建项目名称“2.1.4 机床仿真环境搭建流程 .vcproject”→④单击“确定”，如图 2-7 所示。

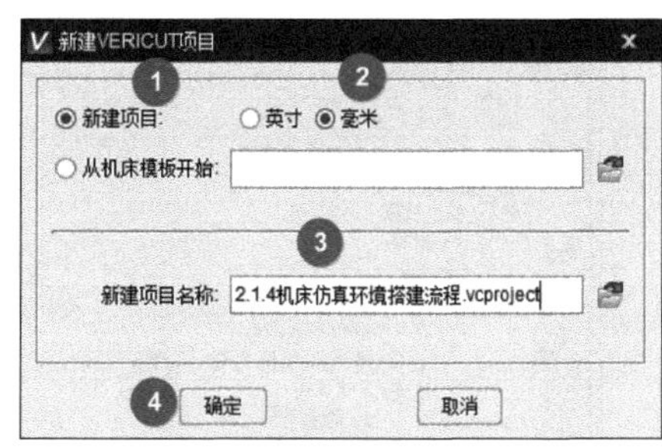

图　2-7

2）①右击“Base”→②将光标移至“添加组件”→③选择“Z 线性”→④添加好 Z 组件→⑤右击“Z”组件→⑥将光标移至“添加组件”→⑦选择“主轴”→⑧添加好主轴组件→⑨右击“Spindle”→⑩将光标移至“添加组件”→⑪选择“刀具”→⑫添加好刀具组件，如图 2-8 所示。

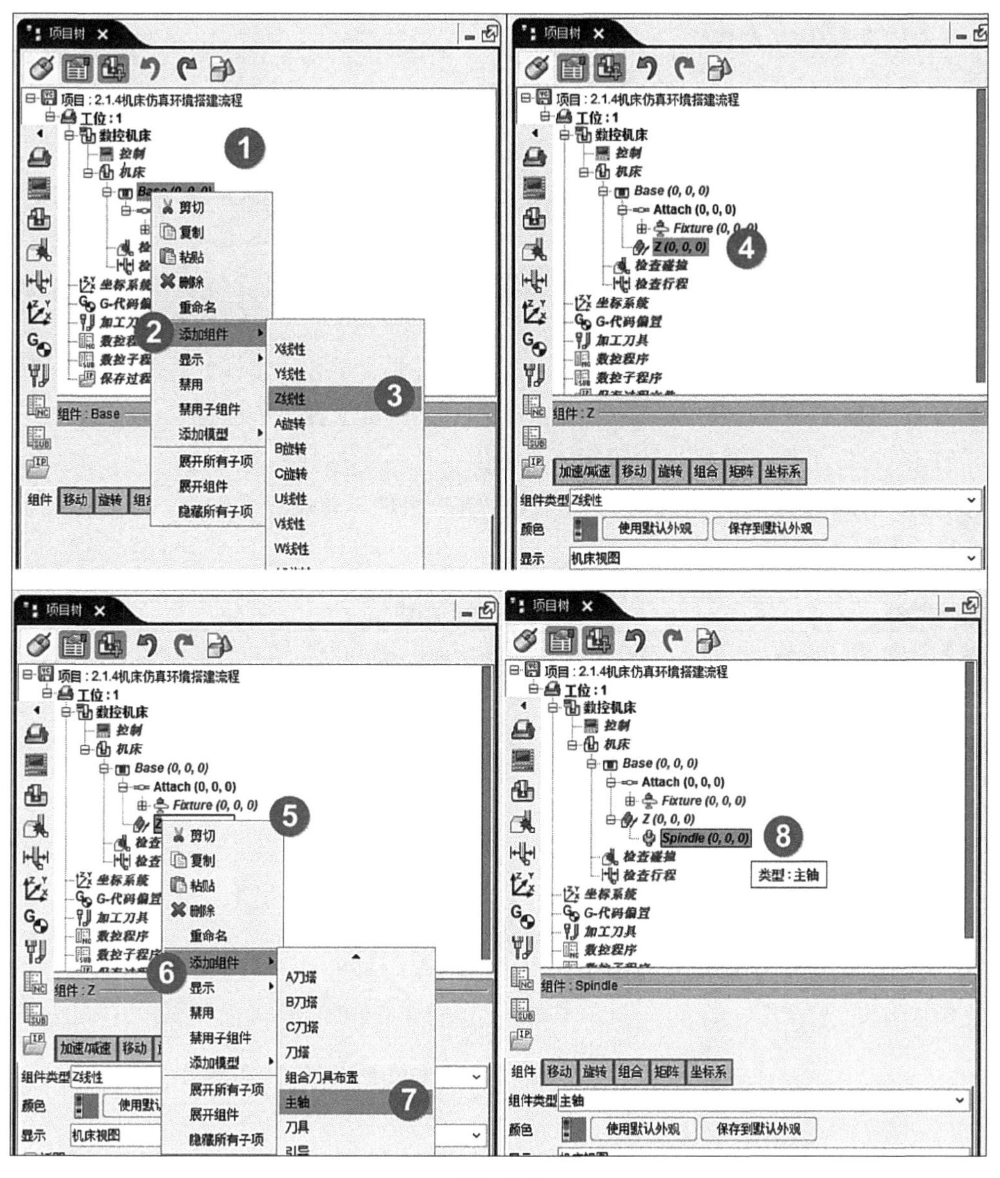

图　2-8

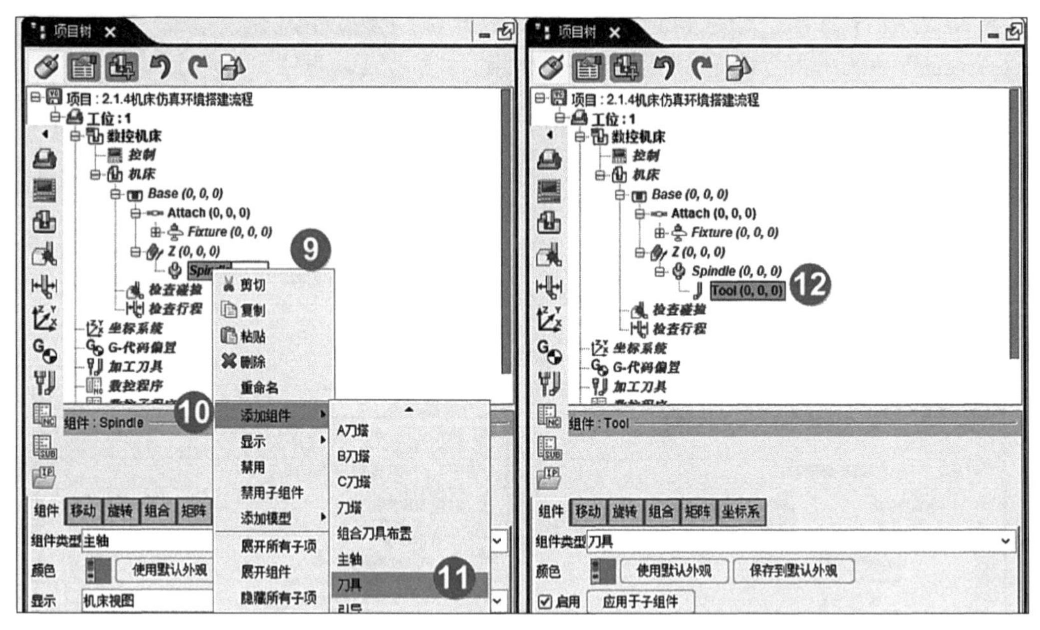

图 2-8（续）

（2）Base（床身）→ Y 组件→ X 组件→附属（夹具、毛坯、设计）具体操作步骤如下：

①右击“Base”→②将光标移至“添加组件”→③选择“Y 线性”→④添加好 Y 组件→⑤右击“Y”组件→⑥将光标移至“添加组件”→⑦选择“X 线性”→⑧添加好 X 组件→⑨右击“Attach”单击“剪切”→⑩右击“X”组件，单击“粘贴”，即把附属放在 X 组件下方，如图 2-9 所示。

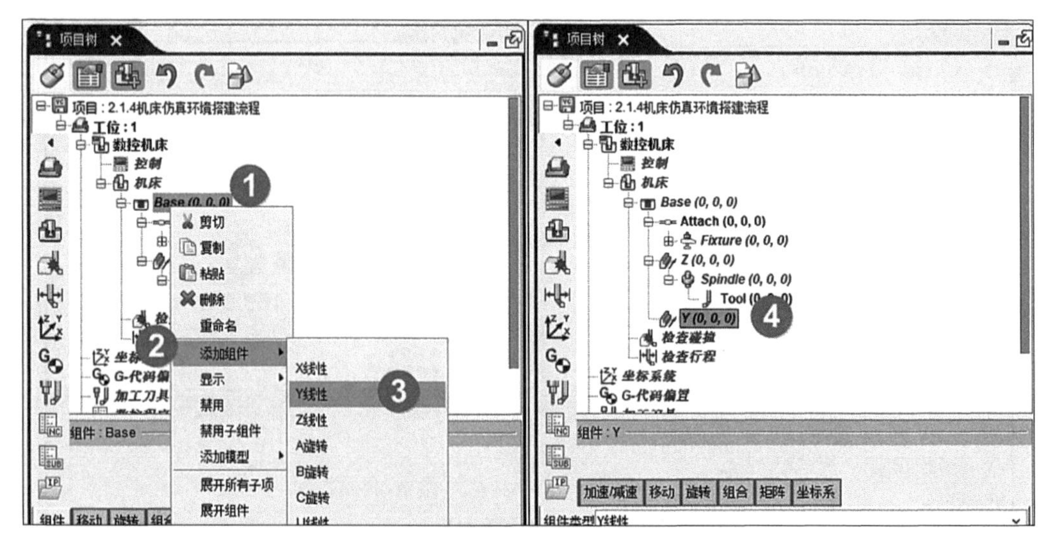

图 2-9

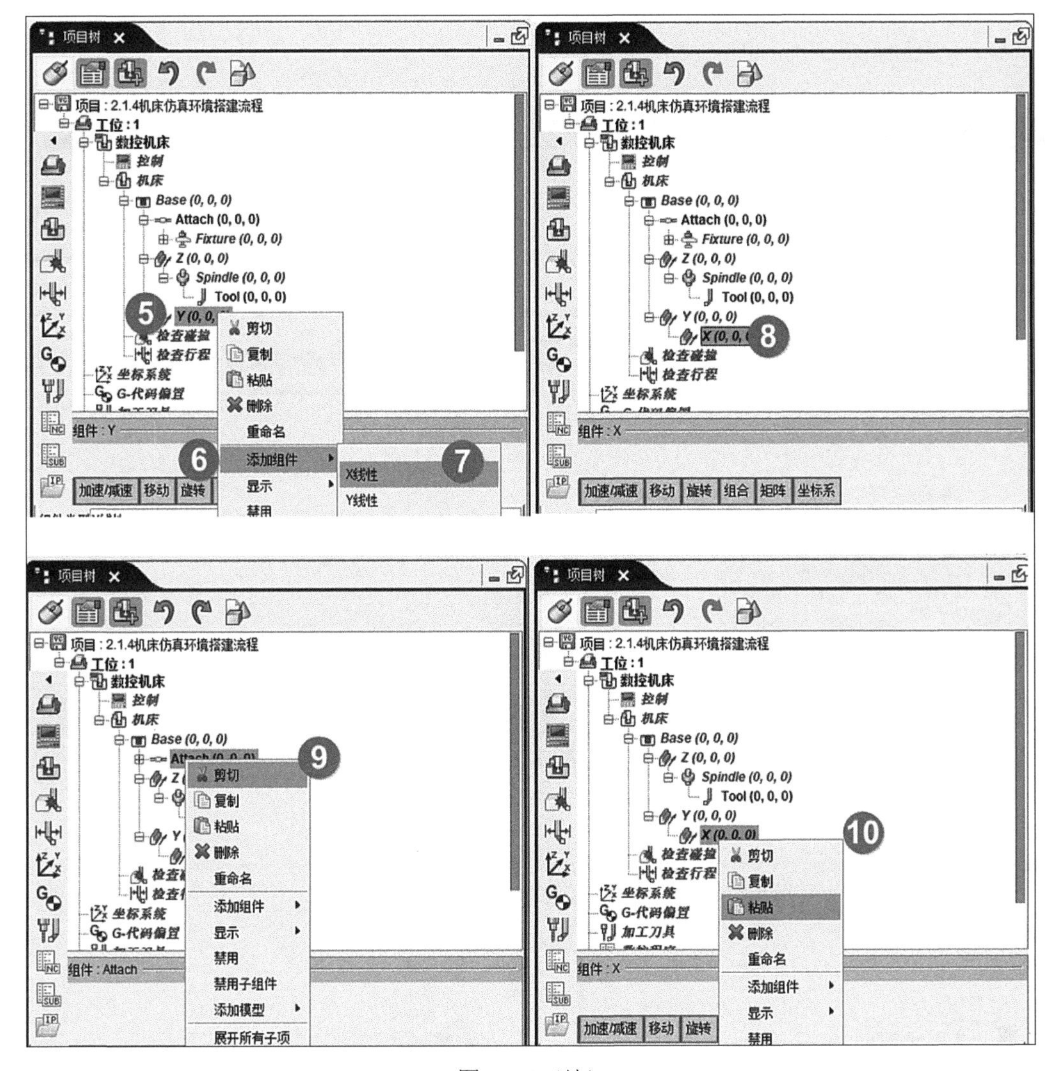

图　2-9（续）

2. 导入各组件的模型

1）如图 2-10 所示，①右击“Base”→②将光标移至“添加模型”→③单击“模型文件”，弹出“打开”对话框→④选择“基体 .stl”→⑤单击“确定”，基体的模型就输入完毕。

2）如图 2-11 所示，①右击“Z”组件→②将光标移至“添加模型”→③单击“模型文件”，弹出“打开”对话框→④选择“Z 轴 .stl”→⑤单击“确定”，Z 轴的模型就输入完毕。

3）如图 2-12 所示，①右击“Y”组件→②将光标移至“添加模型”→③单击“模型文件”，弹出“打开”对话框→④选择“Y 轴 .stl”→⑤单击“确定”，Y 轴的模型就输入完毕。

4）如图 2-13 所示，①右击“X”组件→②将光标移至“添加模型”→③单击“模型文件”，弹出“打开”对话框→④选择“X 轴 .stl”→⑤单击“确定”，X 轴的模型就输入完毕。

5）如图 2-14 所示，①右击“Fixture”（夹具）组件→②将光标移至“添加模型”→③单击“模型文件”，弹出“打开”对话框→④选择“虎钳底座 .stl”→⑤单击“确定”，虎钳底座的模型就输入完毕。

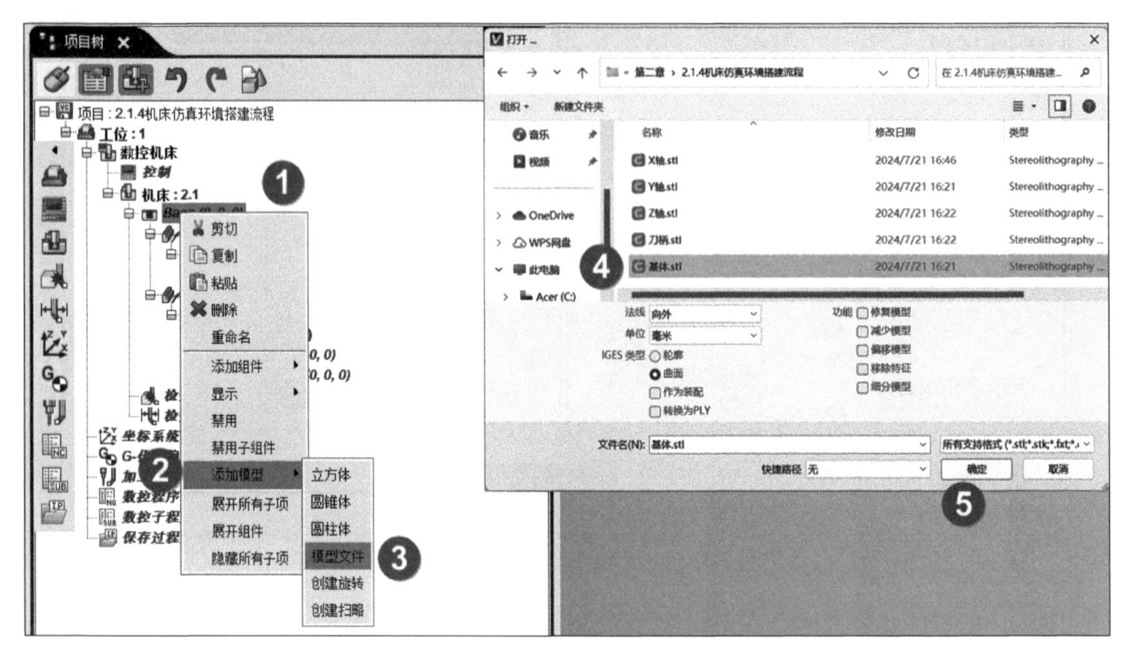
项目树
项目：2.1.4机床仿真环境搭建流程
工位：1
数控机床
控制
机床：2.1
剪切
复制
粘贴
删除
重命名
添加组件
显示
禁用
禁用子组件
添加模型
展开所有子项
展开组件
隐藏所有子项
立方体
圆锥体
圆柱体
模型文件
创建旋转
创建扫略
坐标系统
数控程序
数控子程
保存过程
打开
第二章 › 2.1.4机床仿真环境搭建流程
组织
新建文件夹
名称
修改日期
类型
X轴.stl
Y轴.stl
Z轴.stl
刀柄.stl
基体.stl
2024/7/21 16:46
2024/7/21 16:21
2024/7/21 16:22
Stereolithography
音乐
视频
OneDrive
WPS网盘
此电脑
Acer (C:)
法线
向外
单位
毫米
IGES 类型
轮廓
曲面
作为装配
转换为PLY
功能
修复模型
减少模型
偏移模型
移除特征
细分模型
文件名(N):
基体.stl
所有支持格式
快捷路径
无
确定
取消
1
2
3
4
5

图 2-10

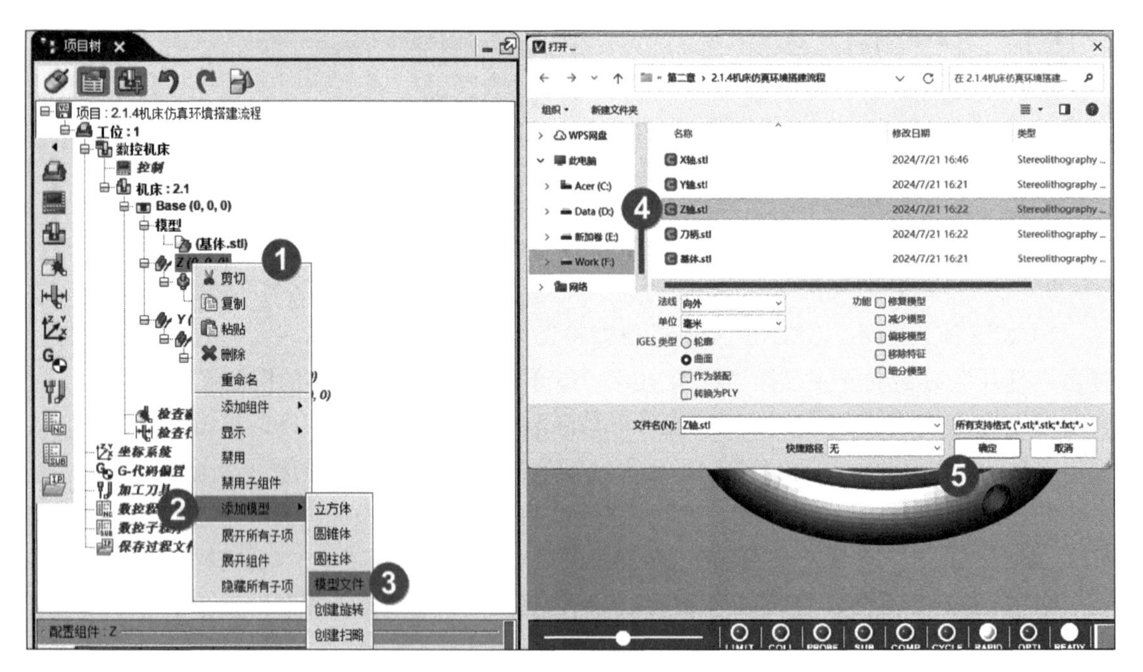
项目树
项目：2.1.4机床仿真环境搭建流程
工位：1
数控机床
控制
机床：2.1
Base (0, 0, 0)
模型
(基体.stl)
剪切
复制
粘贴
删除
重命名
添加组件
显示
禁用
禁用子组件
添加模型
展开所有子项
展开组件
隐藏所有子项
立方体
圆锥体
圆柱体
模型文件
创建旋转
创建扫略
坐标系统
G-代码偏置
加工刀具
数控程序
数控子程
保存过程文件
配置组件：Z
打开
第二章 › 2.1.4机床仿真环境搭建流程
组织
新建文件夹
名称
修改日期
类型
WPS网盘
此电脑
Acer (C:)
Data (D:)
新加卷 (E:)
Work (F:)
网络
X轴.stl
Y轴.stl
Z轴.stl
刀柄.stl
基体.stl
Stereolithography
法线
向外
单位
毫米
IGES 类型
轮廓
曲面
作为装配
转换为PLY
功能
修复模型
减少模型
偏移模型
移除特征
细分模型
文件名(N):
Z轴.stl
所有支持格式
快捷路径
无
确定
取消
1
2
3
4
5

图 2-11

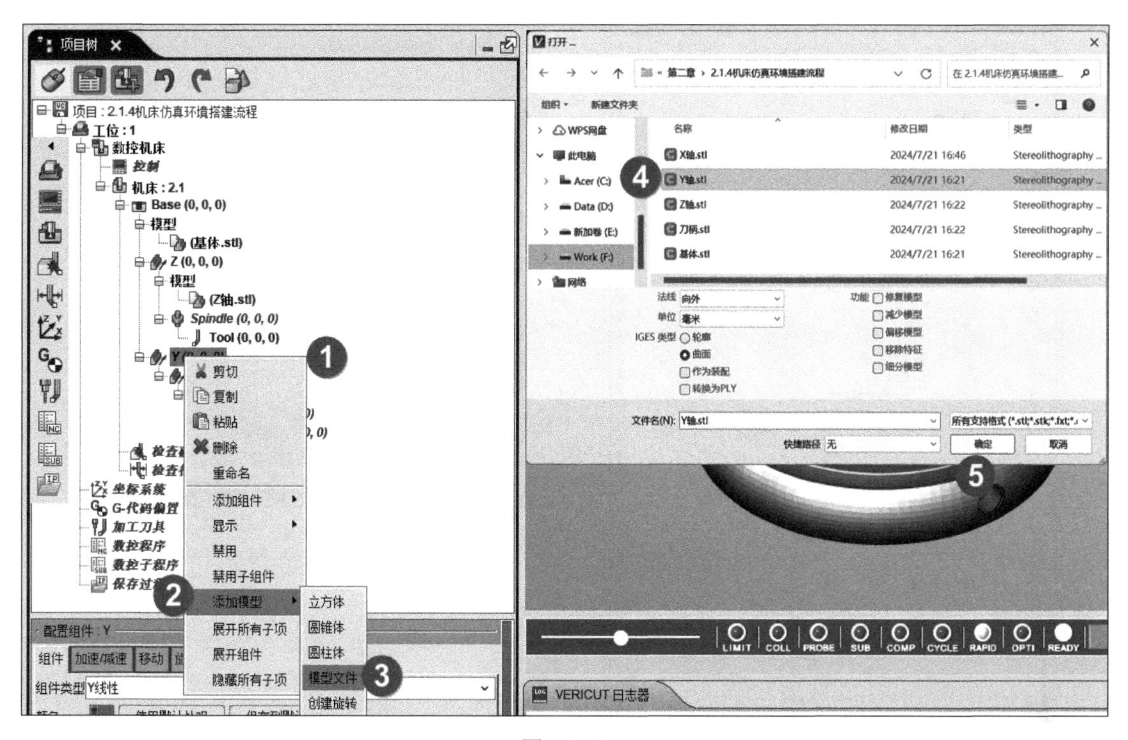

图　2-12

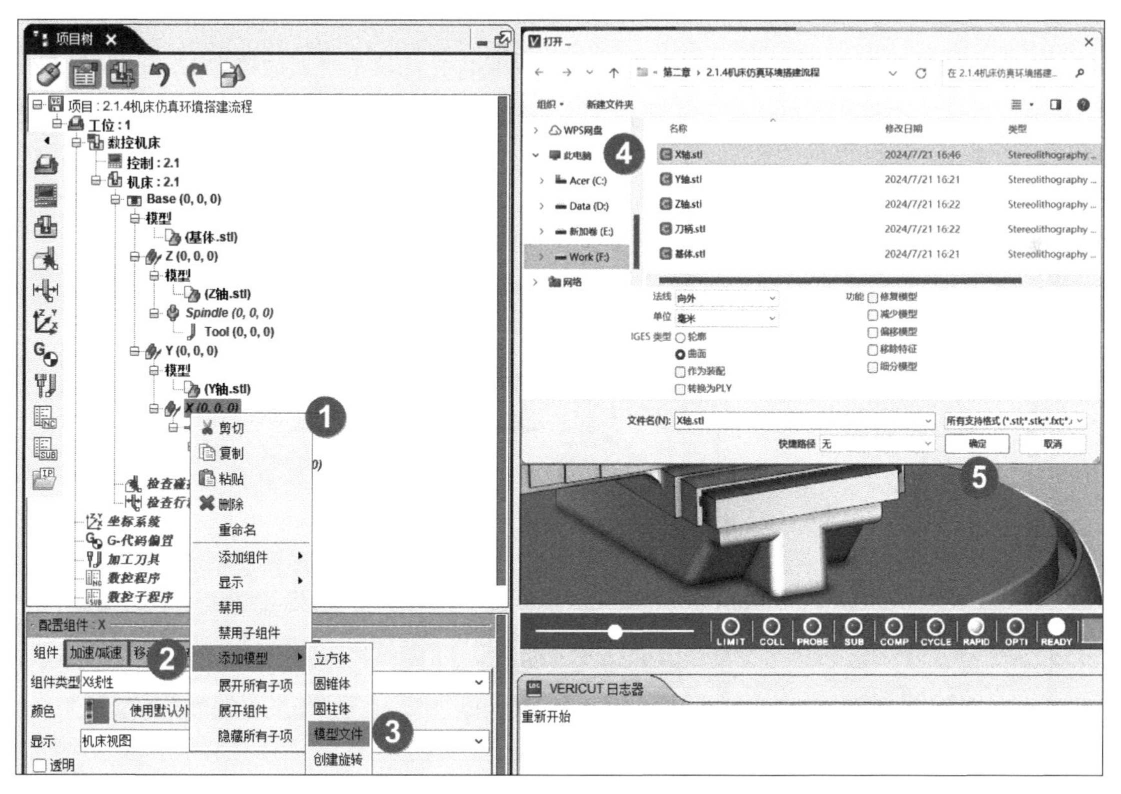

图　2-13

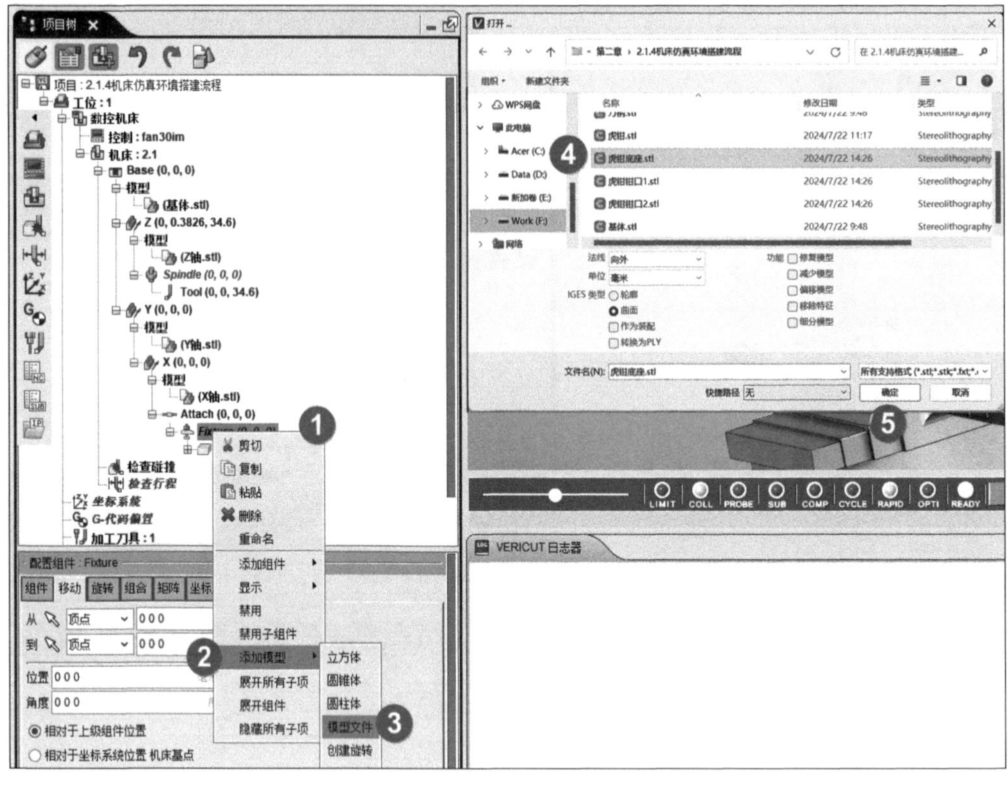

图 2-14

6）如图 2-15 所示，①右击“Fixture”组件→②将光标移至“添加模型”→③单击“模型文件”，弹出“打开”对话框→④选择“虎钳钳口 1.stl”→⑤单击“确定”，虎钳钳口 1 的模型就输入完毕。

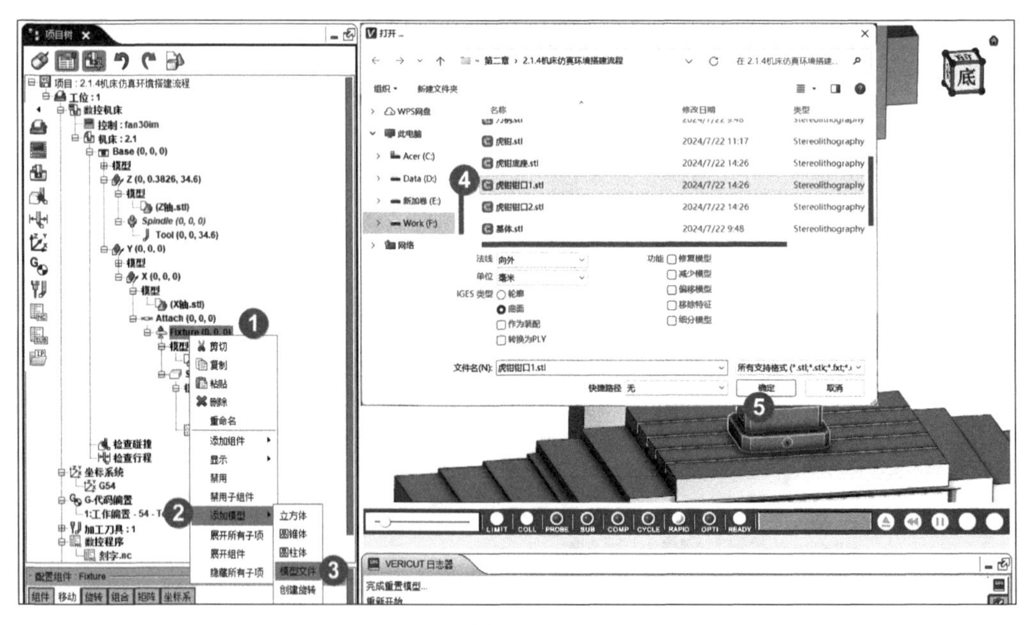

图 2-15

7）如图 2-16 所示，①右击“Fixture”组件→②将光标移至“添加模型”→③单击“模型文件”，弹出“打开”对话框→④选择“虎钳钳口 2.stl”→⑤单击“确定”，虎钳钳口 2 的模型就输入完毕。

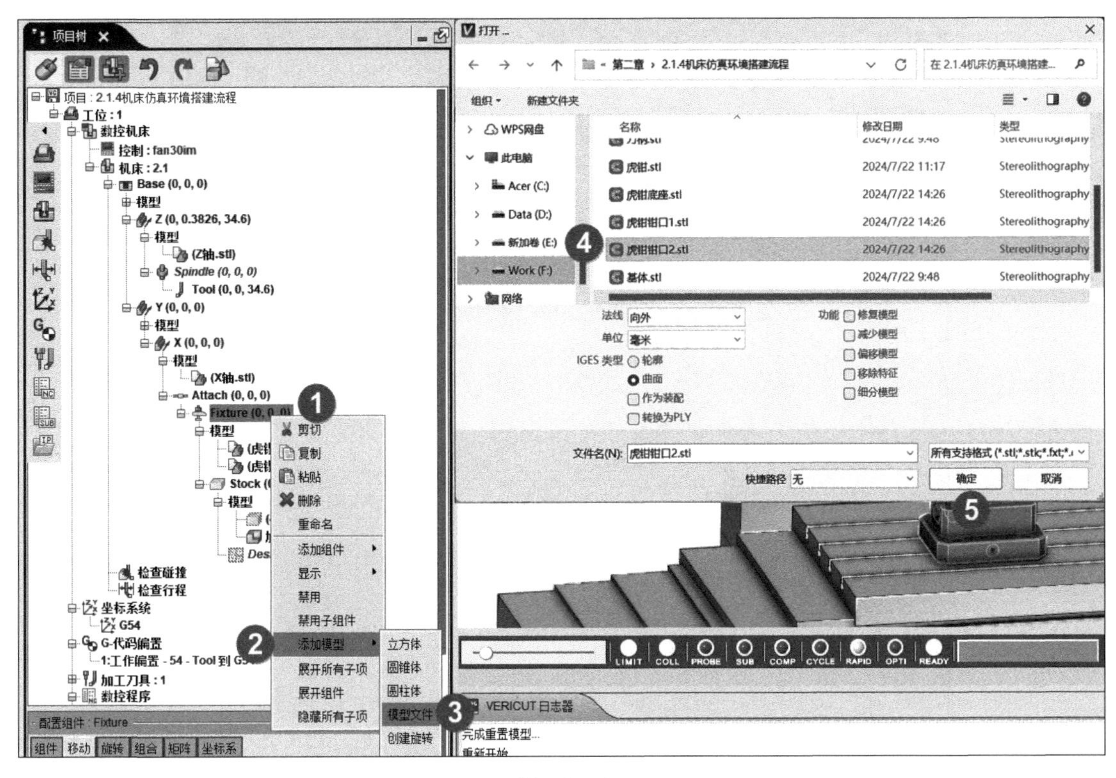

图　2-16

8）如图 2-17 所示，确定 Z 组件位置：测量主轴中心点，在 UG NX 中单击“点”命令→①选择主轴中心点→②参考选“工作坐标系”，出现的坐标值填写到“配置组件：Z”“移动”选项卡的“位置”里。

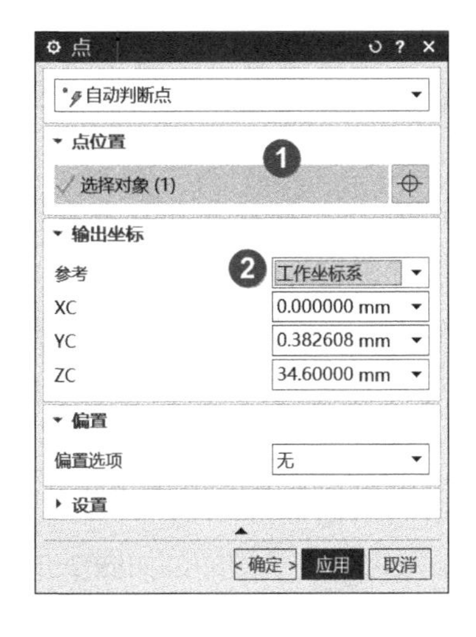

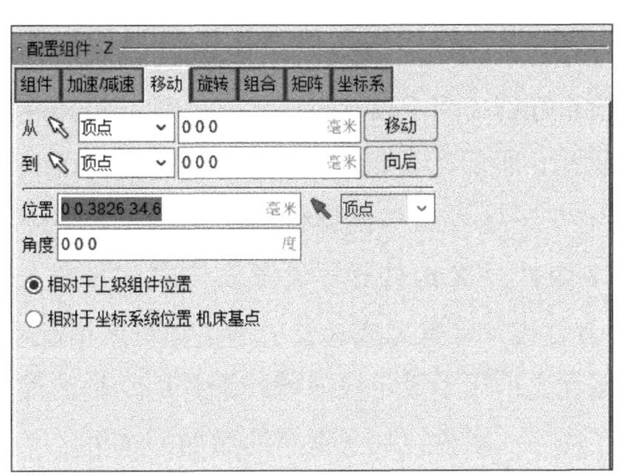

图　2-17

3. 设定机床相关参数

单击菜单选项卡“机床 / 控制系统”→单击“机床设定”，弹出“机床设定”对话框，如图 2-18 所示。

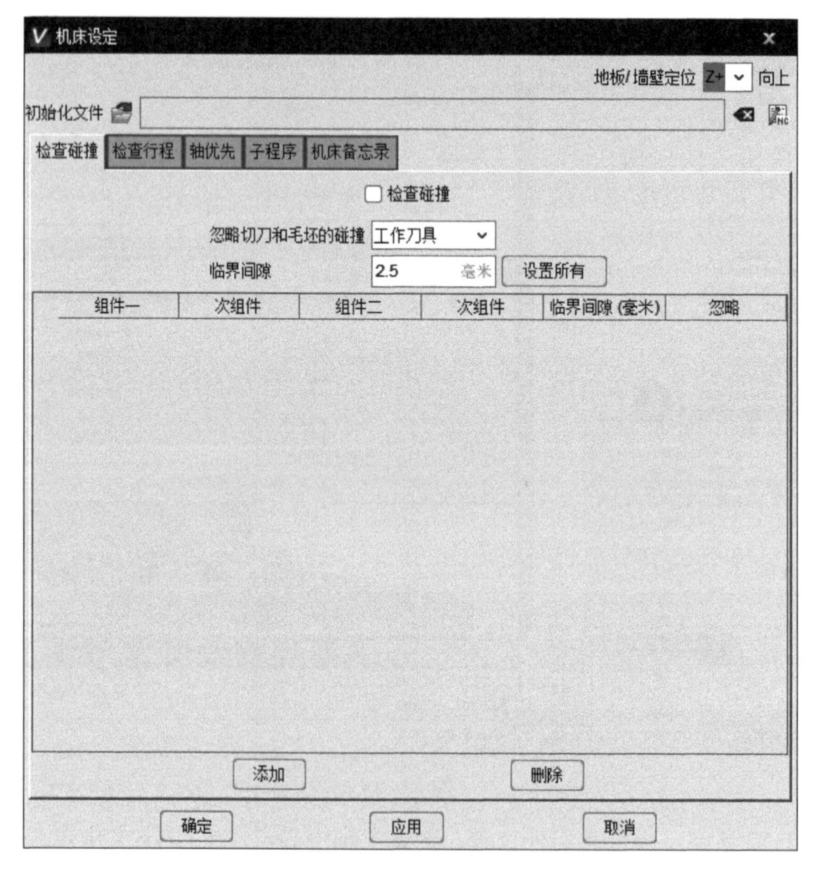

图 2-18

1）检查碰撞：用于设置该组件之间的碰撞关系。

如图 2-19 所示，①勾选“检查碰撞”→②单击“添加”→③将组件一选“Z”→④将组件二选“X”→⑤单击“添加”→⑥将组件一选“Z”→⑦将组件二选“Fixture”→⑧单击“应用”→单击“确定”。检查碰撞就设置完成。

2）检查行程：用于设定机床各运动轴的极限超程问题。

如图 2-20 所示，①单击“检查行程”选项卡→②勾选“检查超程”→③勾选“允许运动超出行程”→④单击“添加组”→⑤出现 Z 组件、Y 组件及 X 组件行程设置表格→⑥在 Z 组件、Y 组件及 X 组件行程设置表格中依照图上数值填写→⑦单击“应用”→单击“确定”。检查行程就设置完成（要根据实际机床情况填写）。

3）轴优先：用于设定快速模式下各运动轴的优先顺序问题，如图 2-21 所示。

4）子程序：用于控制子程序的添加，这里定义的是数控系统子程序，如图 2-22 所示。

5）机床备忘录：设置信息备忘录和注释备忘录，如图 2-23 所示。

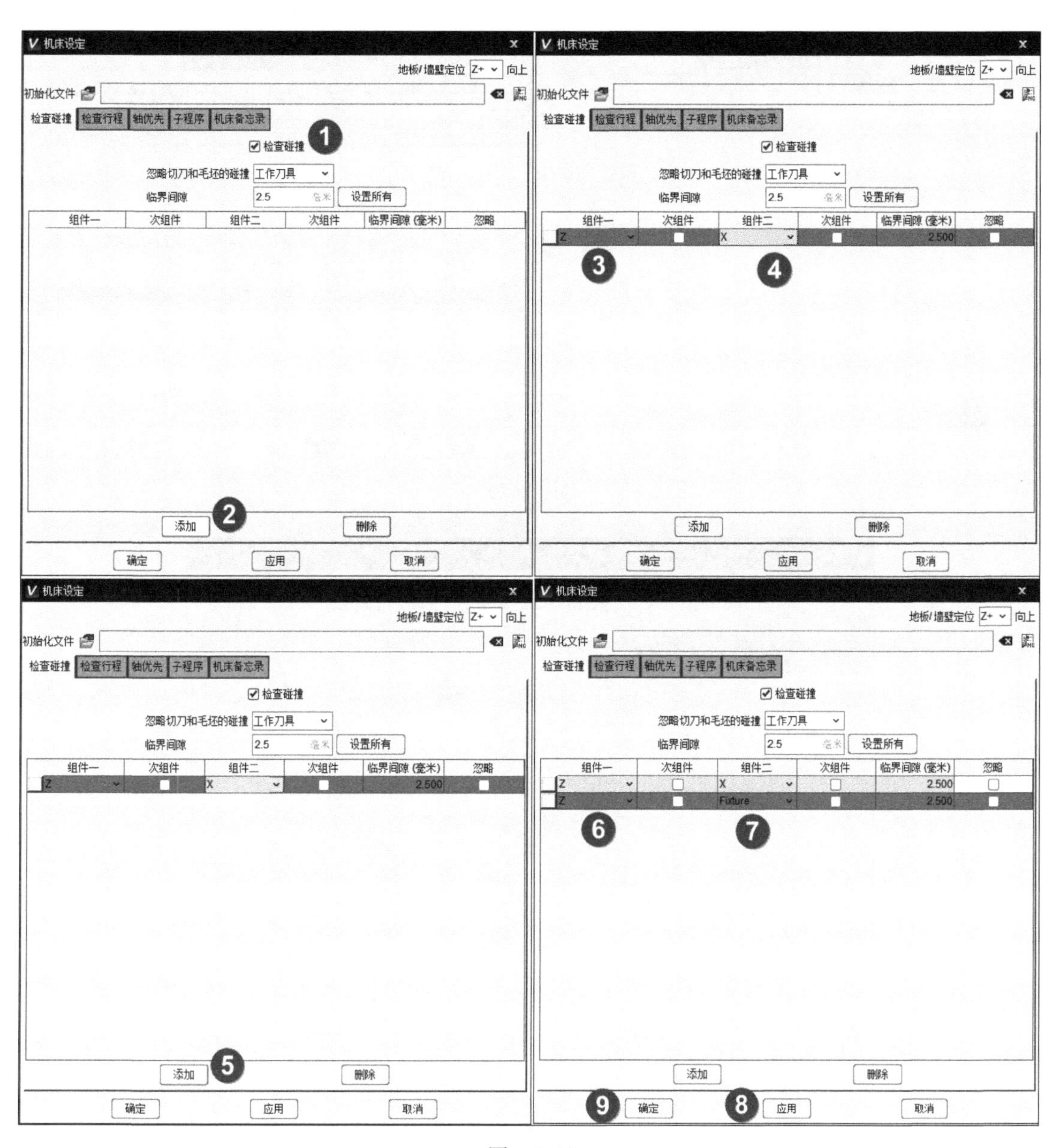
机床设定
地板/墙壁定位 Z+ 向上
初始化文件
检查碰撞 检查行程 轴优先 子程序 机床备忘录
检查碰撞
忽略切刀和毛坯的碰撞 工作刀具
临界间隙 2.5 毫米 设置所有
组件一 次组件 组件二 次组件 临界间隙 (毫米) 忽略
Z X 2.500
Z Fixture 2.500
添加 删除
确定 应用 取消
1
2
3
4
5
6
7
8
9

图　2-19

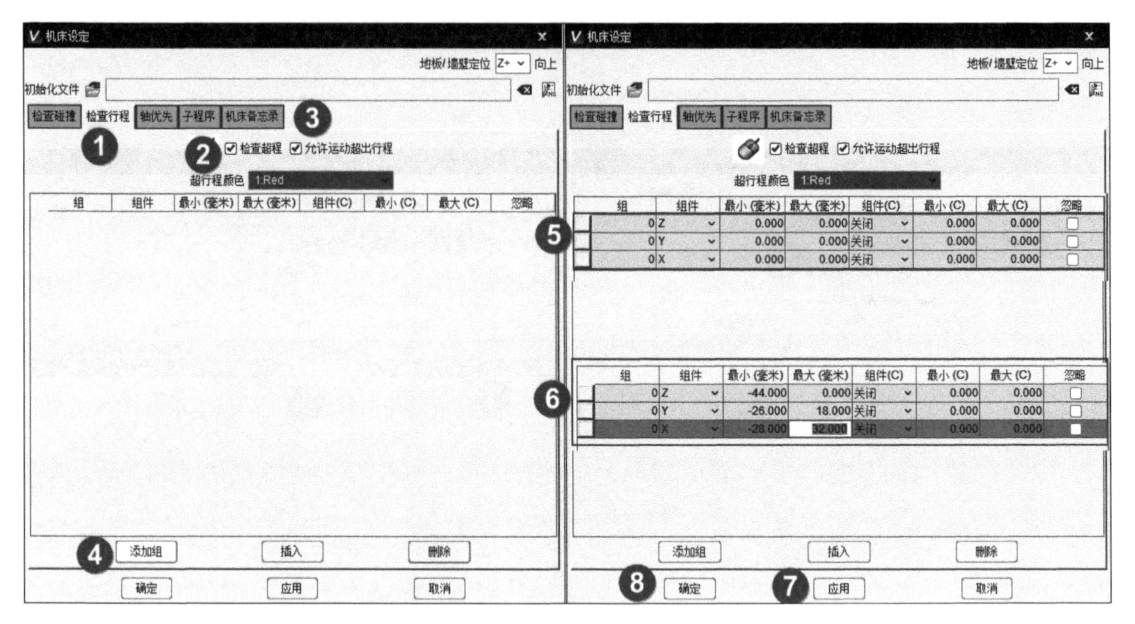
机床设定
地板/墙壁定位 Z+ 向上
初始化文件
检查碰撞 检查行程 轴优先 子程序 机床备忘录
1
2
3
检查超程 允许运动超出行程
超行程颜色 1:Red
组 组件 最小 (毫米) 最大 (毫米) 组件(C) 最小 (C) 最大 (C) 忽略
0 Z 0.000 0.000 关闭 0.000 0.000
0 Y 0.000 0.000 关闭 0.000 0.000
0 X 0.000 0.000 关闭 0.000 0.000
5
0 Z -44.000 0.000 关闭 0.000 0.000
0 Y -26.000 18.000 关闭 0.000 0.000
0 X -28.000 32.000 关闭 0.000 0.000
6
4
添加组 插入 删除
确定 应用 取消
8
7

图 2-20

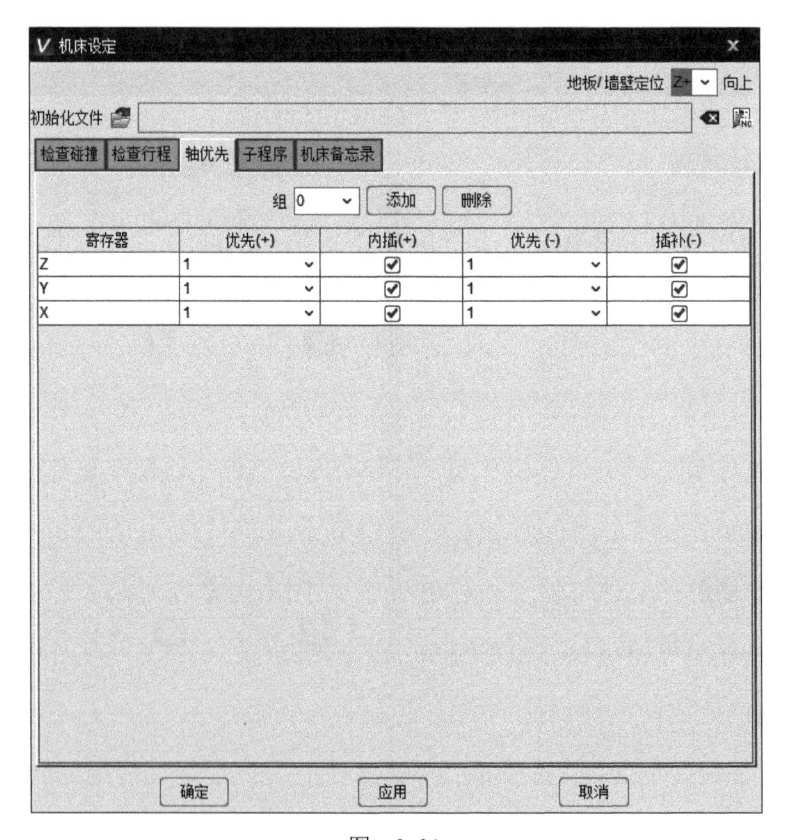
机床设定
地板/墙壁定位 Z+ 向上
初始化文件
检查碰撞 检查行程 轴优先 子程序 机床备忘录
组 0 添加 删除
寄存器 优先(+) 内插(+) 优先 (-) 插补(-)
Z 1 1
Y 1 1
X 1 1
确定 应用 取消

图 2-21

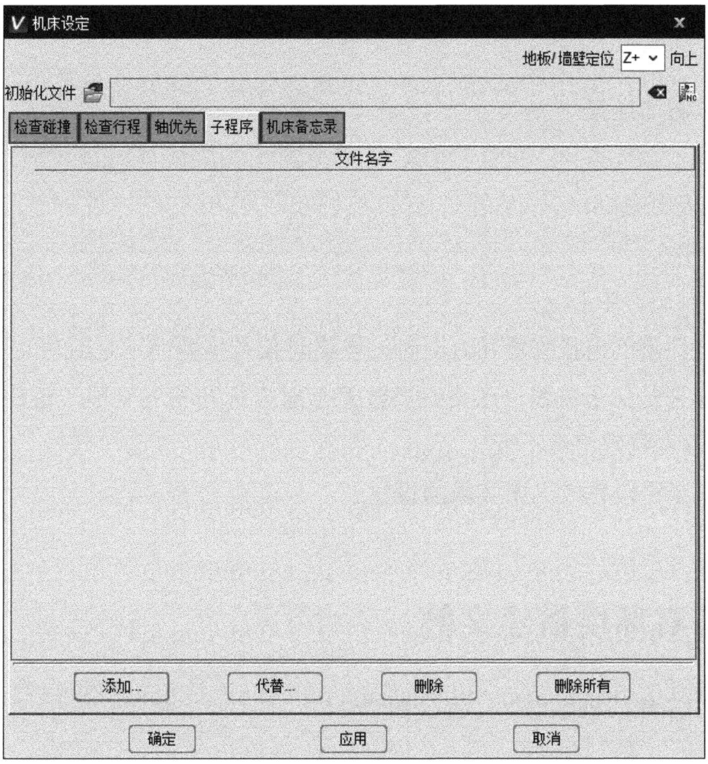

机床设定
地板/墙壁定位 Z+ 向上
初始化文件
检查碰撞 检查行程 轴优先 子程序 机床备忘录
文件名字
添加... 代替... 删除 删除所有
确定 应用 取消

图　2-22

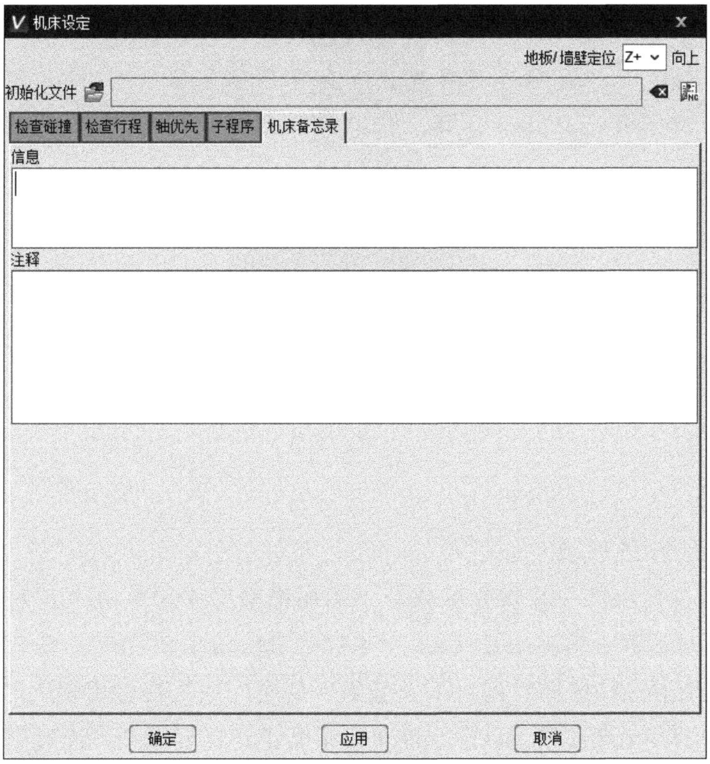

机床设定
地板/墙壁定位 Z+ 向上
初始化文件
检查碰撞 检查行程 轴优先 子程序 机床备忘录
信息
注释
确定 应用 取消

图　2-23

2.5 机床仿真环境搭建注意事项

1）机床基点的选择有：

①主轴端面。

②工作台上表面中心。

③摆头摆动中心。

④两个旋转轴旋转中心交点。

2）对于各组件模型调整位置和方向时，操作对象是模型而不是组件。

3）组件和模型是父子关系，改变时要注意绝对坐标和相对坐标，组件改变位置时模型跟着变，而模型改变位置组件不变。

4）要按照机床手册完成机床参数的设置。

2.6 机床仿真环境搭建案例

对 2.4 小节中搭建的机床进行完善（图 2-24）。

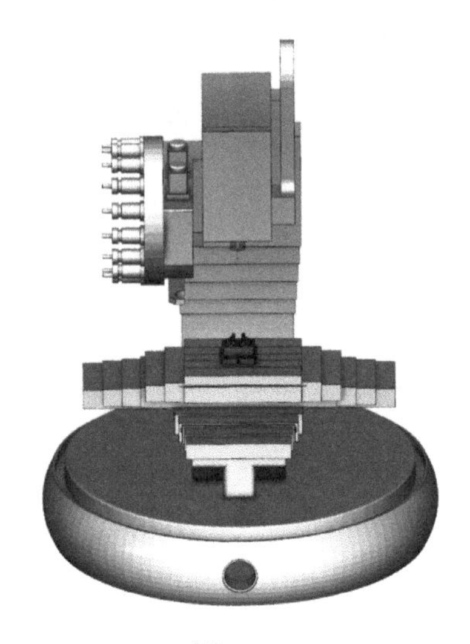

图 2-24

1. 添加毛坯

具体步骤如图 2-25 所示：

①右击“Stock”组件→②将光标移至“添加模型”→③单击“立方体”→④在下面的“配置模型”对话框中填写：长（X）“4.5”、宽（Y）“10”、高（Z）“2”→⑤单击“坐标系”选项卡→⑥选择“相对于上级组件位置”→⑦在位置输入“0 5 10”→⑧毛坯在虎钳上的显示。毛坯的模型就输入完毕。多数毛坯需要微调，通过组合选项卡中约束类型“配对”来快速调整。

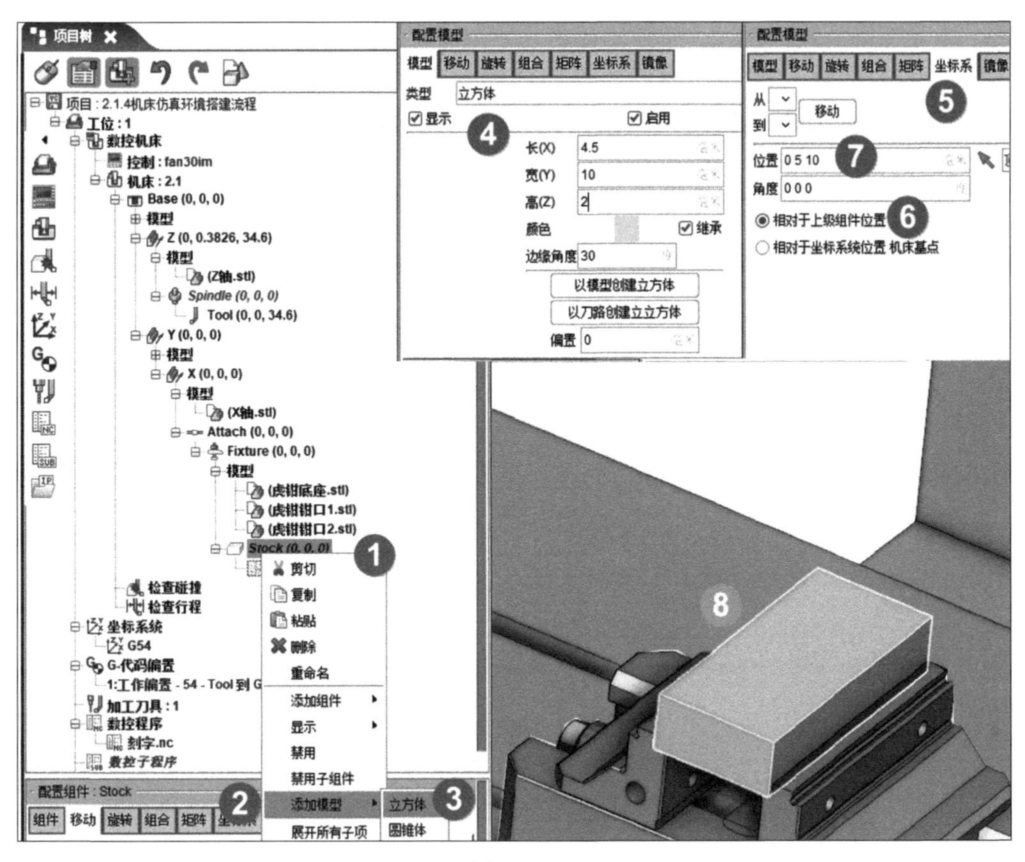

图　2-25

2. 创建坐标系

具体步骤如图 2-26 所示：

①单击“坐标系统”→②弹出“配置坐标系统”对话框→③单击“新建坐标系”→④单击“位置”后面的箭头→⑤单击毛坯顶部→⑥创建好 Csys1 坐标系→⑦右击“Csys1”→⑧单击“重命名”→⑨输入“G54”。

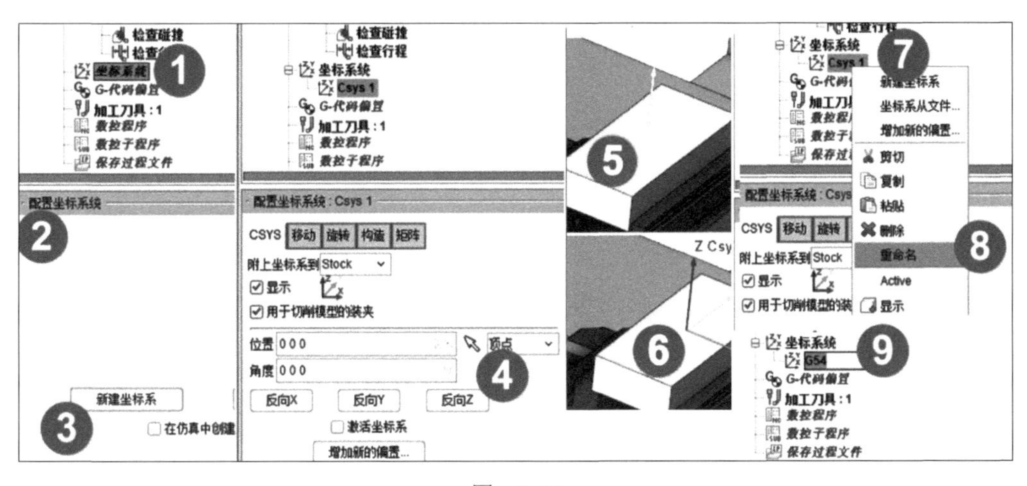

图　2-26

3. 定义工作偏置

如图 2-27 所示，①单击“G- 代码偏置”→②在“配置 G- 代码偏置”里单击“添加”→③单击“1：工作偏置”→④在“从”后选“组件”“Tool”→⑤在“到”后选“坐标原点”“G54”→⑥寄存器“54”。

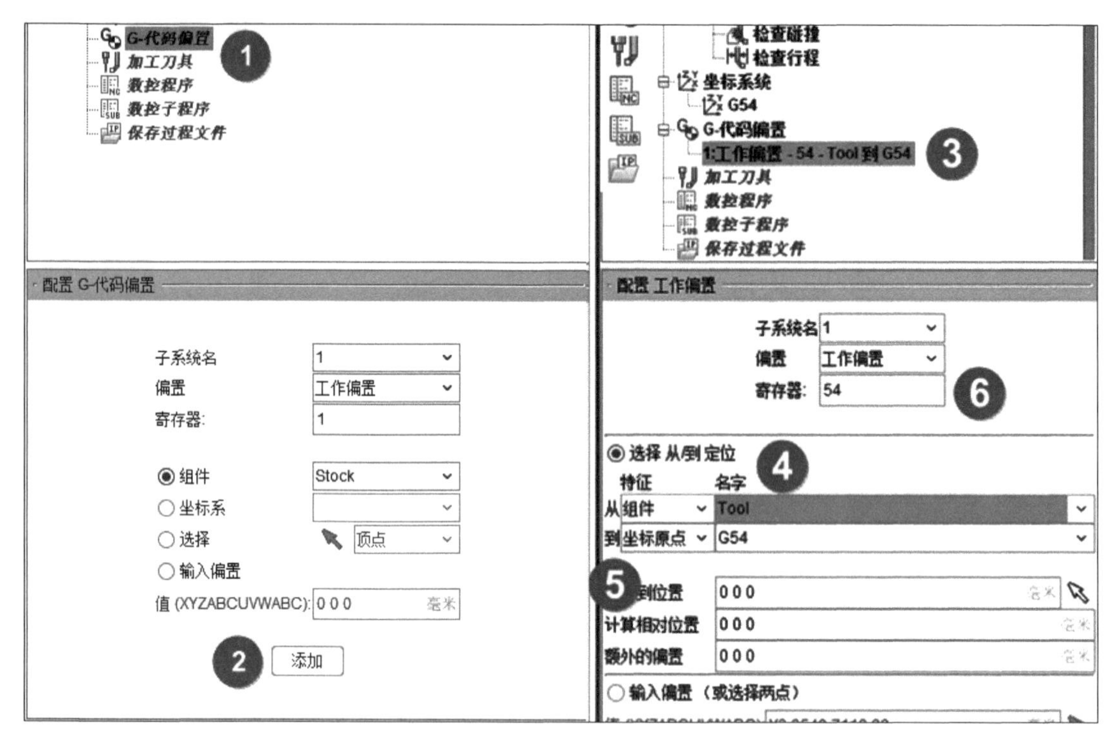

图 2-27

2.7 文件汇总

用项目来管理所有独立的仿真的文件，所有相关参数均保存到指定文件夹。

2.8 本章小结

本章针对项目树的各个部分进行讲解，用 CAM 软件后处理产生的代码进行了简单的仿真训练，通过对控制系统、机床（组件和各个轴的模型导入）、附件（夹具和毛坯等）、刀具、数控程序及坐标系统（加工原点）的设置，让读者真正体会到 VERICUT 后处理仿真流程的简单性，同时借助本案例，让用户真实地体验到机床的手工运动及实时控制等常用功能。学习完本章后，读者应该能够在仿真条件都准备好的情况下，利用 VERICUT 软件对后处理程序仿真环节进行简单的加工训练和程序验证。

第3章 三轴立式机床搭建及仿真讲解

3.1 三轴立式机床简介

实例为北京机电院股份公司的BV75三轴机床，如图3-1所示。具体说明如下：

1. 机床运动轴

如图3-2所示：

扫一扫，看视频

①Z轴：传递主要切削力的主轴为Z轴。

②X轴：X轴始终水平，且平行于工件装夹面。

③Y轴：Y轴按笛卡儿直角坐标系确定。

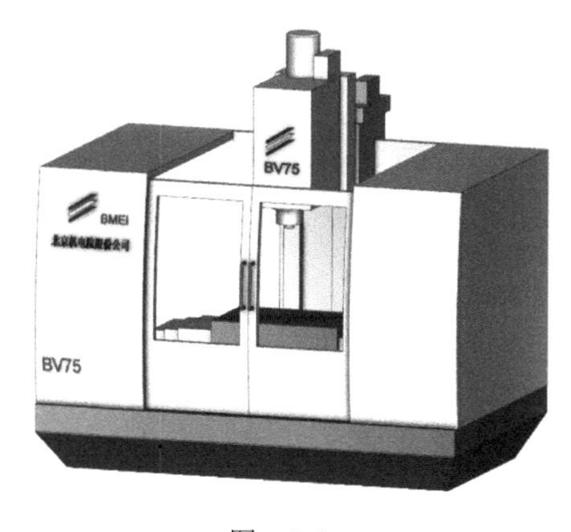

图 3-1

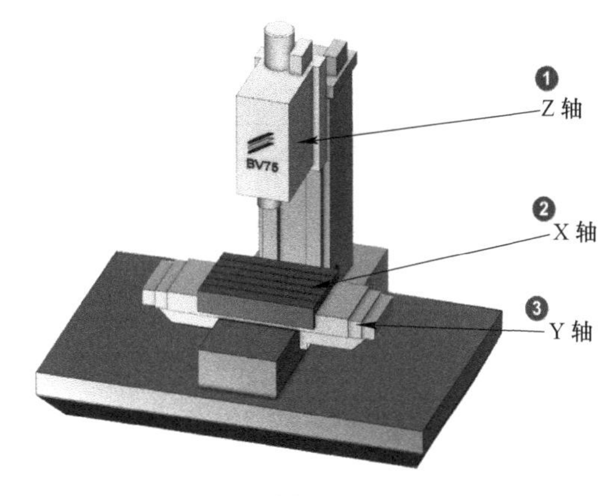

图 3-2

2. 机床主要技术参数

数控系统为发那科的机床主要技术参数见表3-1。

表 3-1

序　号	名　称	规　格
1	工作台尺寸	900mm×610mm
2	X轴行程	762mm
3	Y轴行程	510mm
4	Z轴行程	560mm
5	快速移动速度	24m/min
6	切削进给速度	3～15000mm/min
7	主轴转速	60～6000r/min或60～8000r/min

（续）

序　号	名　称	规　格
8	主轴电动机功率	11 ～ 15kW
9	主轴锥孔	7:24
10	刀库容量	21 把刀
11	刀柄型号	BT40
12	外形尺寸	2882mm×2347mm×3018mm
13	重量	6000kg

3.2　机床搭建

1. 建立新项目文件

单击“文件”→“新建项目”，弹出“新建 VERICUT 项目”对话框，如图 3-3 所示，①选“新建项目”→②选“毫米”→③填写新建项目名称“BV75 机床 - 发那科数控系统 .vcproject”→④单击“确定”。

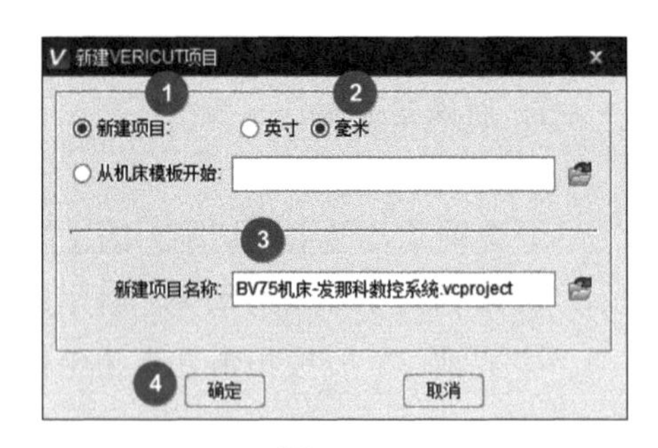

图　3-3

2. 显示机床组件

如图 3-4 所示，单击“显示机床组件”。

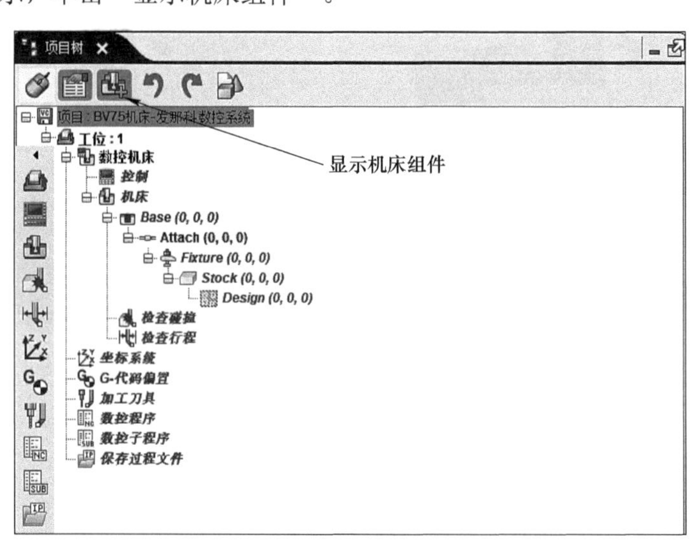

图　3-4

3. 定义机床各组件的逻辑关系

由于组件没有尺寸和形状，只反映组件各自的功能属性，所以在项目树中编号。

1）如图 3-5 所示，各组件的逻辑关系是：床身→ Z 组件→主轴→刀具。具体为：

①床身→②床身模型→③ Z 组件→④ Z 轴模型→⑤主轴组件→⑥主轴模型→⑦刀具组件→⑧刀具。

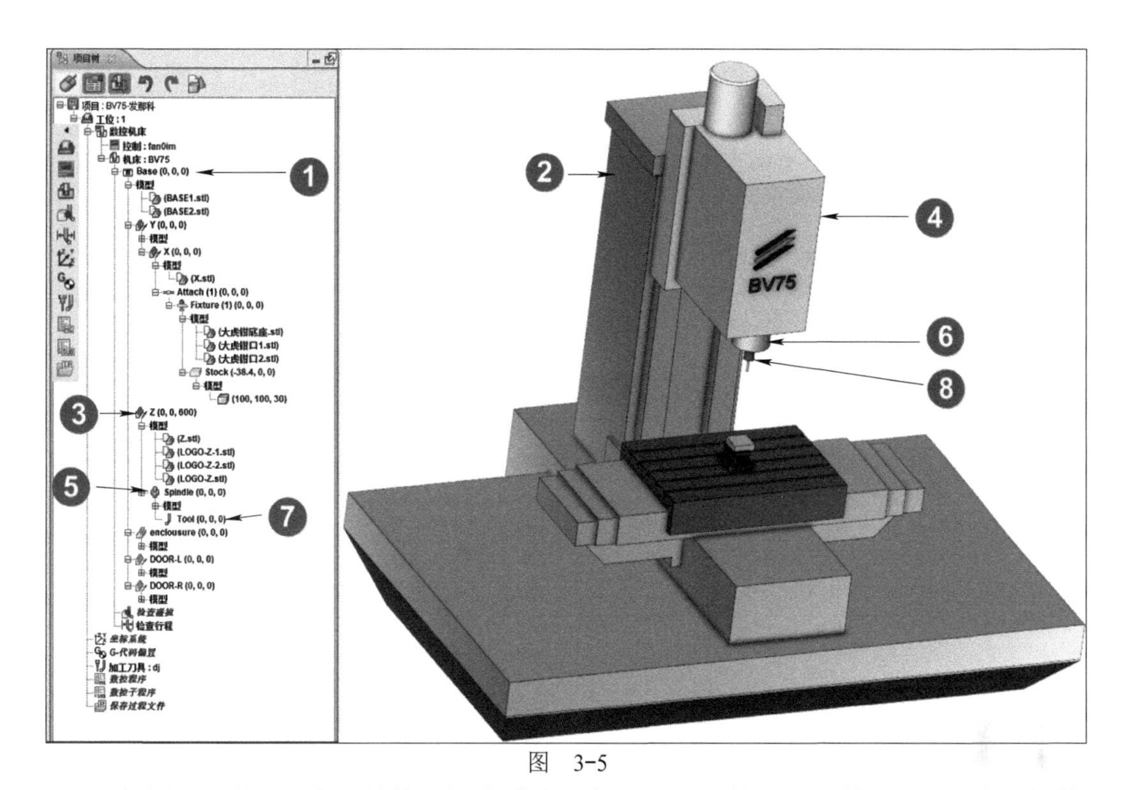

图　3-5

2）如图 3-6 所示，各组件的逻辑关系是：床身→ Y 组件→ X 组件→附属→夹具组件→毛坯组件→设计组件。具体为：

①床身→②床身模型→③ Y 组件→④ Y 轴模型→⑤ X 组件→⑥ X 轴模型→⑦附属→⑧夹具组件→⑨虎钳模型→⑩毛坯组件→⑪毛坯模型→⑫设计组件。

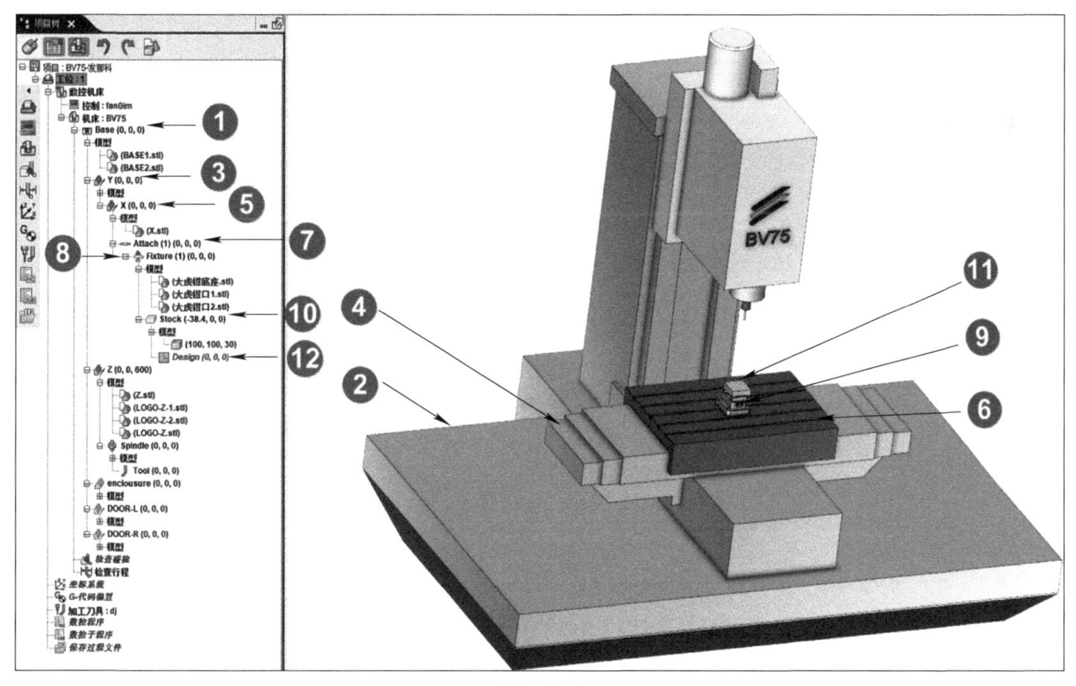

图　3-6

4. 添加各组件

在建模软件里设置工作台中心为机床零点，逐一导出各个模型。

1）如图 3-7 所示，①右击“Base”→②将光标移至“添加组件”→③选择“Y 线性”→④添加好 Y 组件，右击“Y”组件→⑤将光标移至“添加组件”→⑥选择“X 线性”→⑦右击“Attach”→⑧单击“剪切”→⑨右击“X”组件→⑩单击“粘贴”，即把附属放在 X 组件下方。

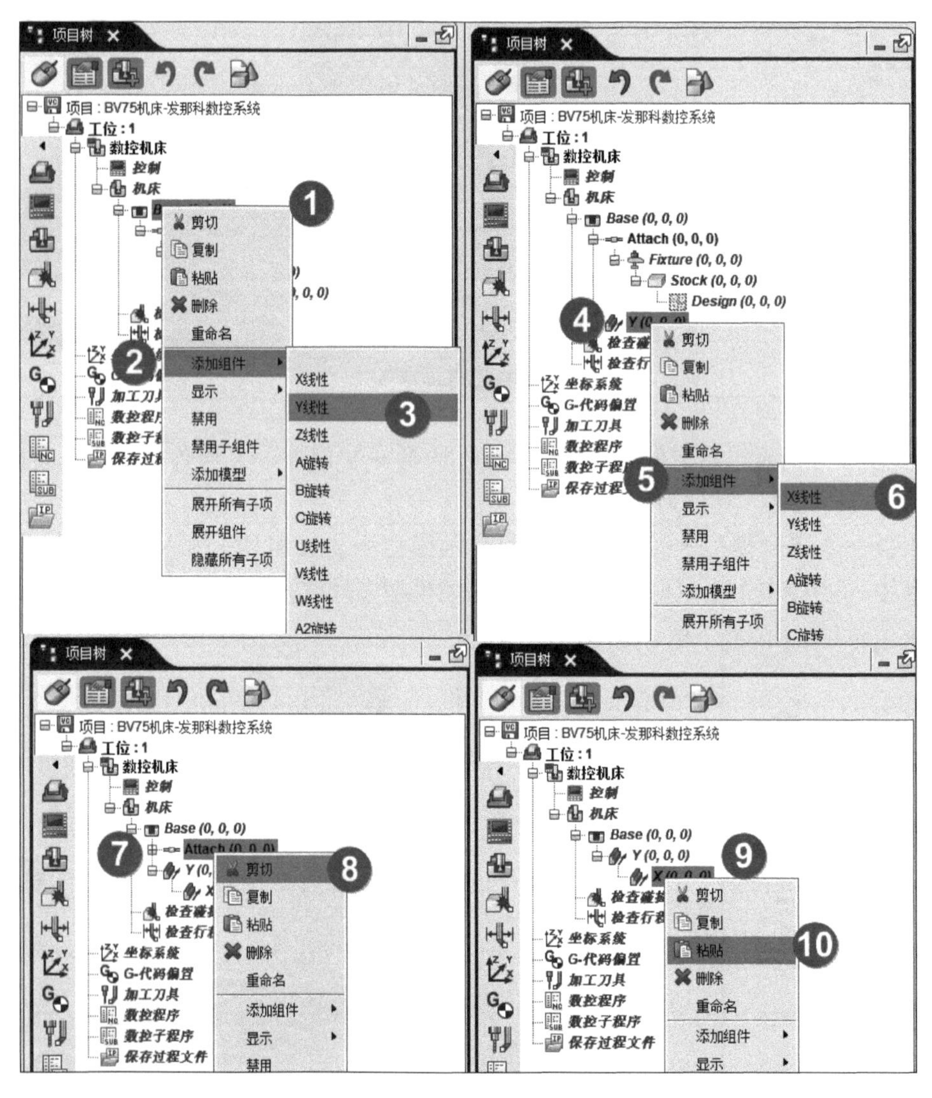

图 3-7

2）如图 3-8 所示，①右击“Base”→②将光标移至“添加组件”→③选择“Z 线性”→④添加好 Z 组件，右击“Z”组件→⑤将光标移至“添加组件”→⑥选择“主轴”→⑦添加好主轴组件，右击“Spindle”→⑧将光标移至“添加组件”→⑨选择“刀具”。

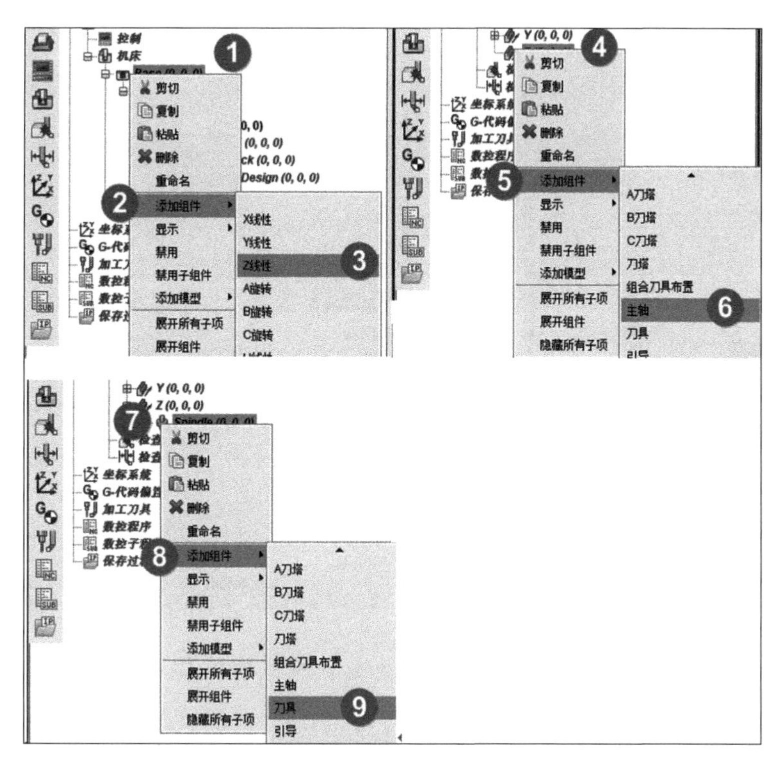

图　3-8

5. 导入各组件的模型并调整位置

1）如图 3-9 所示，①右击“Base”→②将光标移至“添加模型”→③单击“模型文件”，弹出“打开”对话框→④按住 <Ctrl> 键选择“BASE1.stl”和“BASE2.stl”→⑤单击“确定”，床身的模型就输入完毕。

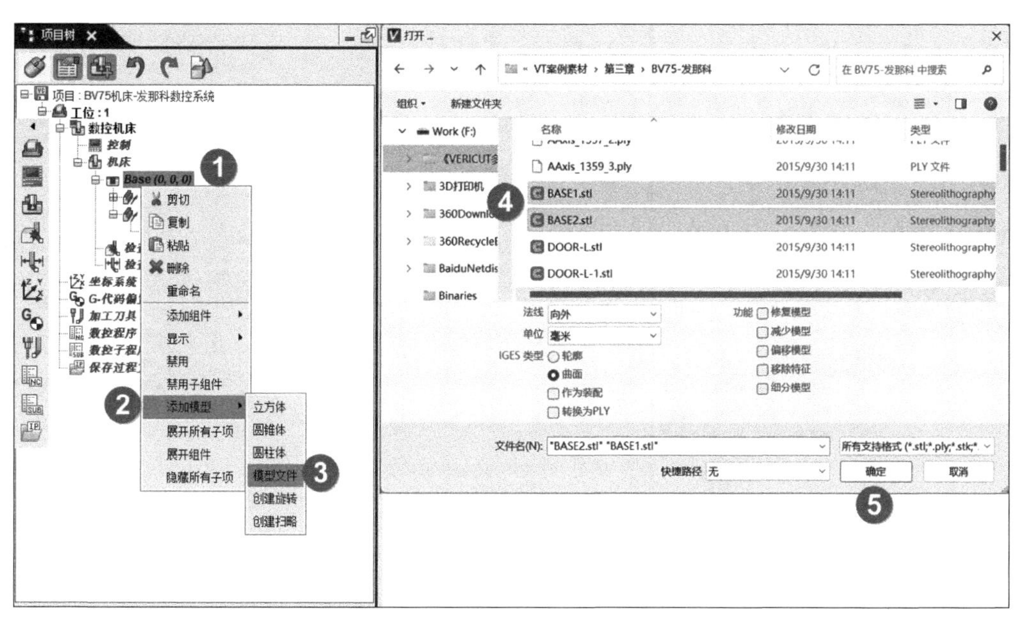

图　3-9

2）如图 3-10 所示，①右击“Y”组件→②将光标移至“添加模型”→③单击“模型文件”，弹出“打开”对话框→④选择“Y.stl”→⑤单击“确定”，Y 轴的模型就输入完毕。

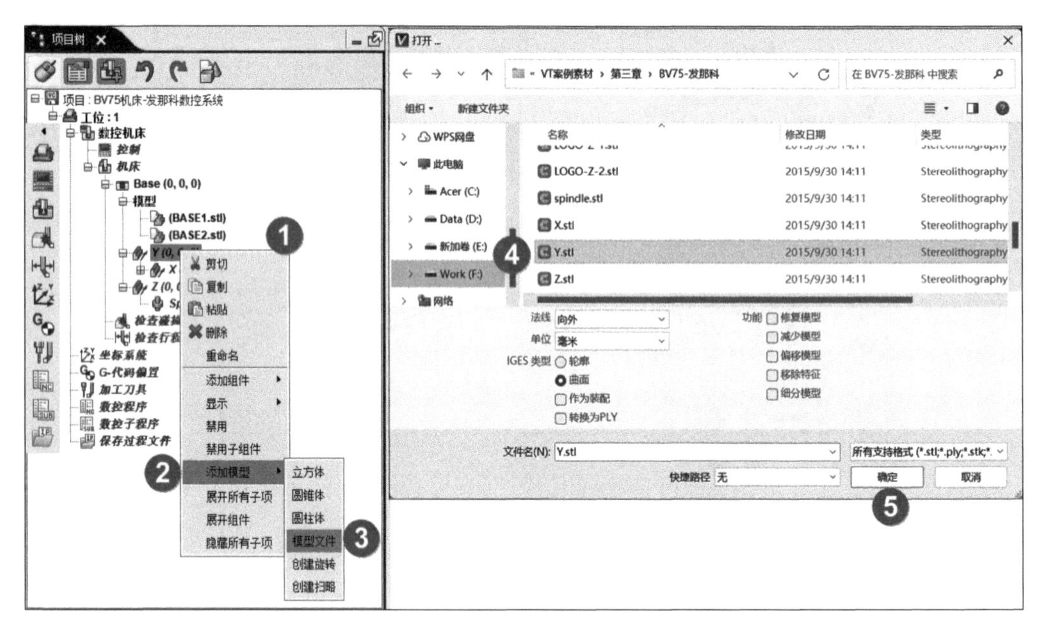

图 3-10

3）如图 3-11 所示，①右击“X”组件→②将光标移至“添加模型”→③单击“模型文件”，弹出“打开”对话框→④选择“X.stl”→⑤单击“确定”，X 轴的模型就输入完毕。

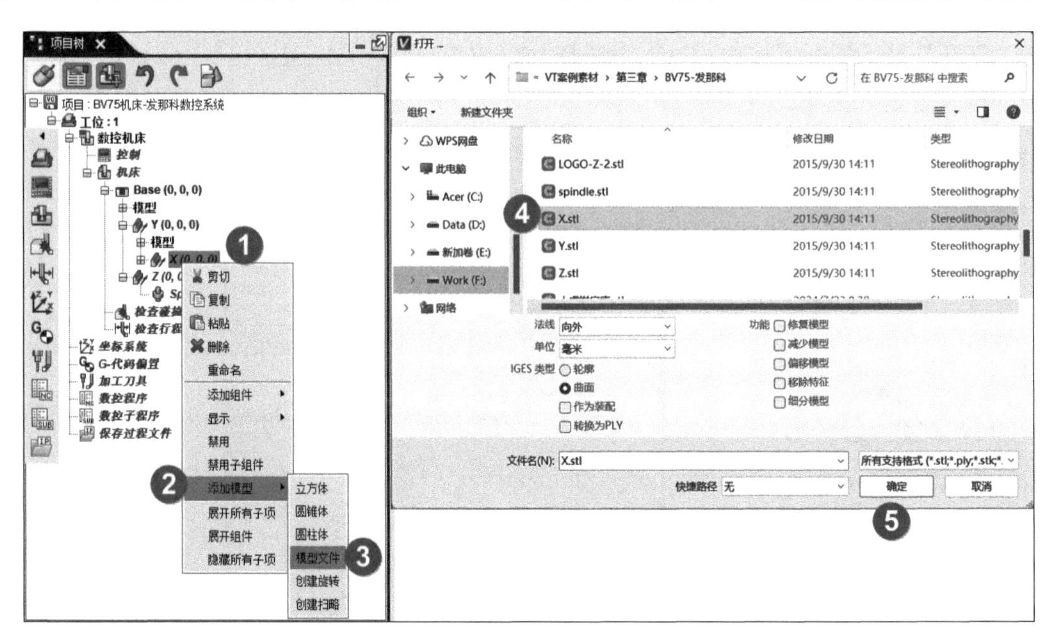

图 3-11

4）如图 3-12 所示，①右击“Z”组件→②将光标移至“添加模型”→③单击“模型文件”，弹出“打开”对话框→④选择“Z.stl”“LOGO-Z.stl”“LOGO-Z-1.stl”及“LOGO-Z-

2.stl”→⑤单击“确定”，Z 轴的模型就输入完毕。

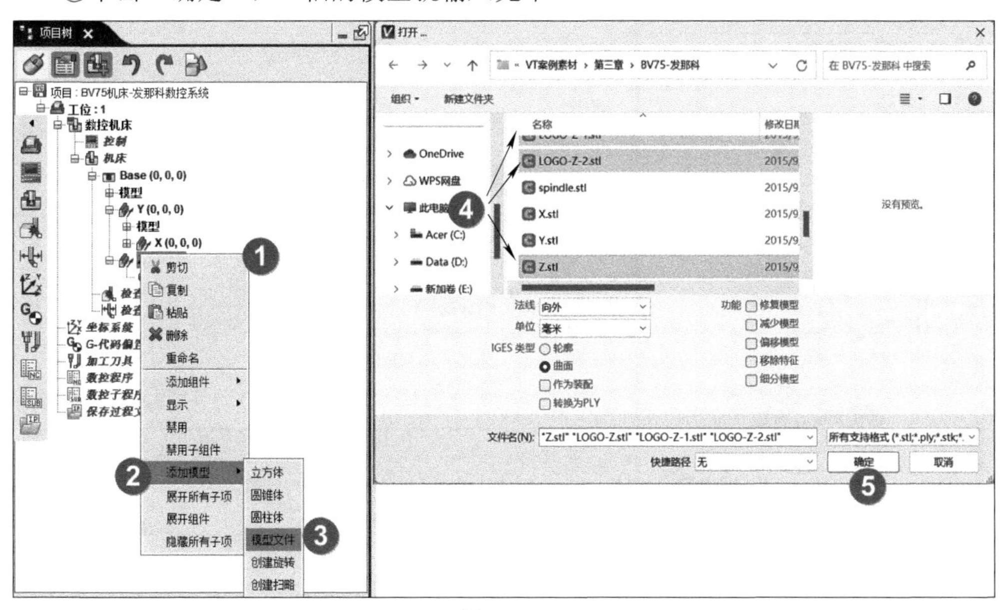

图　3-12

5）如图 3-13 所示，①单击“Z”组件→②弹出“配置组件：Z”→③单击“坐标系”→④位置“0 0 560”→⑤即可将 Z 抬起。

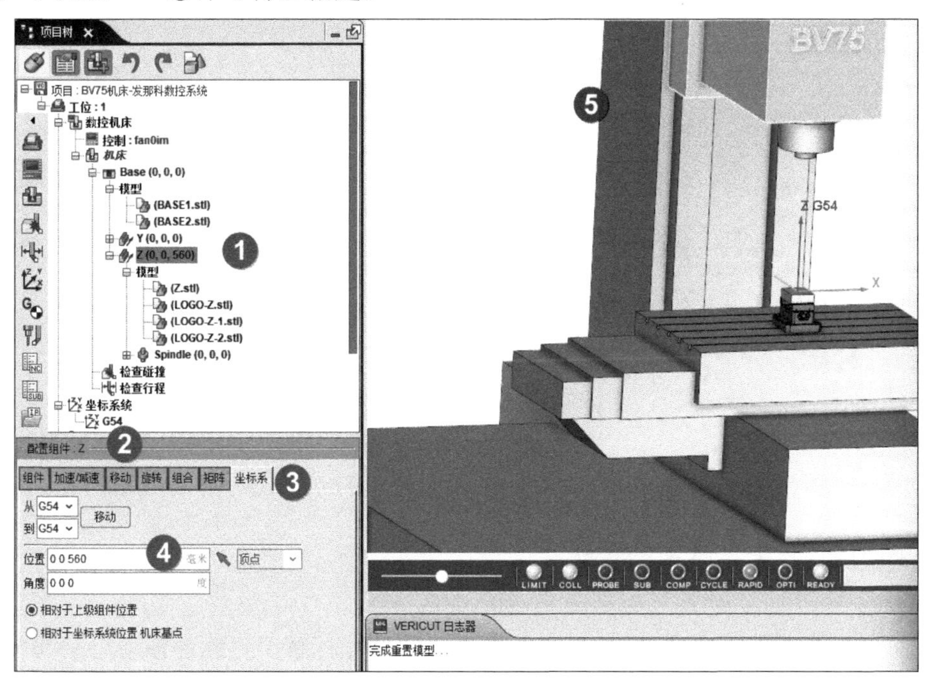

图　3-13

6）如图 3-14 所示，①右击“Spindle”组件→②将光标移至“添加模型”→③单击“模型文件”，弹出“打开”对话框→④选择“spindle.stl”→⑤单击“确定”，主轴的模型就输入完毕。

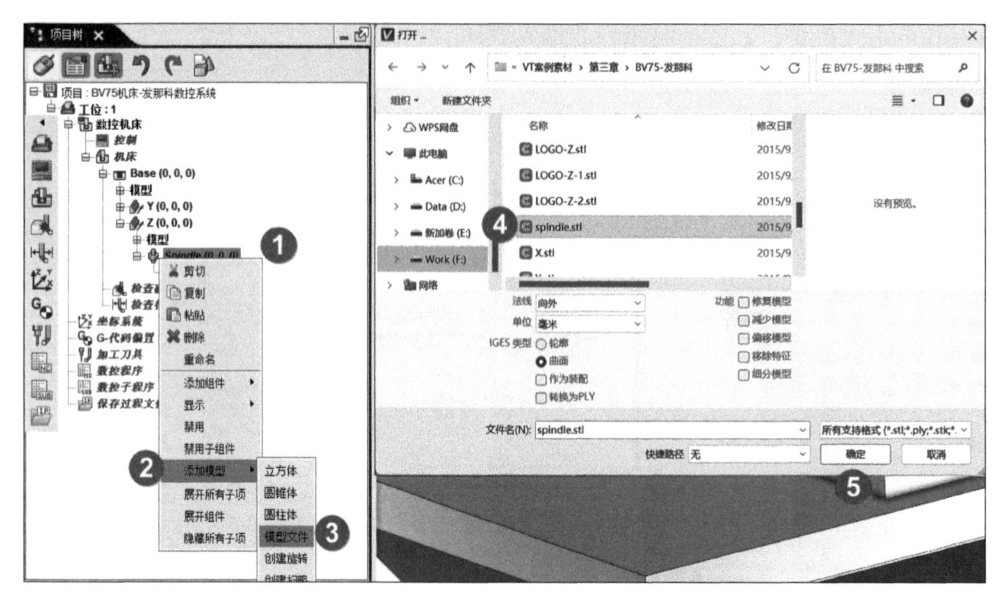

图 3-14

7）如图 3-15 所示，①右击“Fixture”组件→②将光标移至“添加模型”→③单击“模型文件”，弹出“打开”对话框→④按住 <Ctrl> 键选择“大虎钳底座 .stl”“大虎钳口 1.stl”及“大虎钳口 2.stl”→⑤单击“确定”，虎钳底座的模型就输入完毕。

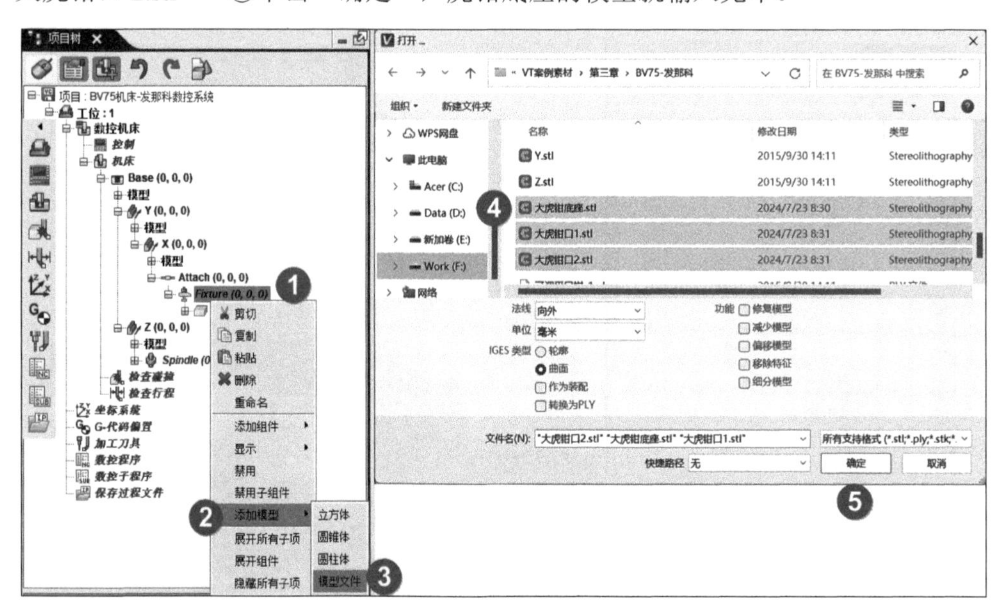

图 3-15

8）如图 3-16 所示，①右击“Stock”组件→②将光标移至“添加模型”→③单击“立方体”→④弹出“配置模型”对话框→⑤填写：长（X）“80”、宽（Y）“100”、高（Z）“30”→⑥填写完模型位置→⑦单击“坐标系”选项卡→⑧在“位置”输入“0 0 100”→⑨填写完模型位置→⑩单击“组合”选项卡→⑪单击按钮→⑫单击视图毛坯位置→⑬单击视图钳口侧边装夹位置→⑭调整好毛坯前后位置。

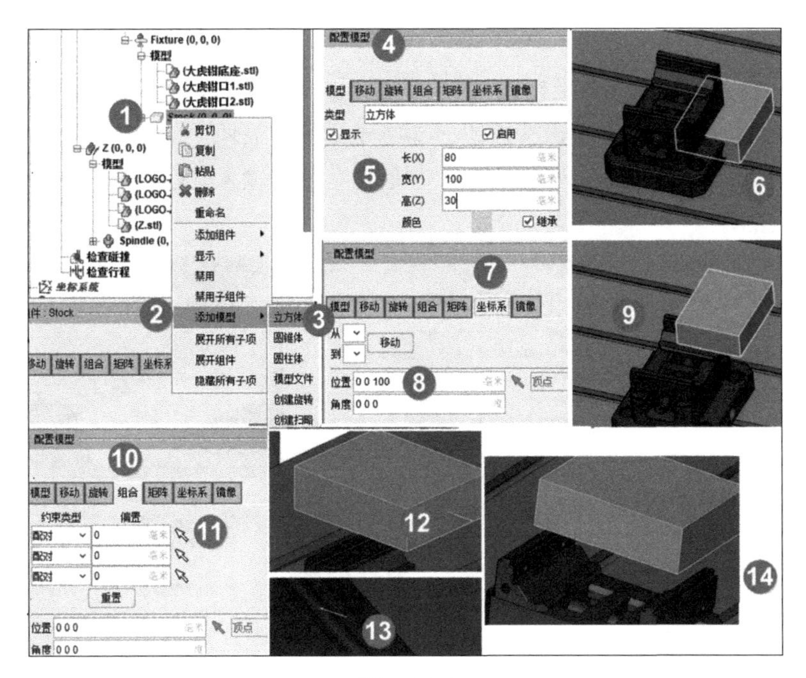

图　3-16

9）如图 3-17 所示，①单击按钮→②单击视图毛坯箭头位置→③单击视图钳口底部装夹位置→④调整好毛坯上下位置→⑤选择另一个钳口→⑥弹出“配置模型”对话框→⑦单击按钮→⑧单击视图钳口侧边装夹位置→⑨单击视图毛坯箭头位置→⑩调整好钳口前后位置→⑪单击“坐标系”选项卡→⑫在位置输入“-40”→⑬调整好毛坯左右位置。

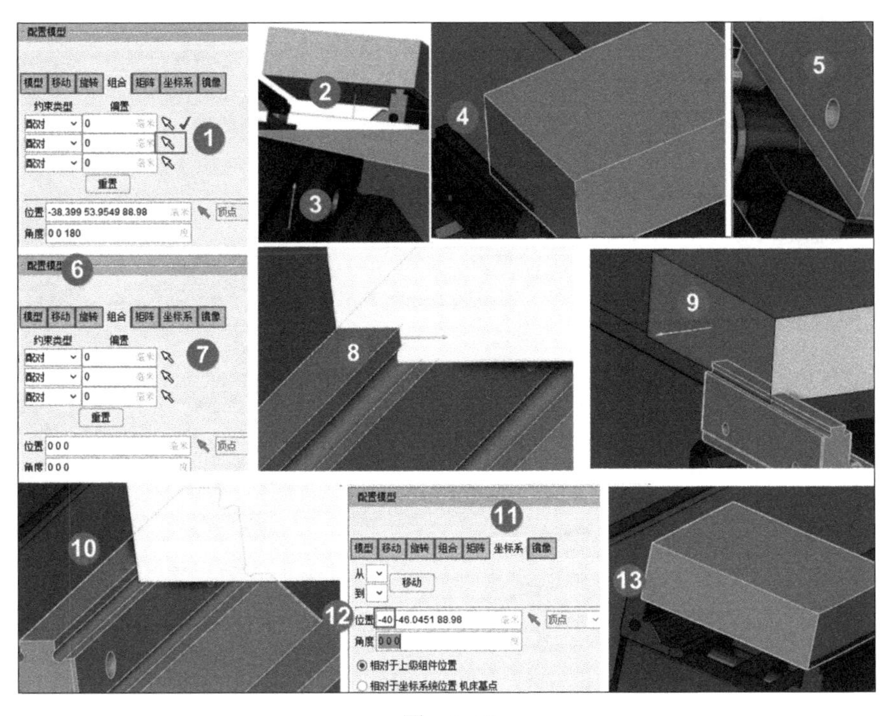

图　3-17

6. 创建坐标系

如图 3-18 所示，①右击“坐标系统”→②弹出右键快捷菜单，单击“新建坐标系”→③弹出“配置坐标系统”→④单击按钮→⑤将光标移到毛坯顶部箭头位置→⑥单击毛坯顶部箭头位置→⑦右击“Csys1”→⑧单击“重命名”→⑨输入“G54”→⑩确定后毛坯上的坐标名称变成 G54。

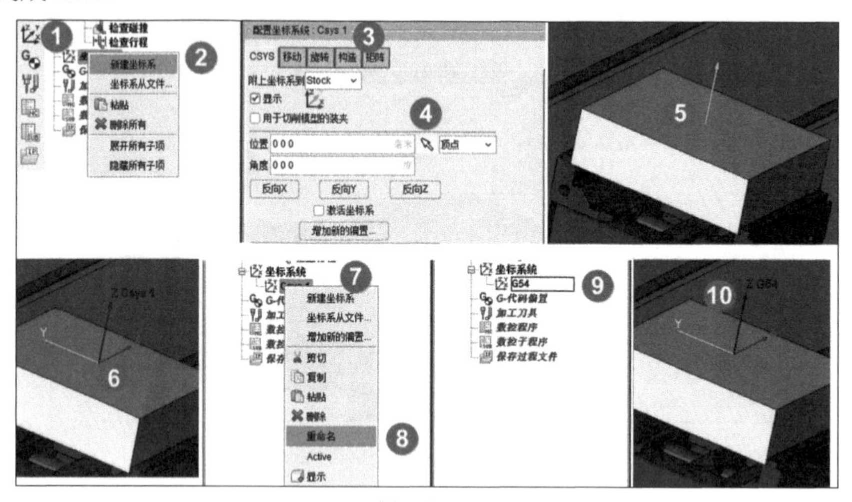

图 3-18

7. 添加 NC程序和定义工作偏置

如图 3-19 所示，①单击“G- 代码偏置”→②在“配置 G- 代码偏置”里单击“添加”→③单击“1: 工作偏置”→④在“从”后选“组件”“Tool”→⑤在“到”后选“坐标原点”“G54”→⑥寄存器“54”。

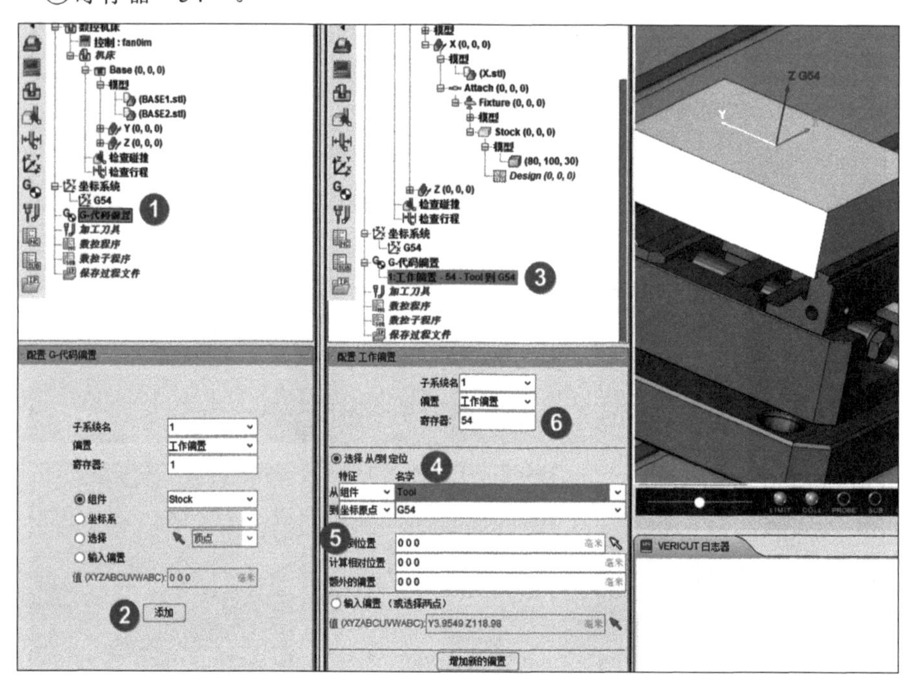

图 3-19

3.3　机床控制系统设置

如图 3-20 所示，①右击“控制”→②单击“打开”→③选择“fan0im.ctl”→④单击“打开”。

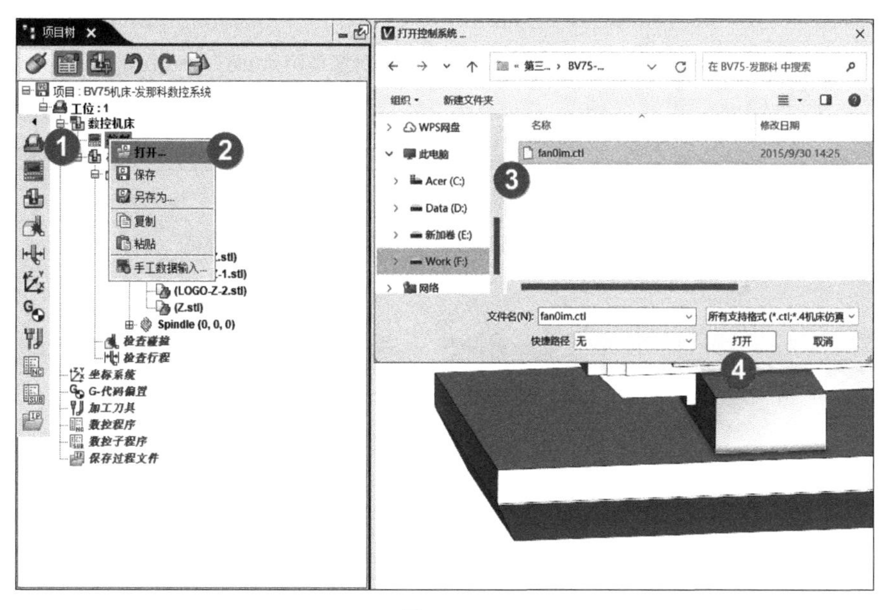

图　3-20

3.4　机床设置

单击菜单中“机床 / 控制系统”→单击“机床设定”，弹出“机床设定”对话框，如图 3-21 所示。

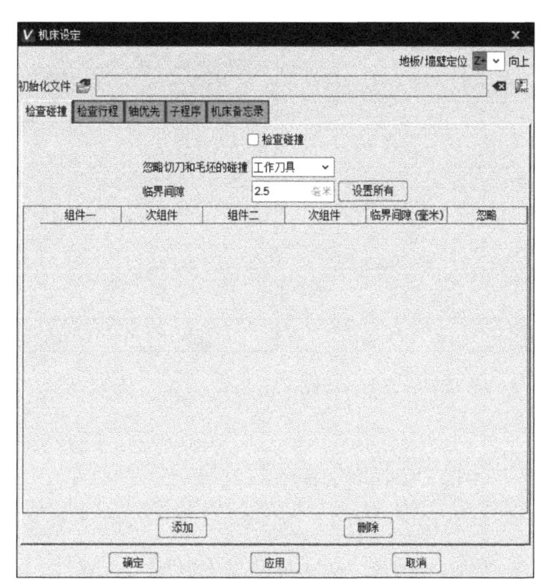

图　3-21

1. 检查碰撞

检查碰撞用于设置该组件之间的碰撞关系。

如图 3-22 所示，①勾选“检查碰撞”→②单击“添加”→③将组件一选“Z”→④将组件二选“X”→⑤单击“添加”→⑥将组件一选“Z”→⑦将组件二选“Fixture”→⑧单击“添加”→⑨将组件一选“Spindle”→⑩将组件二选“Fixture”→⑪单击“应用”→⑫单击“确定”，检查碰撞就设置完成。

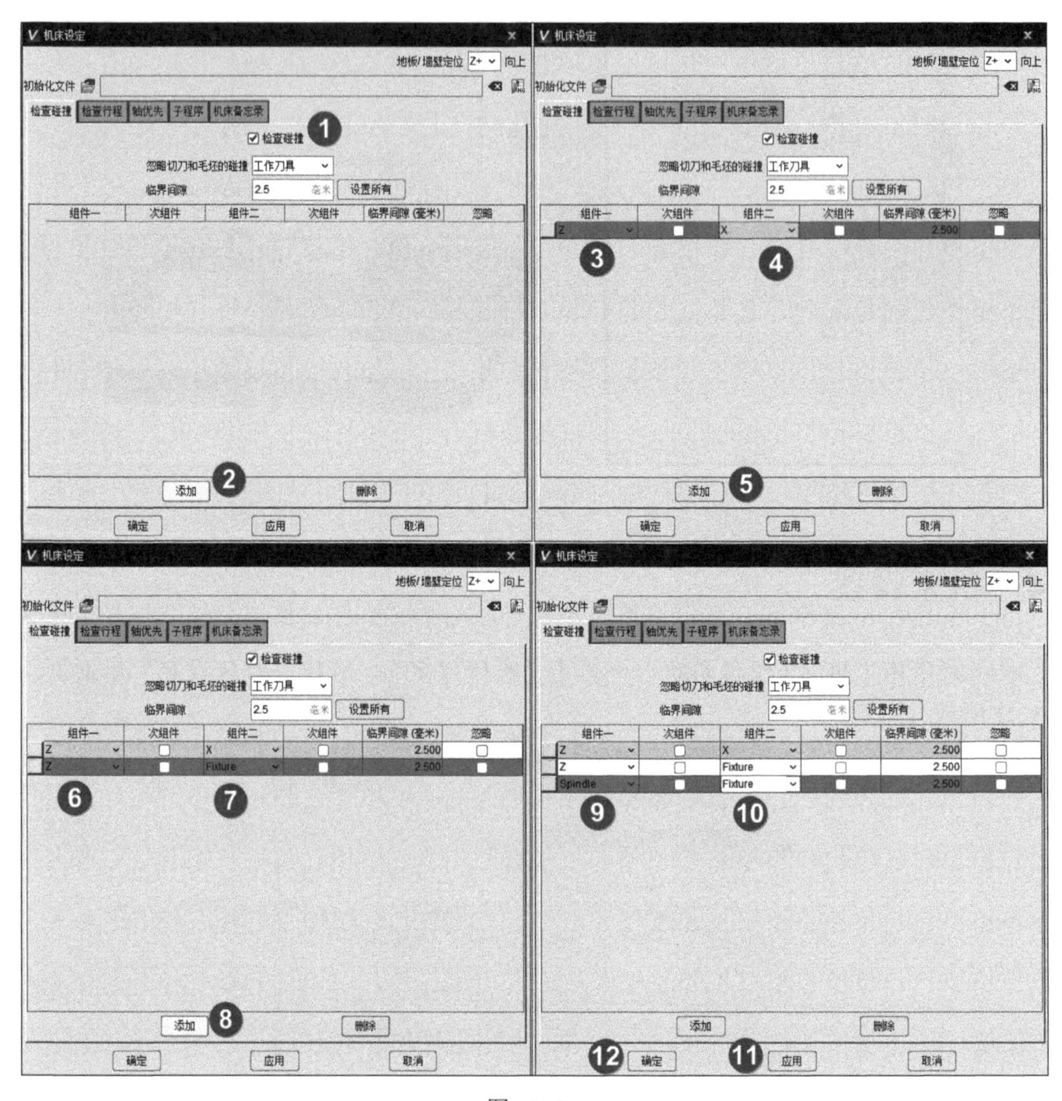

图 3-22

2. 检查行程

检查行程用于设定机床各运动轴的极限超程问题。

如图 3-23 所示，①单击“检查行程”选项卡→②勾选“检查超程”→③勾选“允许运动超出行程”→④单击“添加组”→⑤出现 Z 组件、Y 组件及 X 组件行程设置表格→⑥在 Z 组件、Y 组件及 X 组件行程设置表格中依照图上数值填写→⑦单击“应用”→

⑧单击“确定”，检查行程就设置完成。参照机床 X 轴行程 762mm、Y 轴行程 510mm、Z 轴行程 560mm。

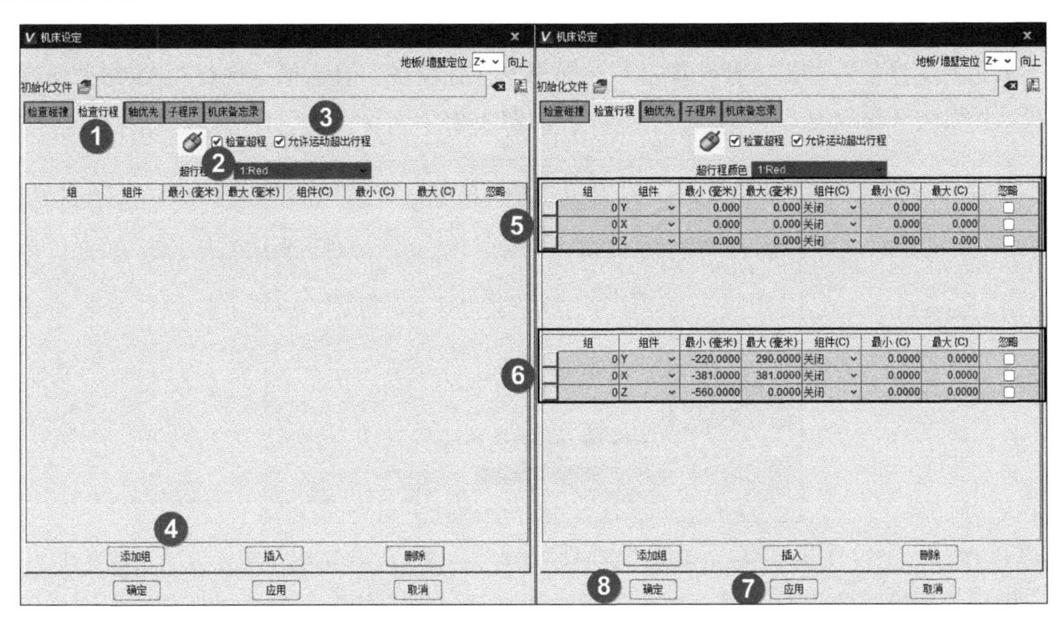

图　3-23

3. 轴优先

轴优先可设定快速模式下各运动轴的优先顺序，如图 3-24 所示。

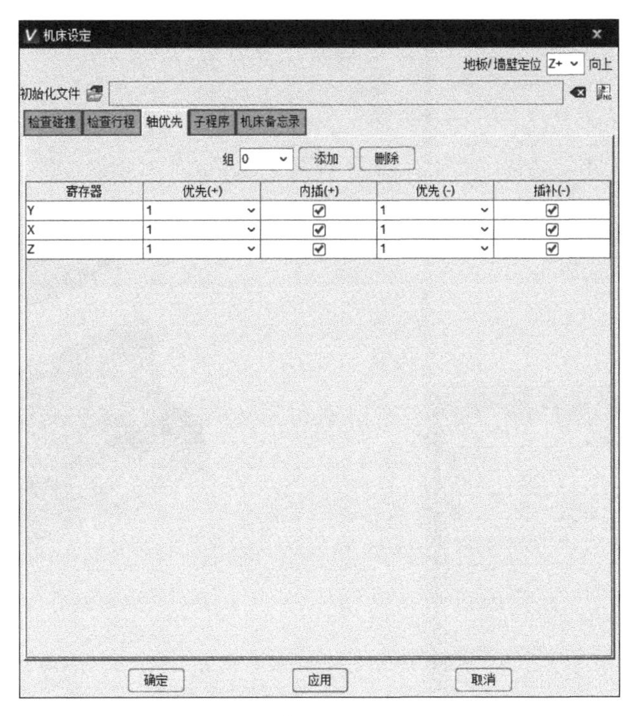

图　3-24

注意事项：关闭项目之前要将文件汇总一次并保存过程文件。

3.5　案例仿真

1. 打开项目文件

单击“文件”→单击“打开项目”→弹出“打开项目”对话框→选择“BV75 机床 - 发那科数控系统 .vcproject”→单击“打开”，如图 3-25 所示。

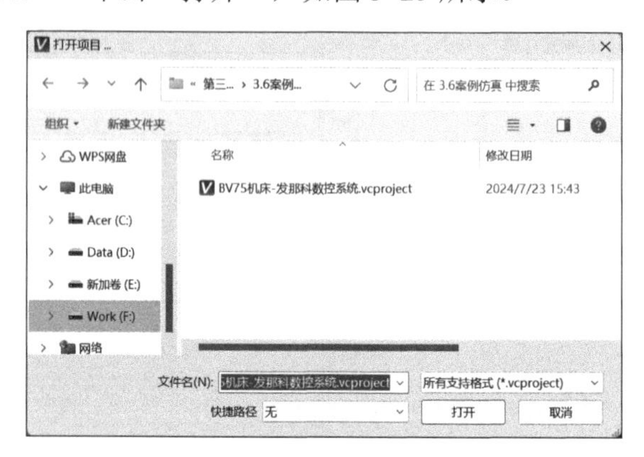

图　3-25

出现丢失模型的状况（图 3-26），单击“打开过程文件”→弹出“打开过程文件”对话框→选择“搭建 .ip”→单击“打开”（图 3-27），这样遗失的模型就找回来了（图 3-28）。

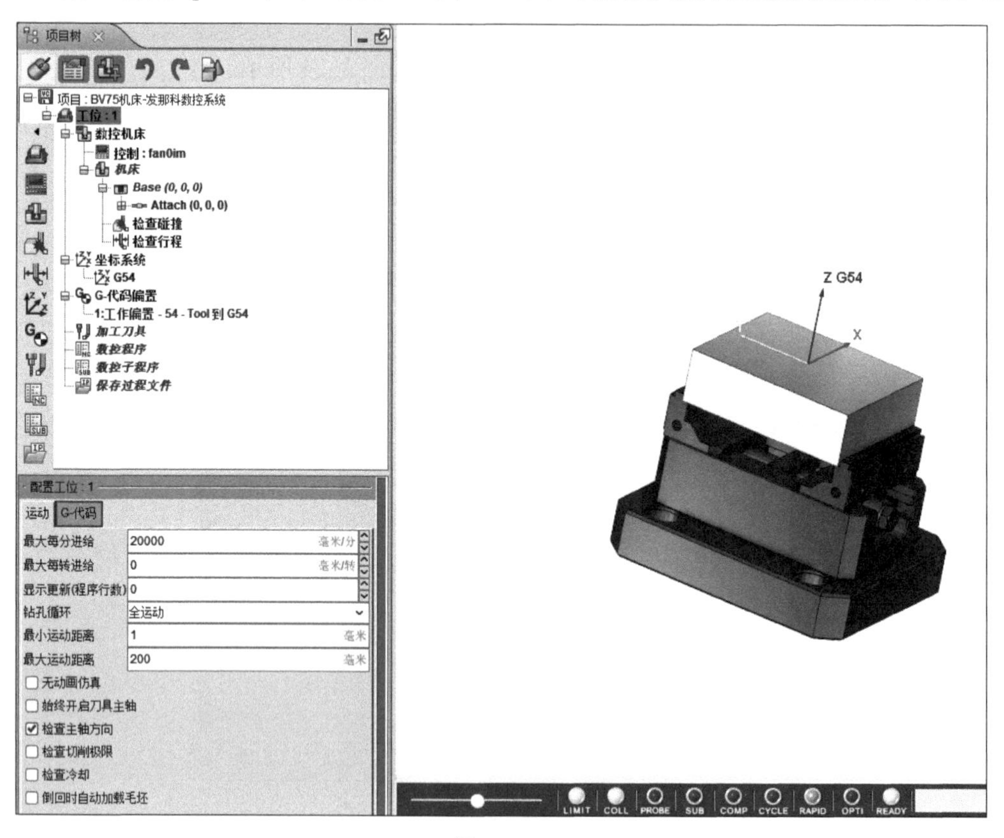

图　3-26

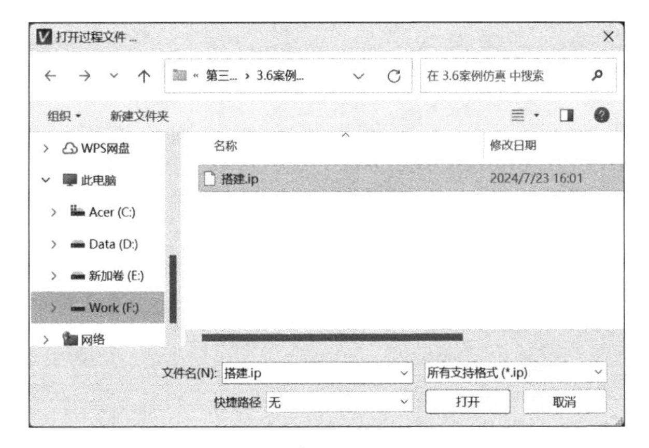

图　3-27

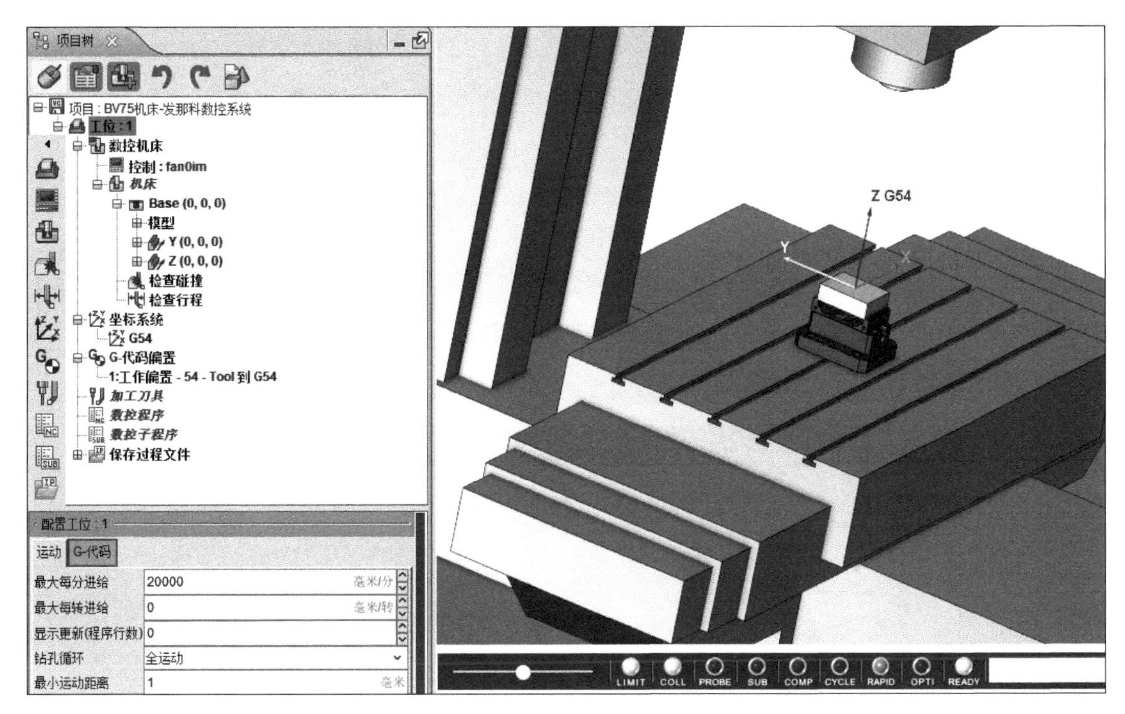

图　3-28

2. 创建刀具

如图 3-29 所示，在软件内项目树区域：①右击项目树上的“加工刀具”项→②单击“刀具管理器”命令。弹出“刀具管理器”对话框。

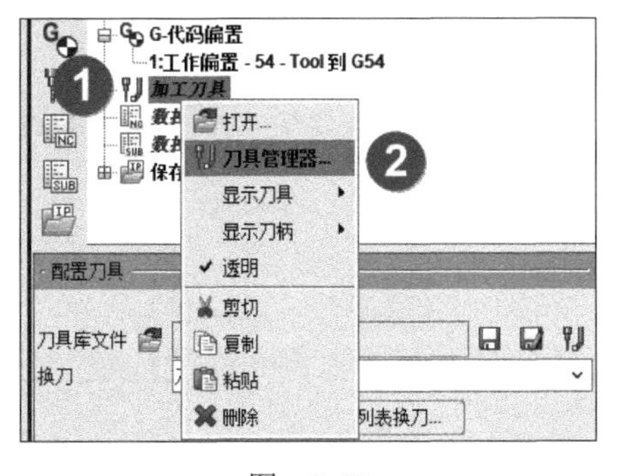

图　3-29

在“刀具管理器”对话框中按图 3-30 所示，①单击“铣刀”→②刀具组件内的旋转型刀具下选择“锥度球头铣刀”→按③～⑧所示填入相应数值。

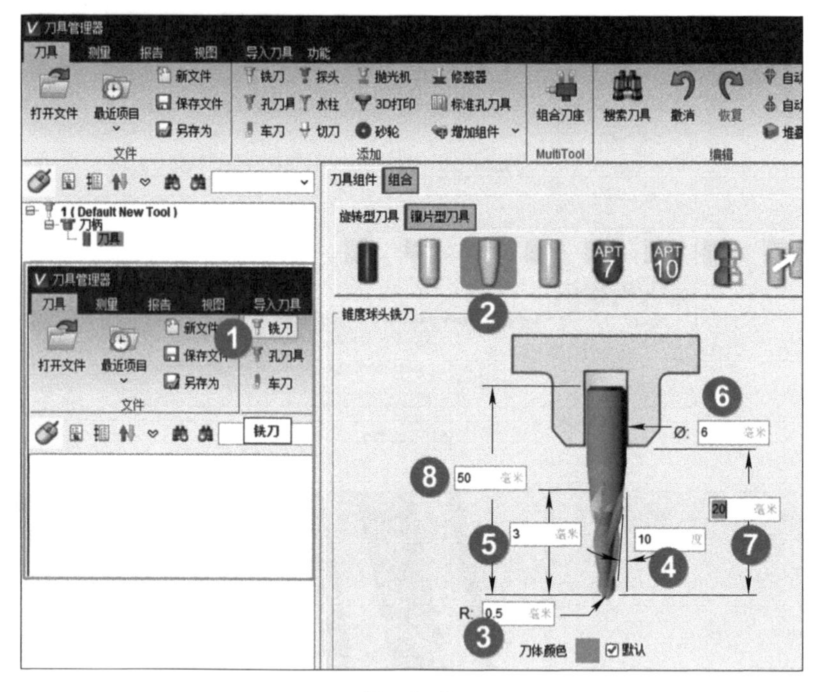

图 3-30

如图 3-31 所示，①单击“刀柄”→②根据上面点的数值填写（数值是根据测量刀柄的值）→③单击“自动装夹”→④单击“自动对刀点”→⑤单击“刀具号”→⑥单击“保存文件”，名称为“bt40er20L80”。

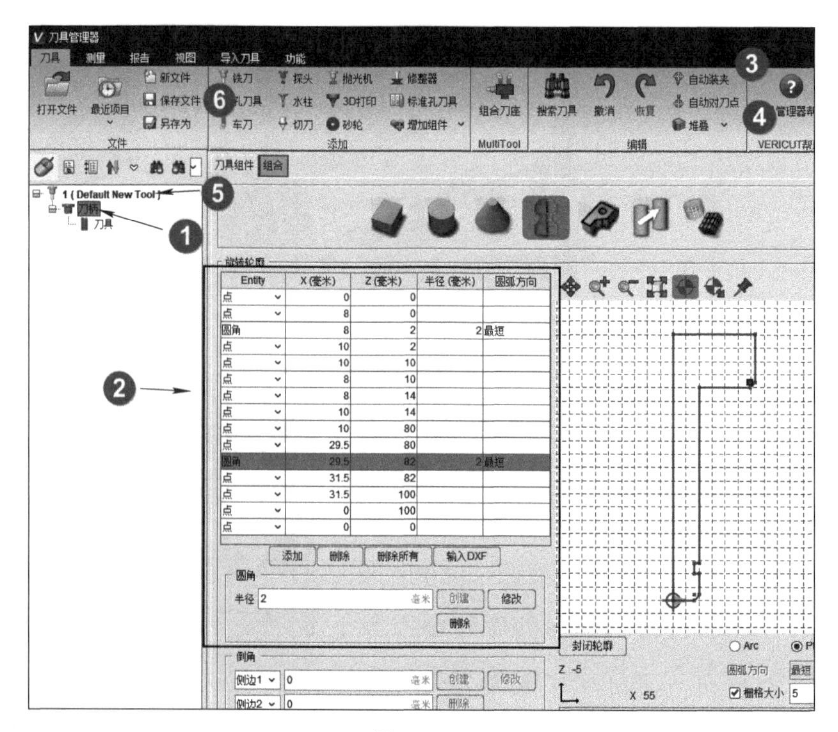

图 3-31

如图 3-32 所示，把刚刚新建的刀具作为主轴初始刀具：①单击“加工刀具”→②勾选“初始刀具”→③选择“1”号刀具→④单击“重置模型”→⑤刀具装到主轴上。

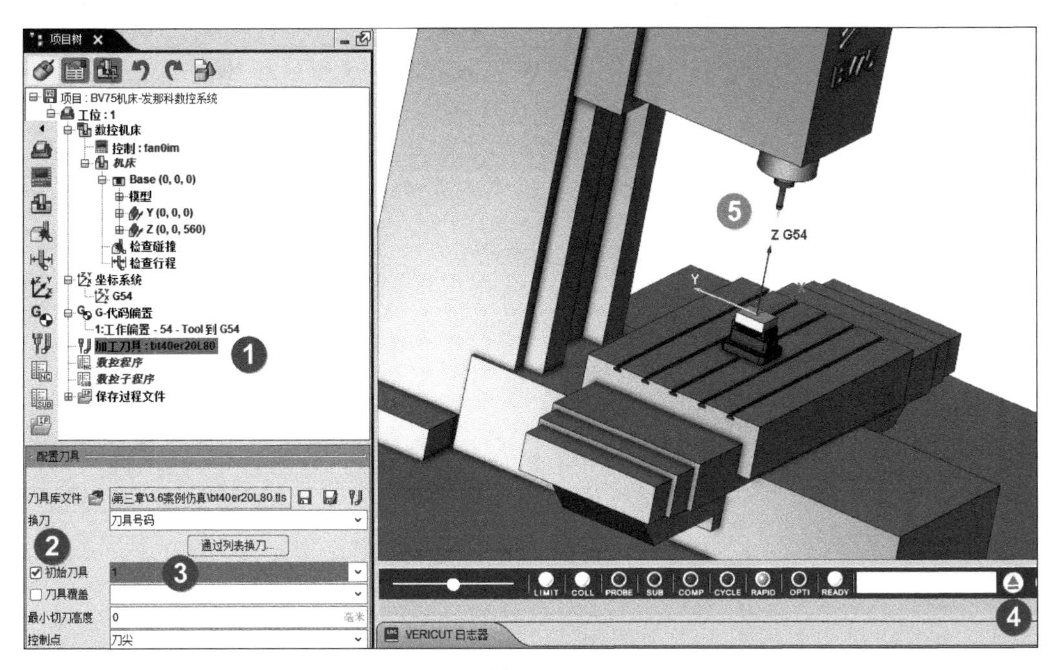

图　3-32

3. 添加数控程序

如图 3-33 所示，① 右击“数控程序”→②单击“添加数控程序”，弹出“数控程序”对话框→③选择数控程序→④单击“确定”。

图　3-33

4. 仿真零件

①单击“仿真”按钮→②结果如图 3-34 所示。

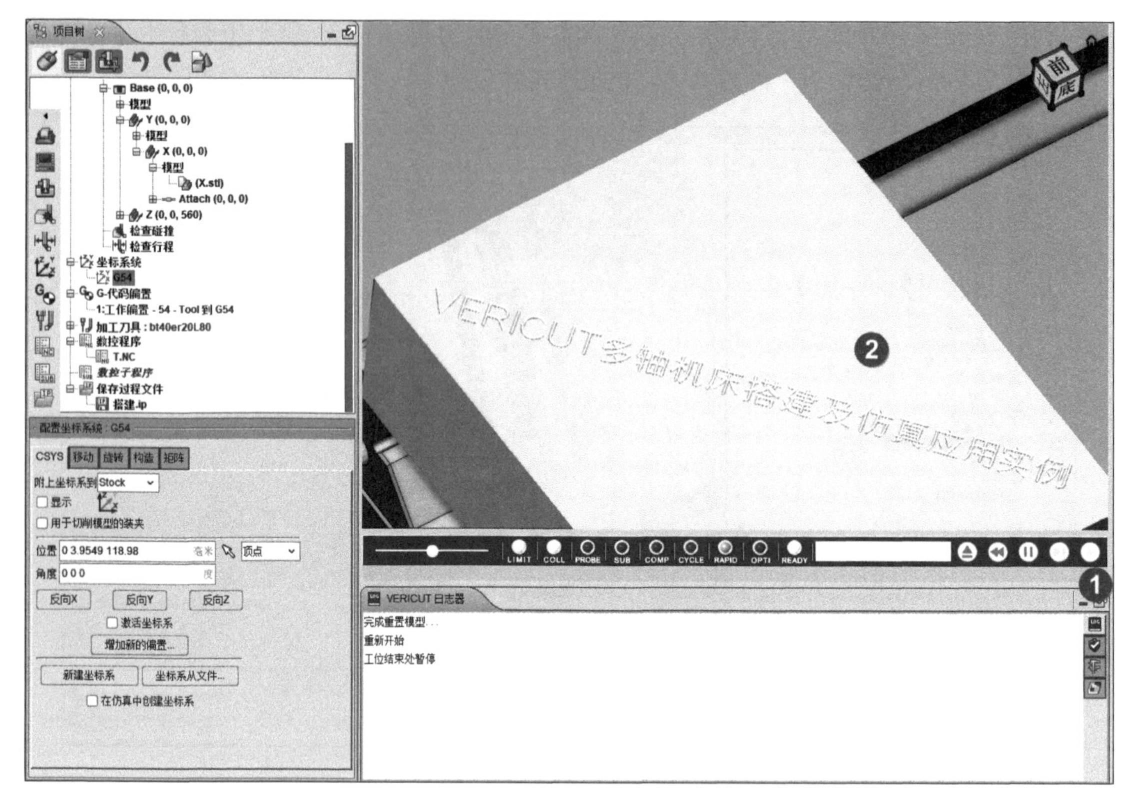

图 3-34

3.6 本章小结

保存项目文件易丢失，关闭项目之前要将文件汇总一次以及保存过程文件。如果还是出现丢失问题，就保存过程文件，方便丢失模型的找回。

第 4 章 四轴立式机床搭建及仿真讲解

4.1 四轴立式机床简介

实例为北京机电院股份公司的 BV75 四轴机床，如图 4-1 所示。具体说明如下：

1. 机床运动轴

机床运动轴如图 4-2 所示：

扫一扫，看视频

①Z 轴：传递主要切削力的主轴为 Z 轴。

②A 轴：绕 X 轴旋转的轴，称为 A 轴。

③X 轴：X 轴始终水平，且平行于工件装夹面。

④Y 轴：Y 轴由笛卡儿直角坐标系确定。

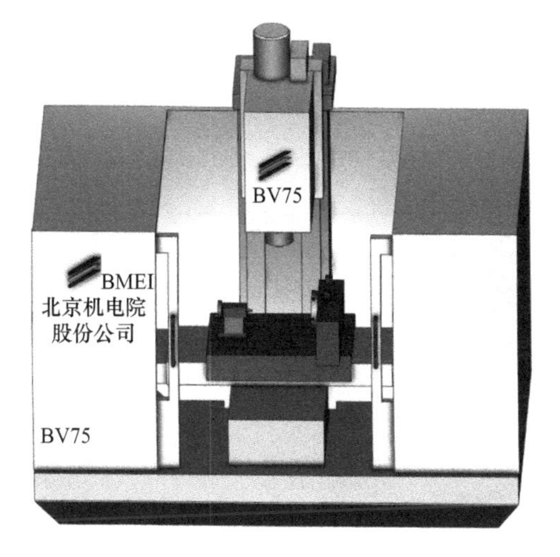

图 4-1

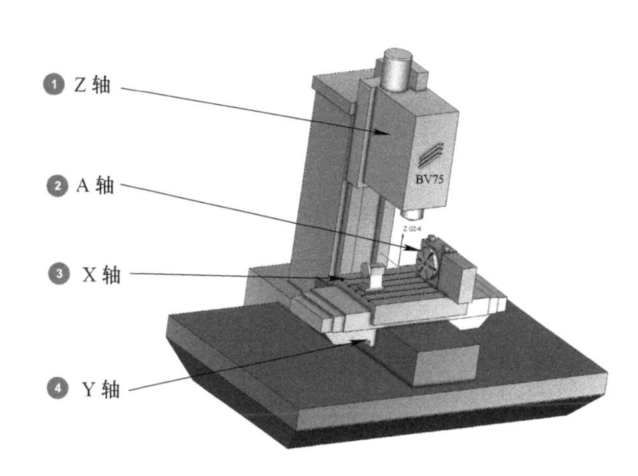

图 4-2

2. 机床主要技术参数

数控系统为发那科的机床主要技术参数见表 4-1。

表 4-1

序　号	名　称	规　格
1	工作台尺寸	900mm×610mm
2	X 轴行程	762mm
3	Y 轴行程	510mm
4	Z 轴行程	560mm
5	A 轴行程	n×360°

（续）

序　号	名　称	规　格
6	快速移动速度	24m/min
7	切削进给速度	3 ～ 15000mm/min
8	主轴转速	60 ～ 6000r/min 或 60 ～ 8000r/min
9	主轴电动机功率	11 ～ 15kW
10	主轴锥孔	7:24
11	刀库容量	21 把刀
12	刀柄型号	BT40
13	外形尺寸	2882mm×2347mm×3018mm
14	重量	6000kg

4.2　机床搭建

1．建立新项目文件

如图 4-3 所示，单击“文件”→“新建项目”，弹出“新建 VERICUT 项目”对话框，①选“新建项目”→②选“毫米”→③填写新建项目名称“BV75- 发那科 4 轴 .vcproject”→④单击“确定”。

2．显示机床组件

单击按钮，显示机床组件，如图 4-4 所示。

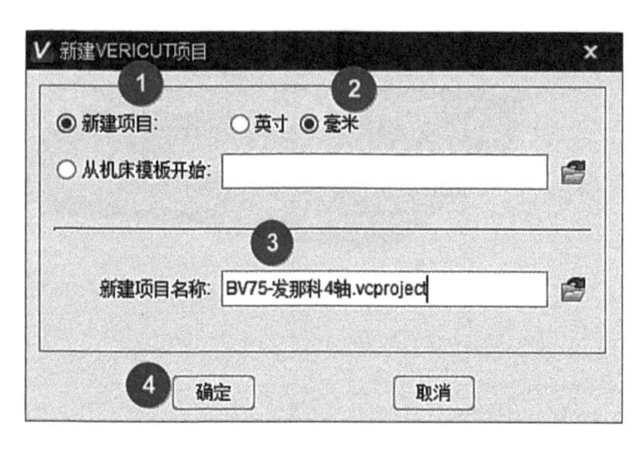

图　4-3

图　4-4

3．定义机床各组件的逻辑关系

由于组件没有尺寸和形状，只反映组件各自的功能属性，所以在项目树中编号。

1）如图 4-5 所示，各组件的逻辑关系是：床身→ Z 组件→主轴→刀具。具体为：

①床身→②床身模型→③ Z 组件→④ Z 轴模型→⑤主轴组件→⑥主轴模型→⑦刀具组件→⑧刀具。

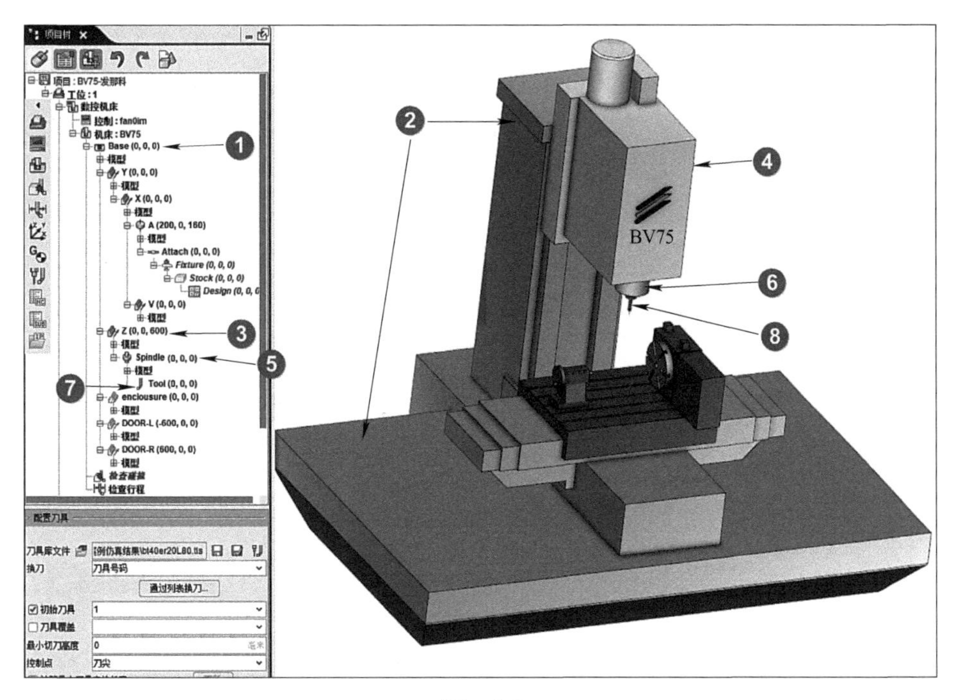

图　4-5

2）如图 4-6 所示，各组件的逻辑关系是：床身→ Y 组件→ X 组件→ A 轴组件→附属→夹具组件→毛坯组件→设计组件。具体为：

①床身→②床身模型→③ Y 组件→④ Y 轴模型→⑤ X 组件→⑥ X 轴模型→⑦ A 轴组件→⑧ A 轴模型→⑨附属→⑩夹具组件→⑪毛坯组件→⑫设计组件。

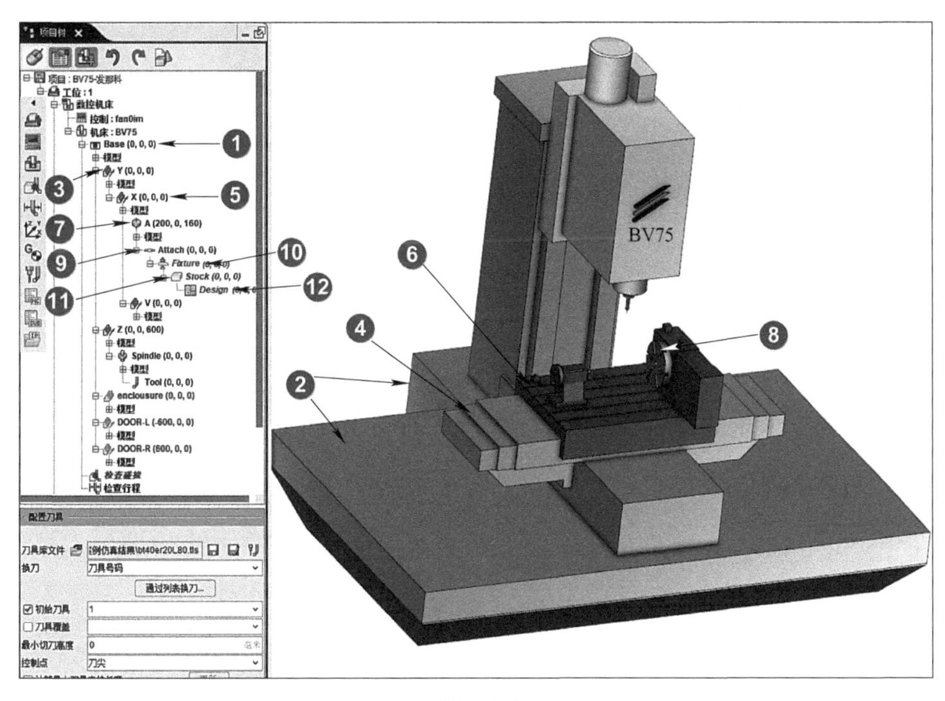

图　4-6

4. 添加各组件

在建模软件里设置工作台中心为机床零点，逐一导出各个模型。

1）如图 4-7 所示，①右击“Base”→②将光标移至“添加组件”→③选择“Y 线性”→④添加好 Y 组件，右击“Y”组件→⑤将光标移至“添加组件”→⑥选择“X 线性”→⑦添加好X组件，右击“X”组件→⑧将光标移至“添加组件”→⑨选择“A 旋转”→⑩右击“Attach”→⑪单击“剪切”→⑫右击“A”旋转→⑬单击“粘贴”→⑭即把附属放在 A 旋转下方。

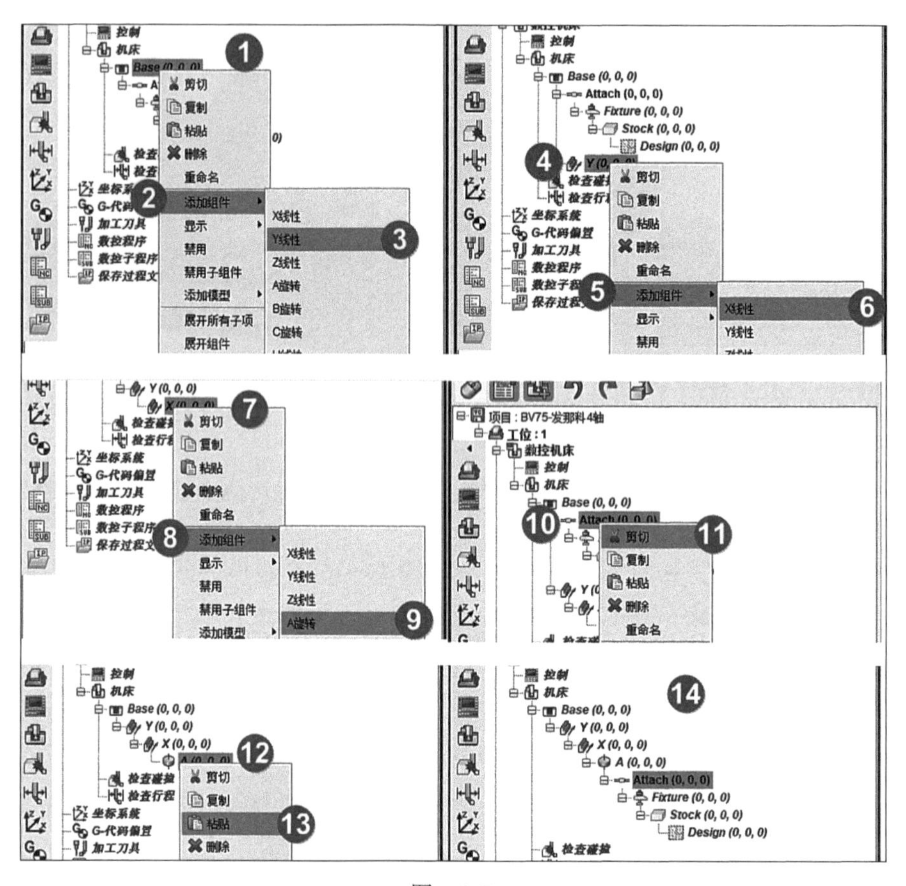

图 4-7

2）如图 4-8 所示，①单击“A”旋转→②弹出“配置组件：A”→③单击“坐标系”→④位置输入“200 0 160”。

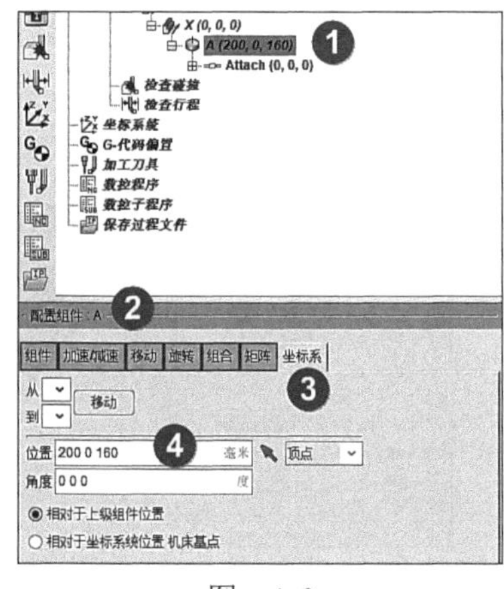

图 4-8

3）如图 4-9 所示，①右击“Base”→②将光标移至“添加组件”→③选择“Z 线性”→④添加好 Z 组件，右击“Z”组件→⑤将光标移至“添加组件”→⑥选择“主轴”→⑦添加好主轴组件，右击“Spindle”→⑧将光标移至“添加组件”→⑨选择“刀具”。

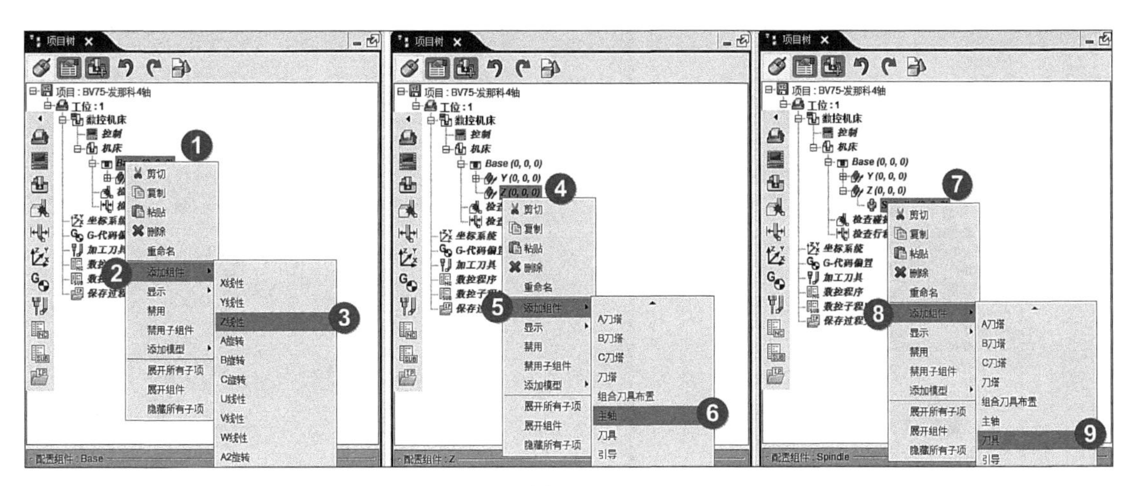

图　4-9

5. 导入各组件的模型并调整位置

1）如图 4-10 所示，①右击“Base”→②将光标移至“添加模型”→③单击“模型文件”，弹出“打开”对话框→④按住 <Ctrl> 键选择“BASE1.stl”和“BASE2.stl”→⑤单击“确定”，床身的模型就输入完毕。

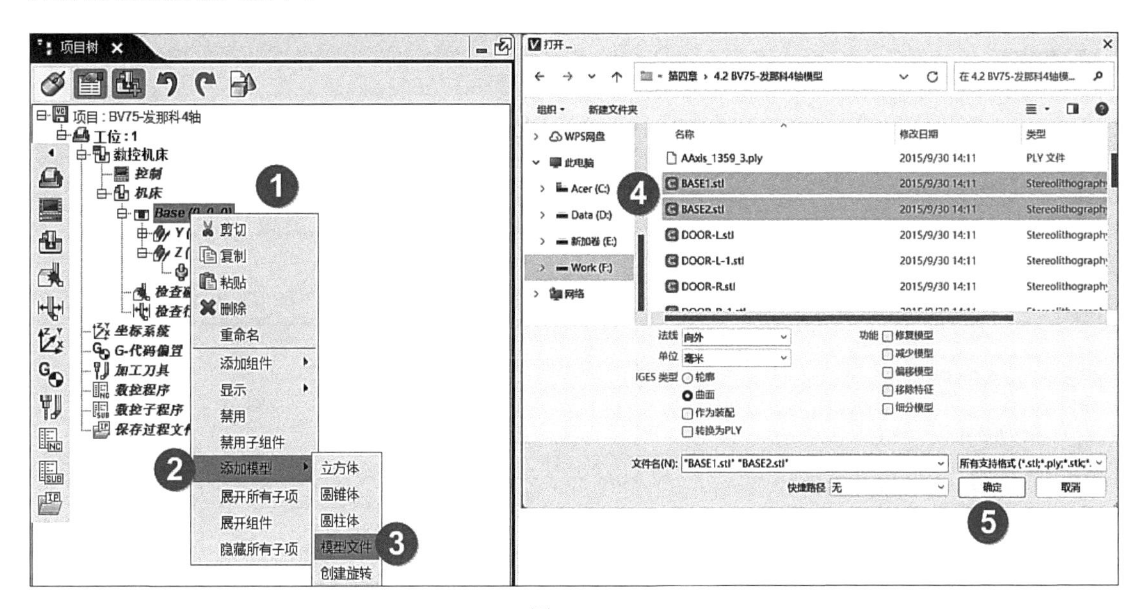

图　4-10

2）如图 4-11 所示，①右击“Y”组件→②将光标移至“添加模型”→③单击“模型文件”，弹出“打开”对话框→④选择“Y.stl”→⑤单击“确定”，Y 轴的模型就输入完毕。

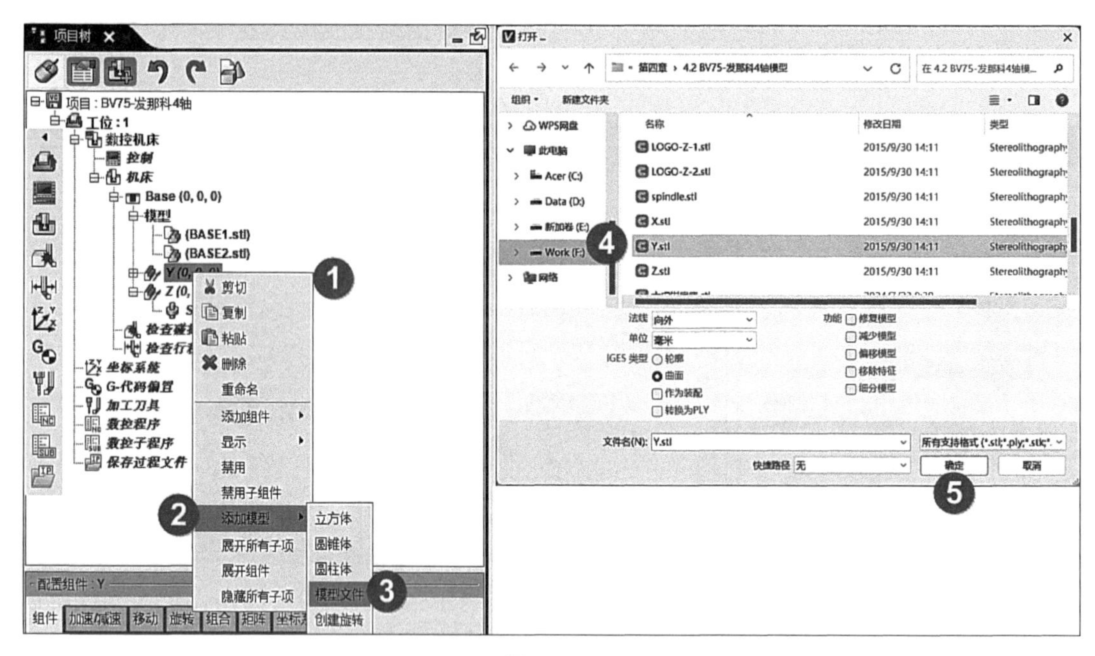

图　4-11

3）如图 4-12 所示，①右击“X”组件→②将光标移至“添加模型”→③单击“模型文件”，弹出“打开”对话框→④选择“X.stl”“AAxis_895_0.ply”及“AAxis_1359_3.ply”→⑤单击“确定”，X 轴的模型就输入完毕。

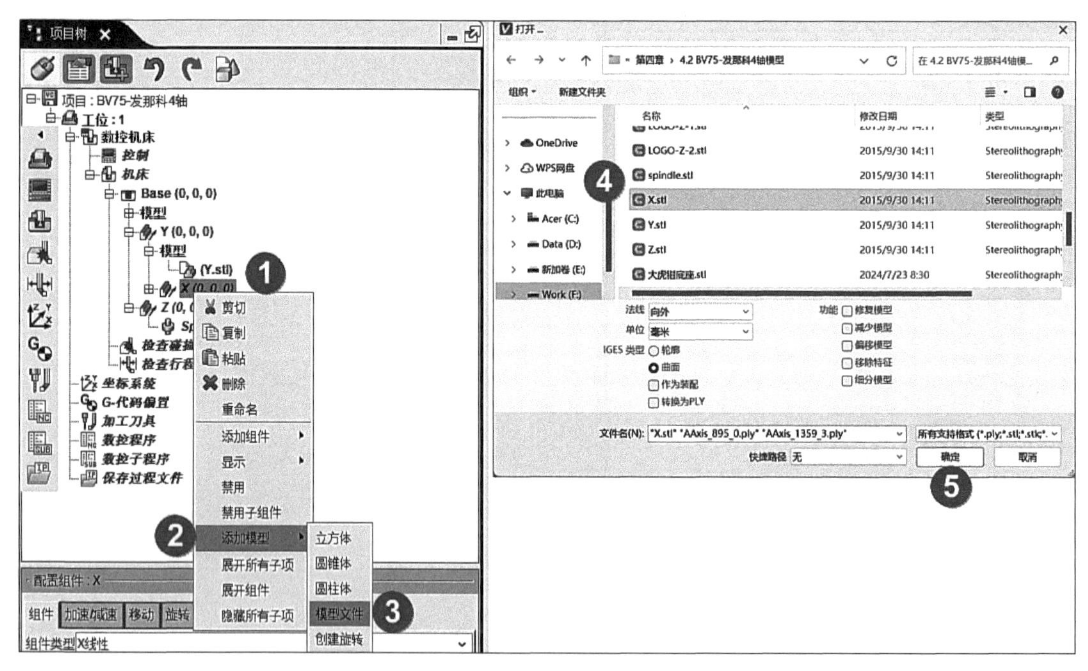

图　4-12

4）如图 4-13 所示，①单击“AAxis_895_0.ply”模型→②单击“坐标系”→③位置“200 0 0”。

5）如图 4-14 所示，①单击“AAxis_1359_3.ply”模型→②单击“坐标系”→③位置“-300 0 0”。

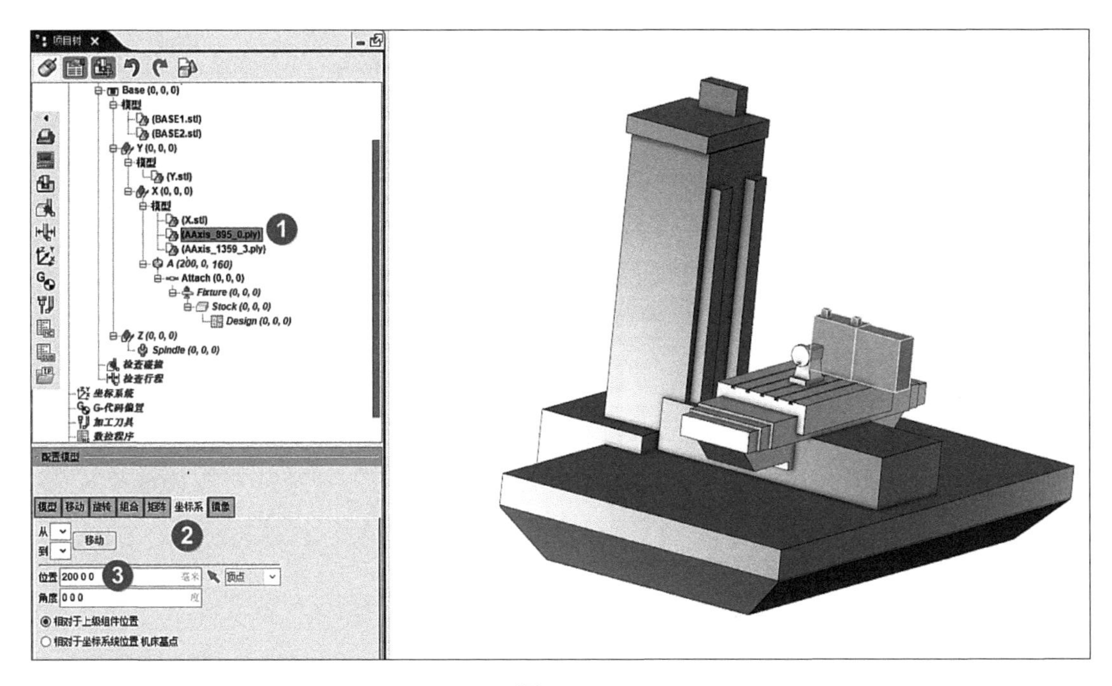

图　4-13

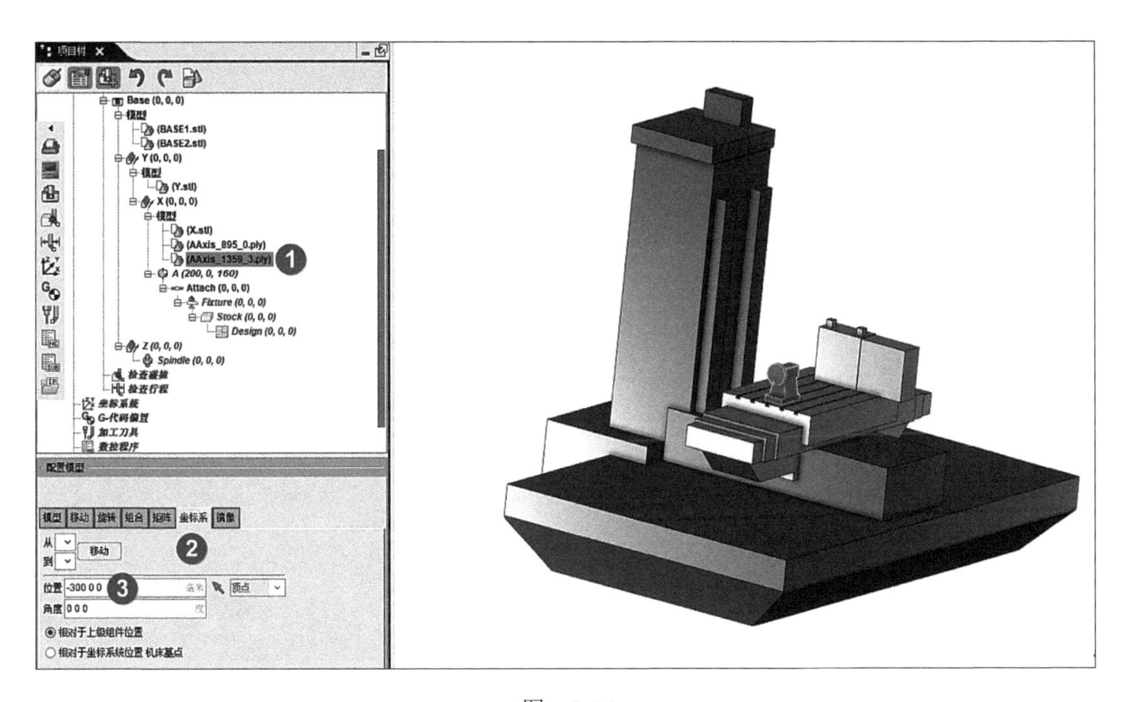

图　4-14

6）如图 4-15 所示，①右击“A”旋转→②将光标移至“添加模型”→③单击“模型文件”，弹出“打开”对话框→④选择“AAxis_1327_1.ply”→⑤单击“确定”，A 轴的模型就输入完毕。

7）如图 4-16 所示，①单击“AAxis_1327_1.ply”→②弹出“配置模型”对话框→③单击“坐标系”→④位置输入“0 0 −160”→⑤显示效果。

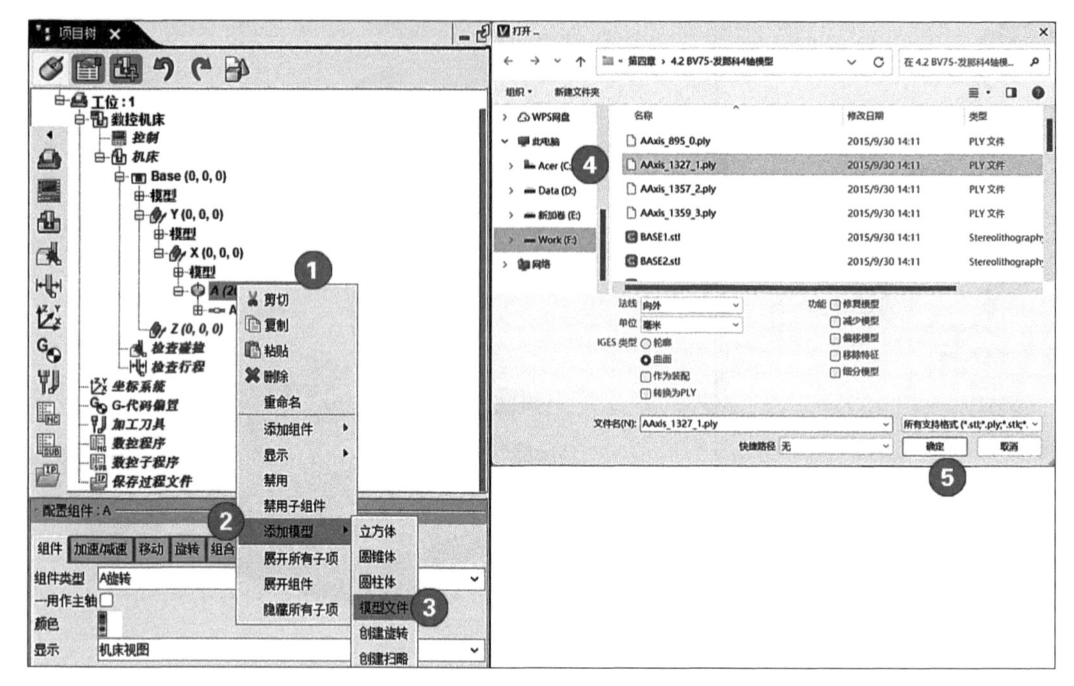

图 4-15

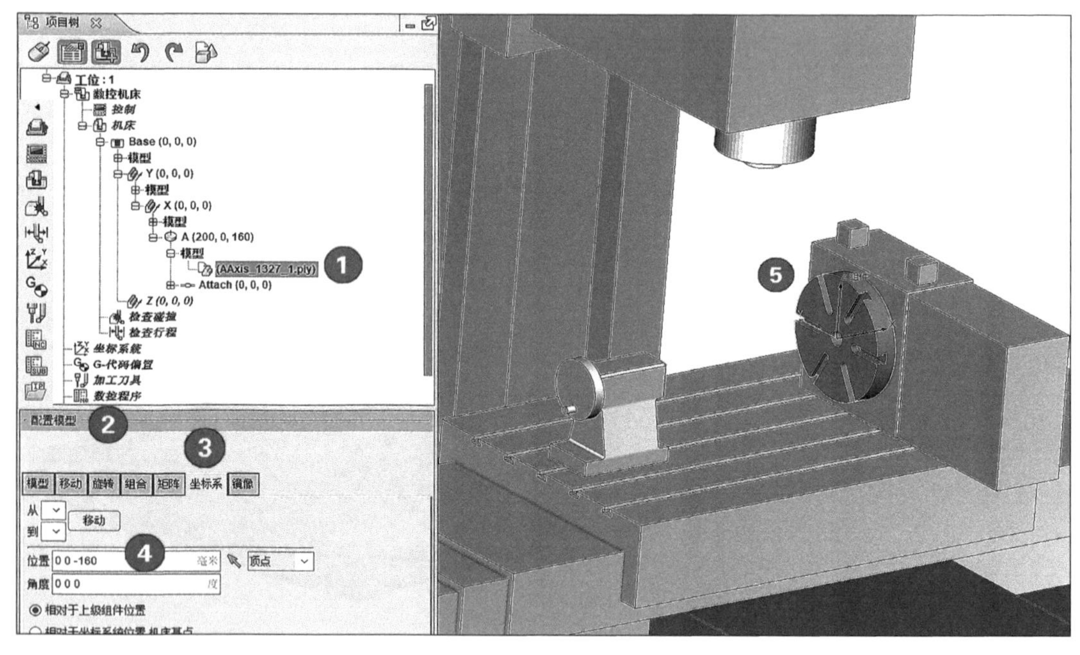

图 4-16

8）如图 4-17 所示，①右击“Fixture”组件→②将光标移至“添加模型”→③单击“模型文件”，弹出“打开”对话框→④选择“三爪 1.stl”“三爪 2.stl”“三爪 3.stl”及“三爪底座 .stl”→⑤单击“确定”，虎钳底座的模型就输入完毕。

9）如图 4-18 所示，①单击“旋转”→②输入增量“90”→③单击“Y-”→④旋转后的效果→⑤单击“移动”→⑥在“从”后选“坐标原点”→⑦单击按钮→⑧单击原点→⑨在

“到”后选“圆心”→⑩单击按钮→⑪选择圆的 XY 平面→⑫选择圆柱 / 圆锥面→⑬选完之后的效果图→⑭单击“移动”→⑮移动后的效果图。

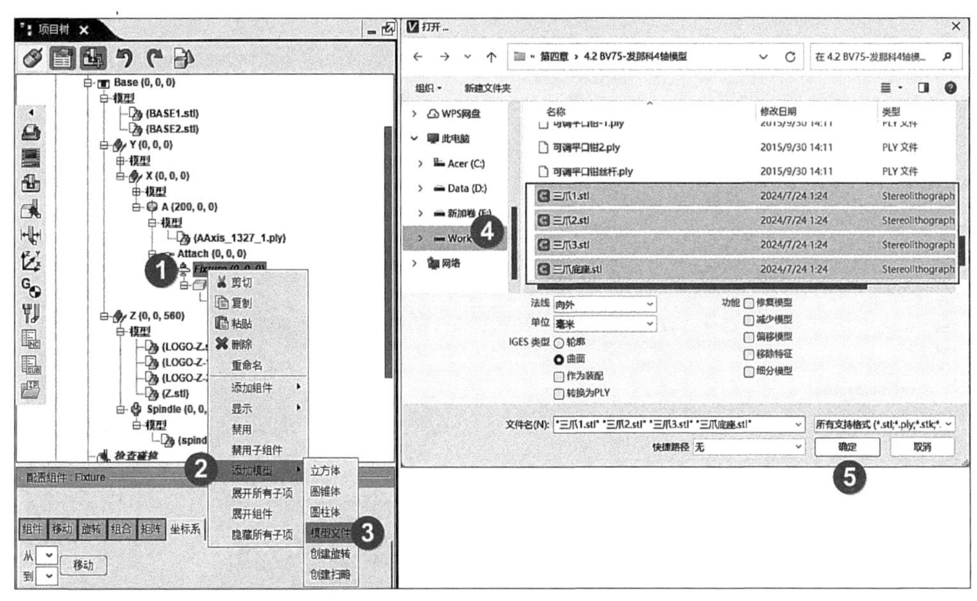

图　4-17

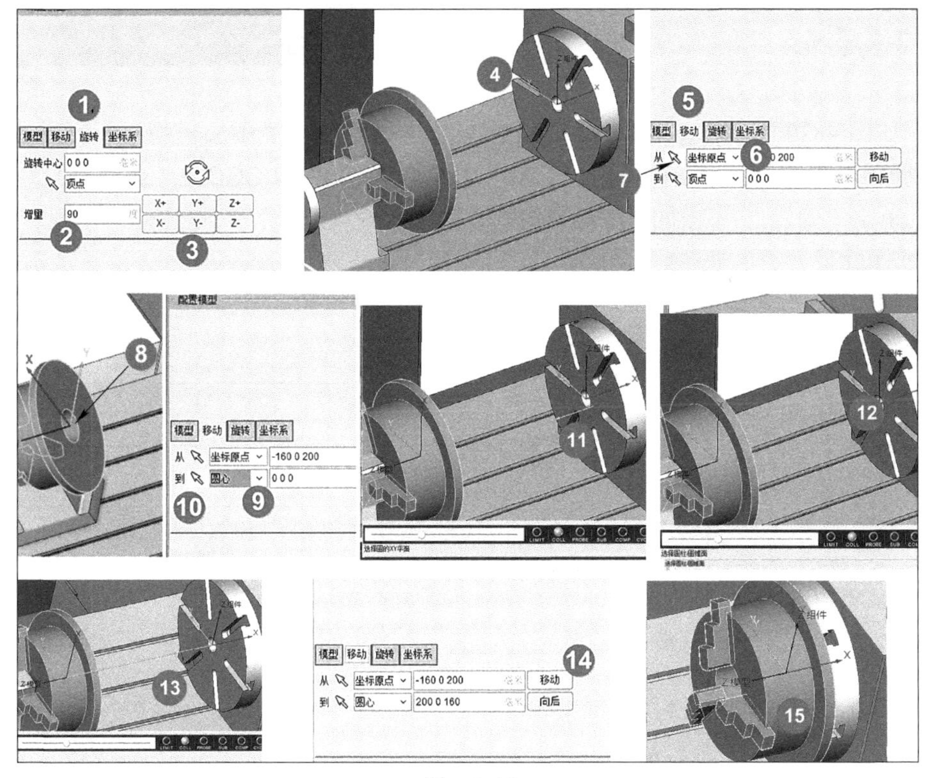

图　4-18

10）如图 4-19 所示，①右击“Stock”组件→②将光标移至“添加模型”→③单击“圆柱体”→④单击“模型”选项卡→⑤输入高“120”→⑥输入半径“50”→⑦单击“旋转”

选项卡→⑧增量输入“90”→⑨单击“Y-”→⑩旋转后的效果→⑪单击“坐标系”→⑫位置输入“-140 0 0”→⑬移动后的效果图。

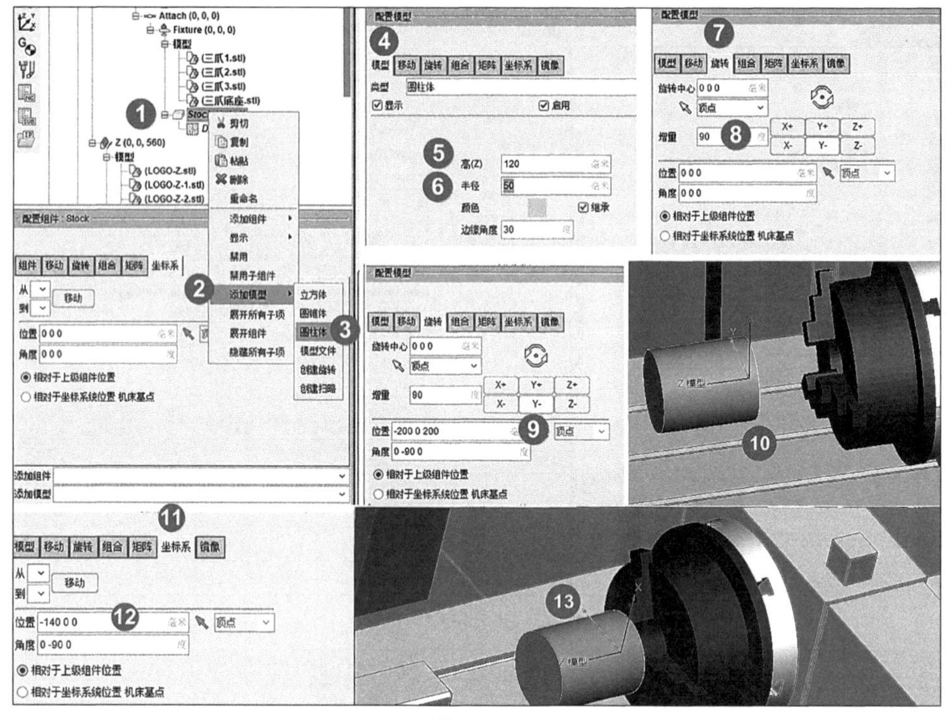

图 4-19

11）如图 4-20 所示，①右击“Z”组件→②将光标移至“添加模型”→③单击“模型文件”，弹出“打开”对话框→④选择“Z.stl”“LOGO-Z.stl”“LOGO-Z-1.stl”及“LOGO-Z-2.stl”→⑤单击“确定”，Z 轴的模型就输入完毕。

图 4-20

12）如图 4-21 所示，①单击“Z”组件→②弹出“配置组件：Z”→③单击“坐标系”→④位置“0 0 560”→⑤即可将 Z 抬起。

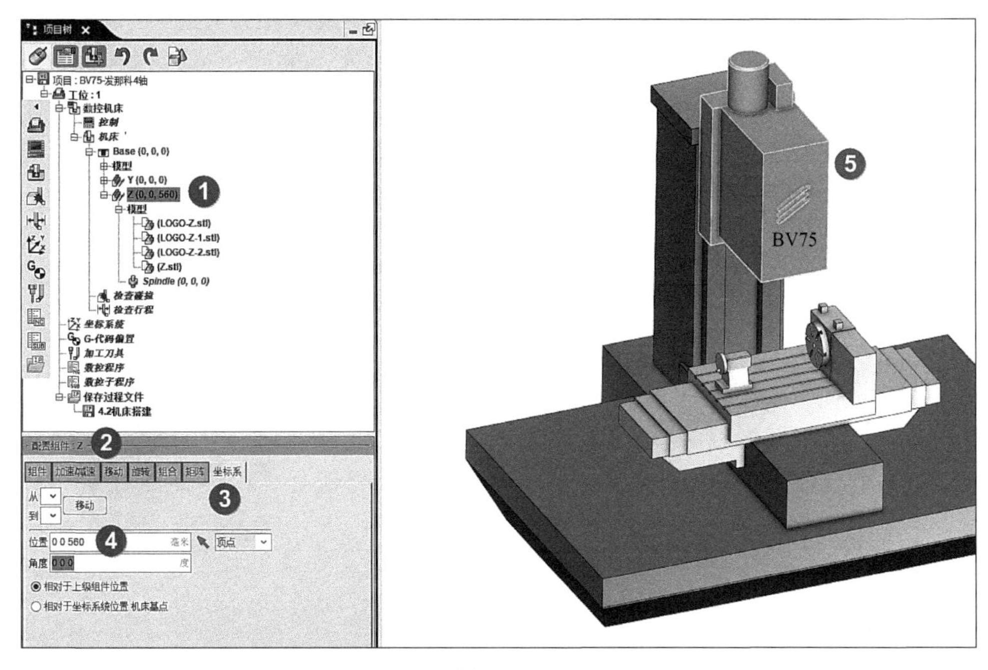

图　4-21

13）如图 4-22 所示，①右击“Spindle”组件→②将光标移至“添加模型”→③单击“模型文件”，弹出“打开”对话框→④选择“spindle.stl”→⑤单击“确定”，主轴的模型就输入完毕。

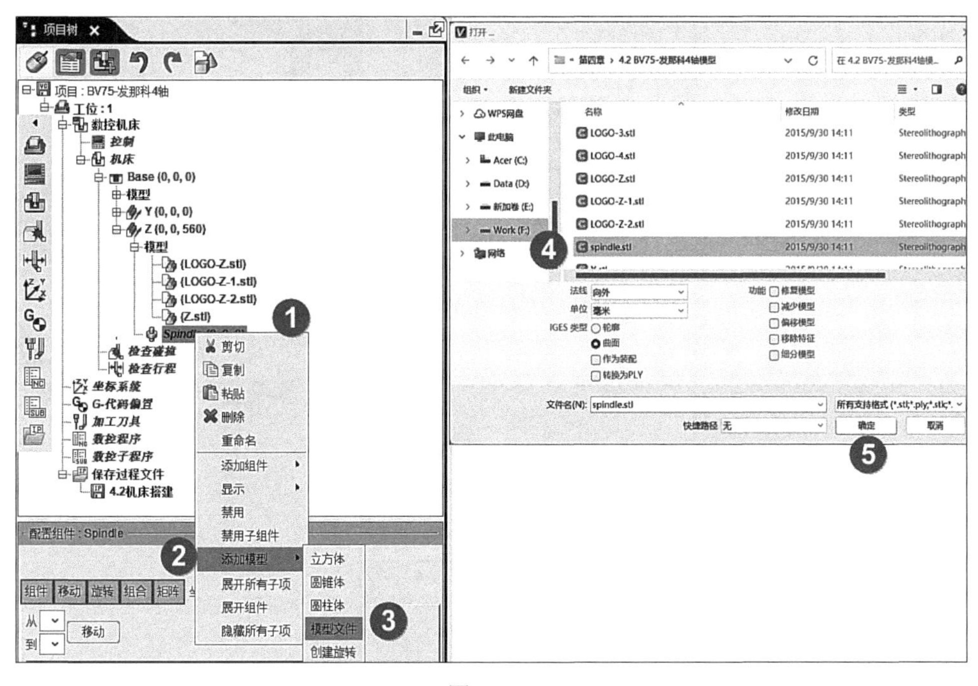

图　4-22

6. 创建坐标系

如图 4-23 所示，①右击“坐标系统”→②弹出右键快捷菜单，单击“新建坐标系”→③弹出配置坐标系统→④单击按钮→⑤将光标移到毛坯顶部箭头位置→⑥单击毛坯顶部箭头位置→⑦右击“Csys1”→⑧单击“重命名”→⑨输入“G54”→⑩确定后毛坯上的坐标名称变成 G54。

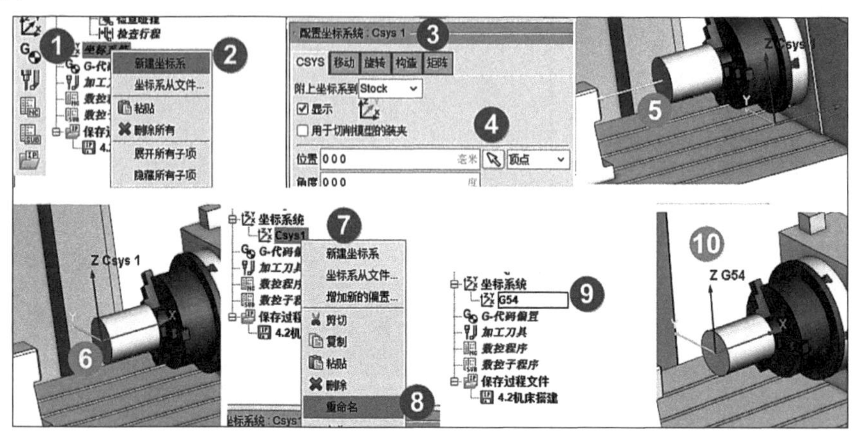

图 4-23

7. 添加 NC 程序和定义工作偏置

如图 4-24 所示，①单击“G- 代码偏置”→②在“配置 G- 代码偏置”里单击“添加”→③单击“1: 工作偏置”→④在“从”后选“组件”“Tool”→⑤在“到”后选“坐标原点”“G54”→⑥寄存器“54”。

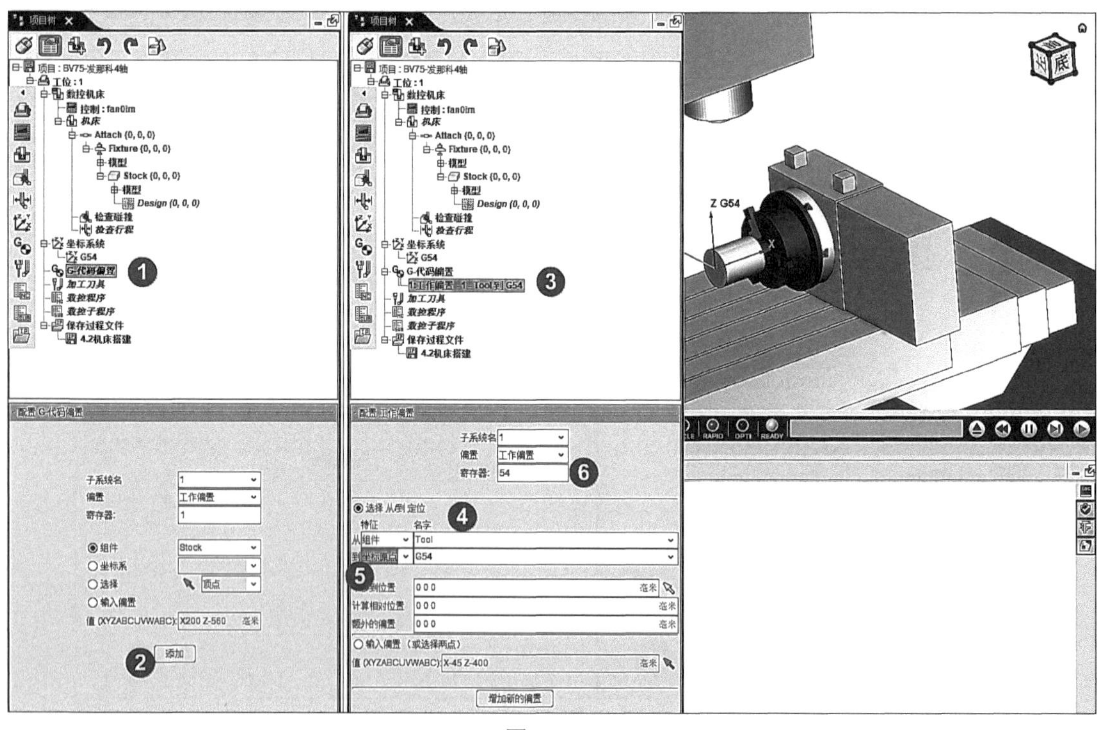

图 4-24

4.3　机床控制系统设置

如图 4-25 所示，①右击“控制”→②单击“打开”→③选择“fan0im.ctl”→④单击“打开”。

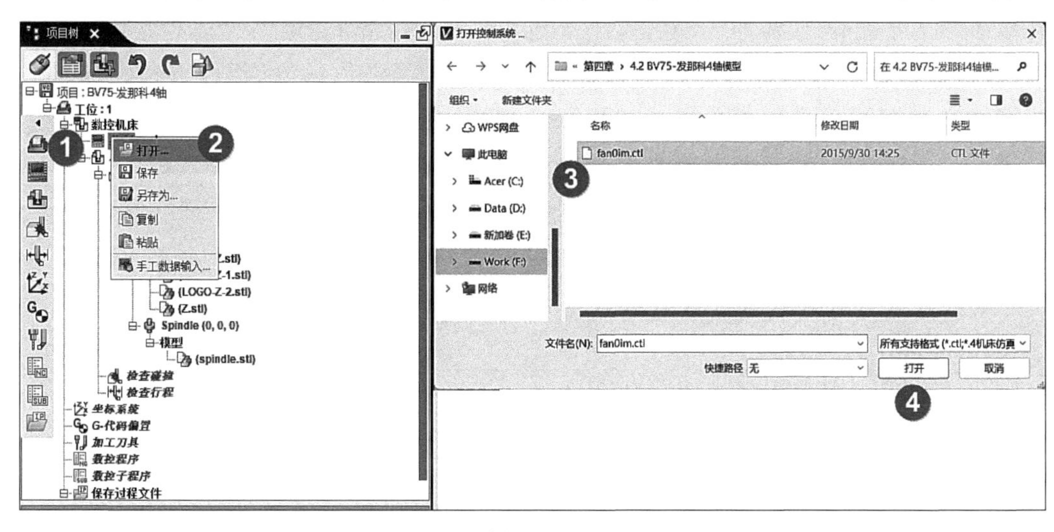

图　4-25

4.4　机床设置

单击菜单中“机床 / 控制系统”→单击“机床设定”，弹出“机床设定”对话框，如图 4-26 所示。

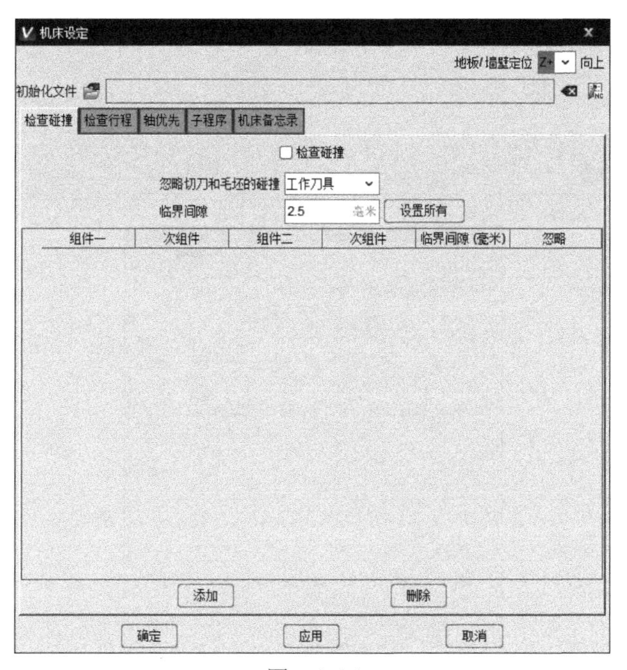

图　4-26

1. 检查碰撞

检查碰撞用于设置该组件之间的碰撞关系。

如图 4-27 所示，①勾选“检查碰撞”→②单击“添加”→③将组件一选“Z”→④将组件二选“X”→⑤单击“添加”→⑥将组件一选“Z”→⑦将组件二选“A”→⑧单击“添加”→⑨将组件一选“Z”→⑩将组件二选“Fixture”→⑪单击“添加”→⑫将组件一选“Spindle”→⑬将组件二选“Fixture”→⑭单击“应用”→⑮单击“确定”，检查碰撞就设置完成。

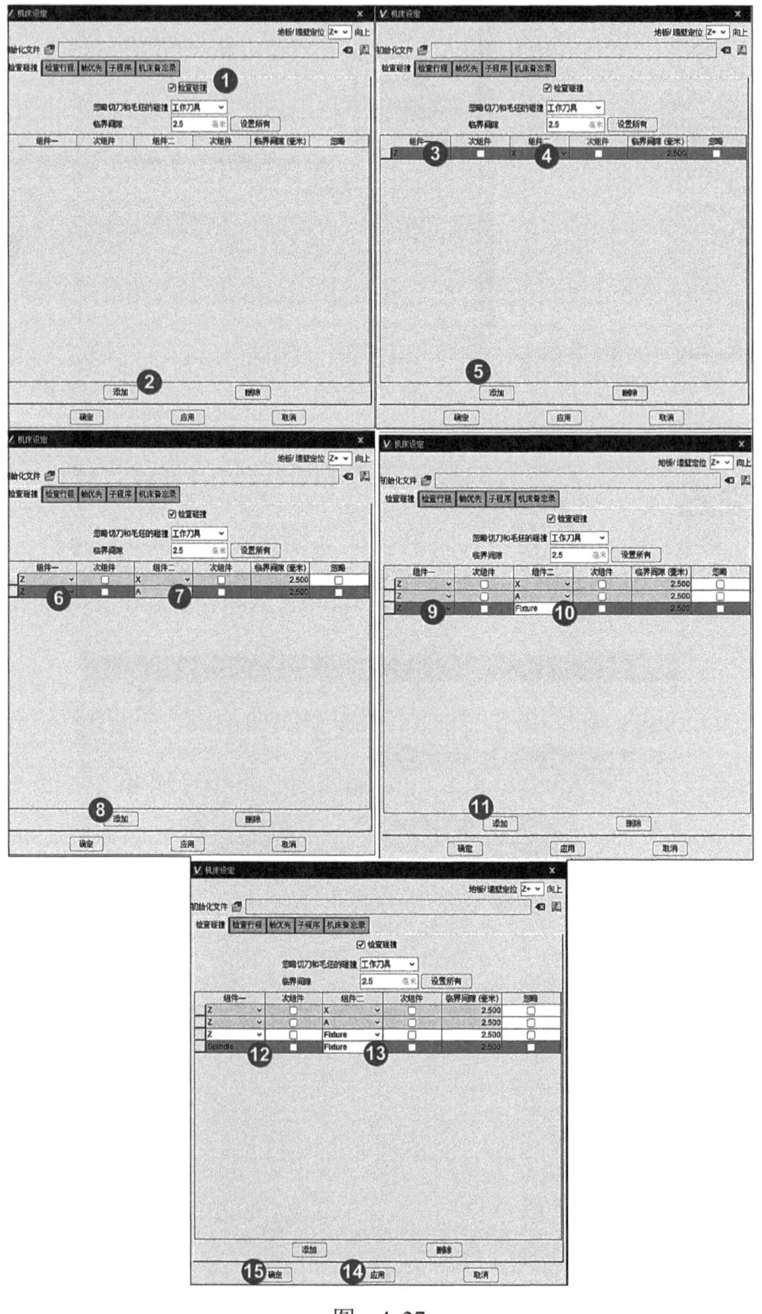

图 4-27

2. 检查行程

检查行程用于设定机床各运动轴的极限超程问题。

如图 4-28 所示，①单击“检查行程”选项卡→②勾选“检查超程”→③勾选“允许运动超出行程”→④单击“添加组”→⑤出现 Z 组件、Y 组件、X 组件及 A 旋转行程设置表格→⑥在 Z 组件、Y 组件、X 组件及 A 旋转行程设置表格中依照图上数值填写→⑦单击“应用”→⑧单击“确定”，检查行程就设置完成。参照机床 X 轴行程 762mm、Y 轴行程 510mm、Z 轴行程 560mm。

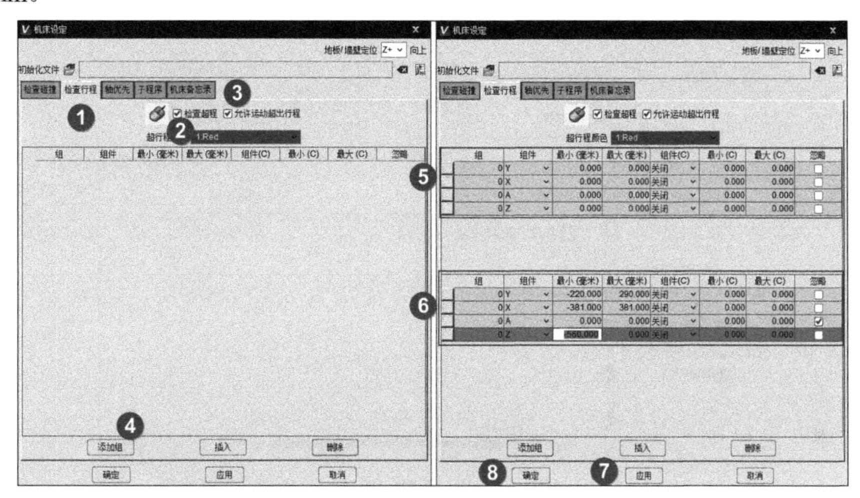

图　4-28

3. 轴优先

轴优先可设定快速模式下各运动轴的优先顺序，如图 4-29 所示。

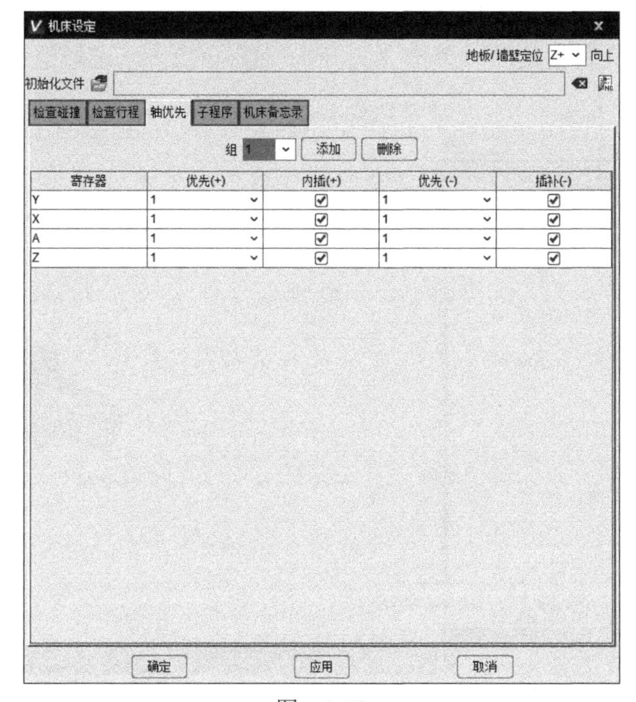

图　4-29

注意事项：关闭项目之前要将文件汇总一次并保存过程文件。

4.5　案例仿真

1. 打开项目文件

单击“文件”→单击“打开项目”→弹出“打开项目”对话框→选择“BV75- 发那科 4 轴 .vcproject”→单击“打开”，如图 4-30 所示。

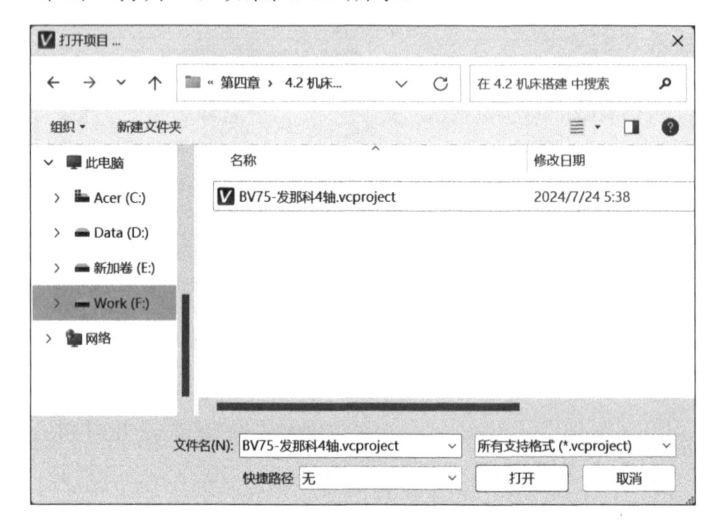

图　4-30

出现丢失模型的状况（图 4-31），单击“打开过程文件”→弹出“打开过程文件”对话框→选择“4.2 机床搭建”→单击“打开”（图 4-32），这样遗失的模型就找回来了（图 4-33）。

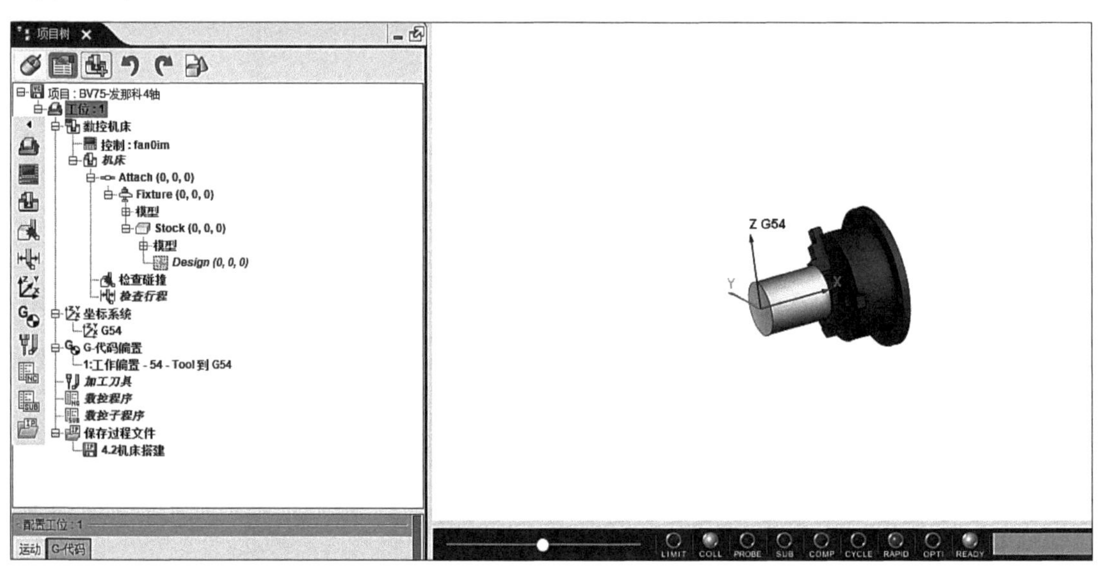

图　4-31

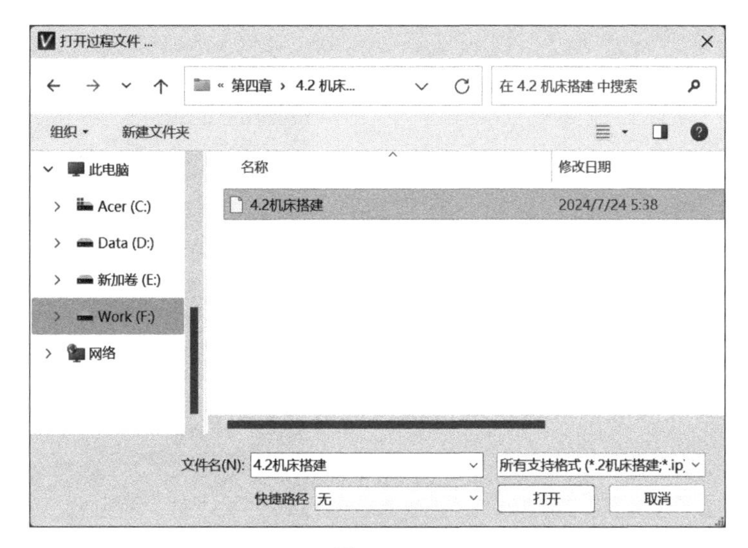

图　4-32

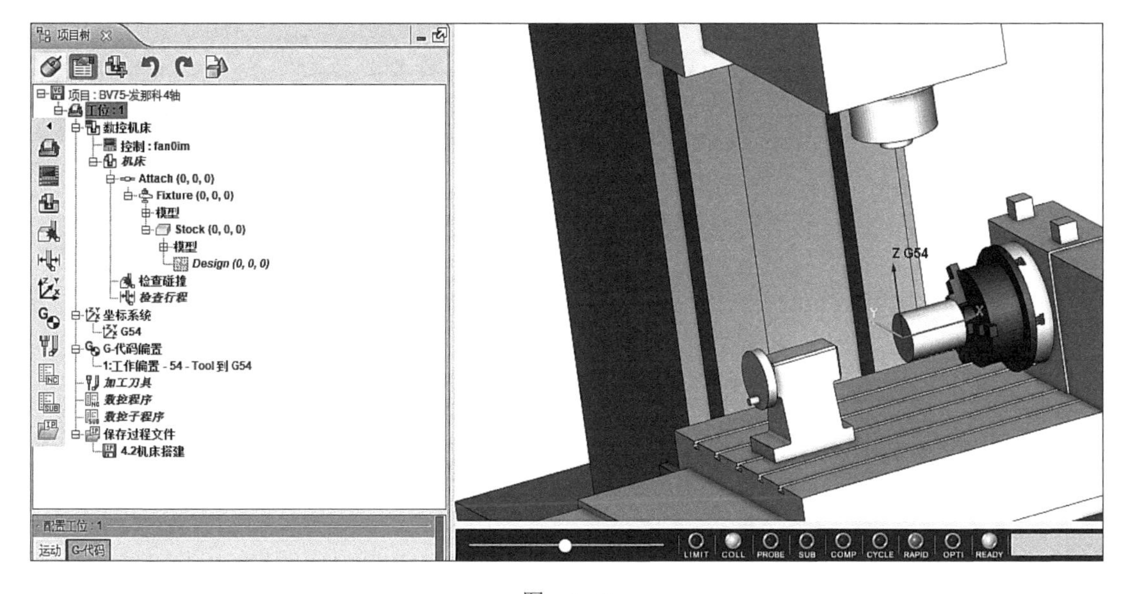

图　4-33

2. 创建刀具

在软件内项目树区域：①右击项目树上的“加工刀具”项→②单击“刀具管理器”命令。弹出“刀具管理器”对话框，如图 4-34 所示。

在“刀具管理器”对话框中单击“打开文件”，如图 4-35 所示。

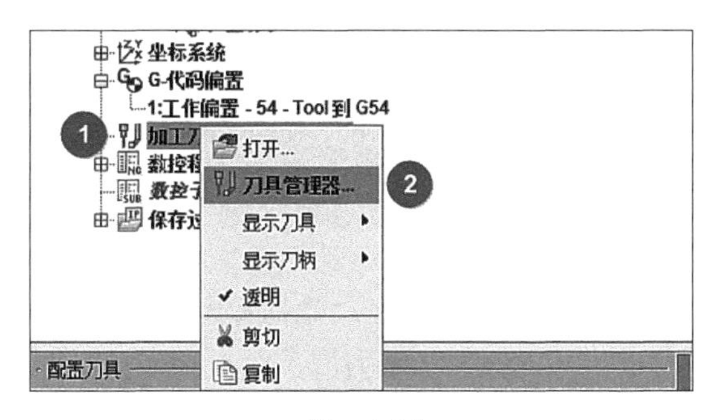

图　4-34

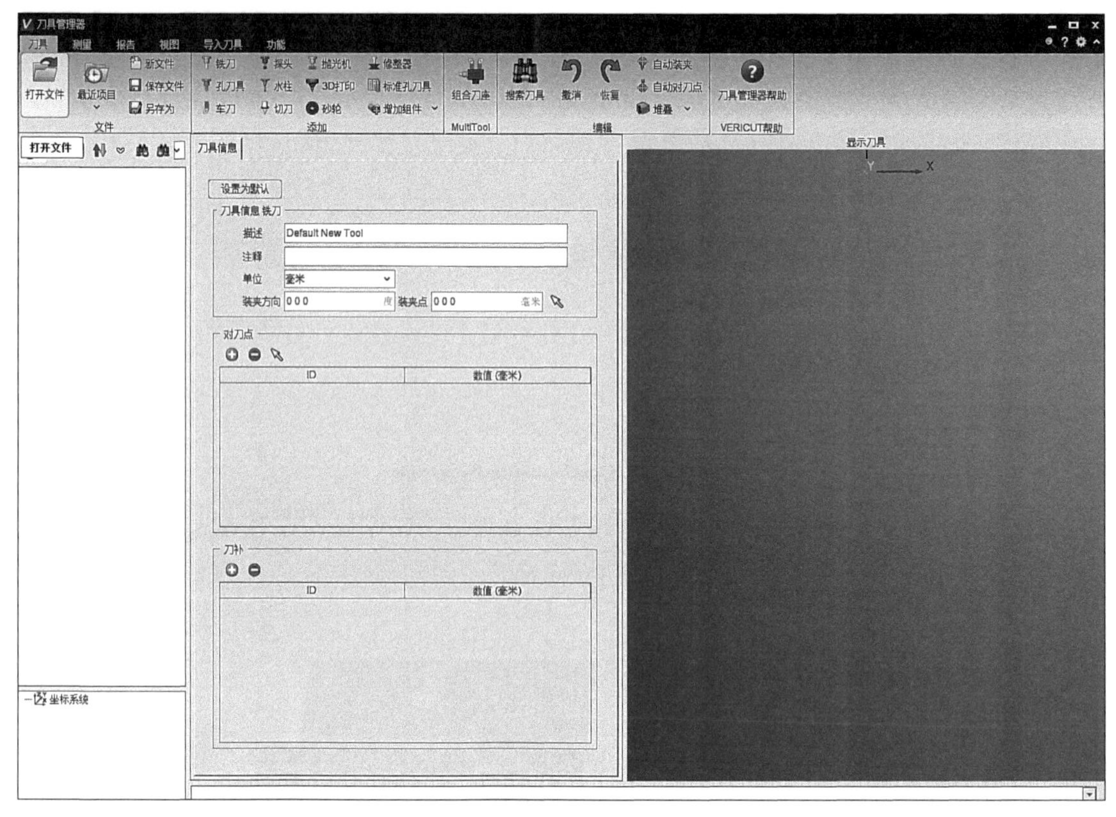

图 4-35

弹出“打开”对话框→选择文件“bt40er20L80.tls”→单击“打开”，如图 4-36 所示。

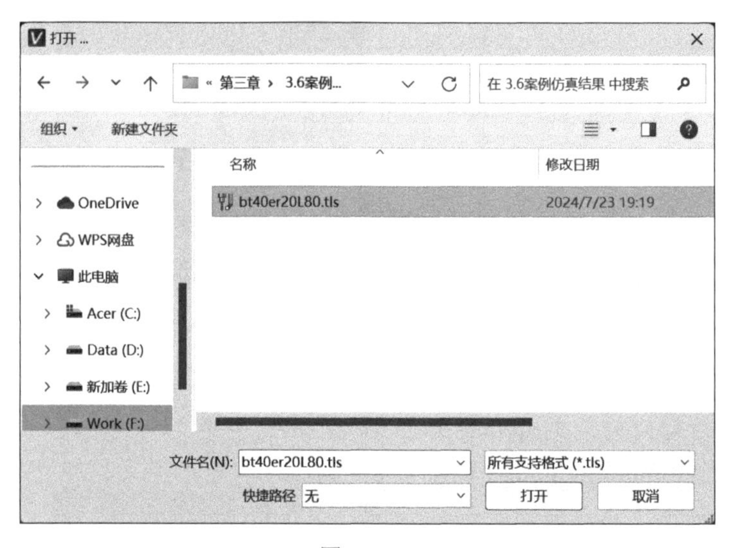

图 4-36

如图 4-37 所示，在“刀具管理器”对话框中，①单击“刀具”→②单击“平底铣刀”→③刀具总长“75”→④刀刃“25”→⑤切削刃直径“10”→⑥刀具伸出“35”→⑦刀柄直径“10”→⑧单击“自动装夹”→⑨单击“自动对刀点”→⑩单击“保存文件”。

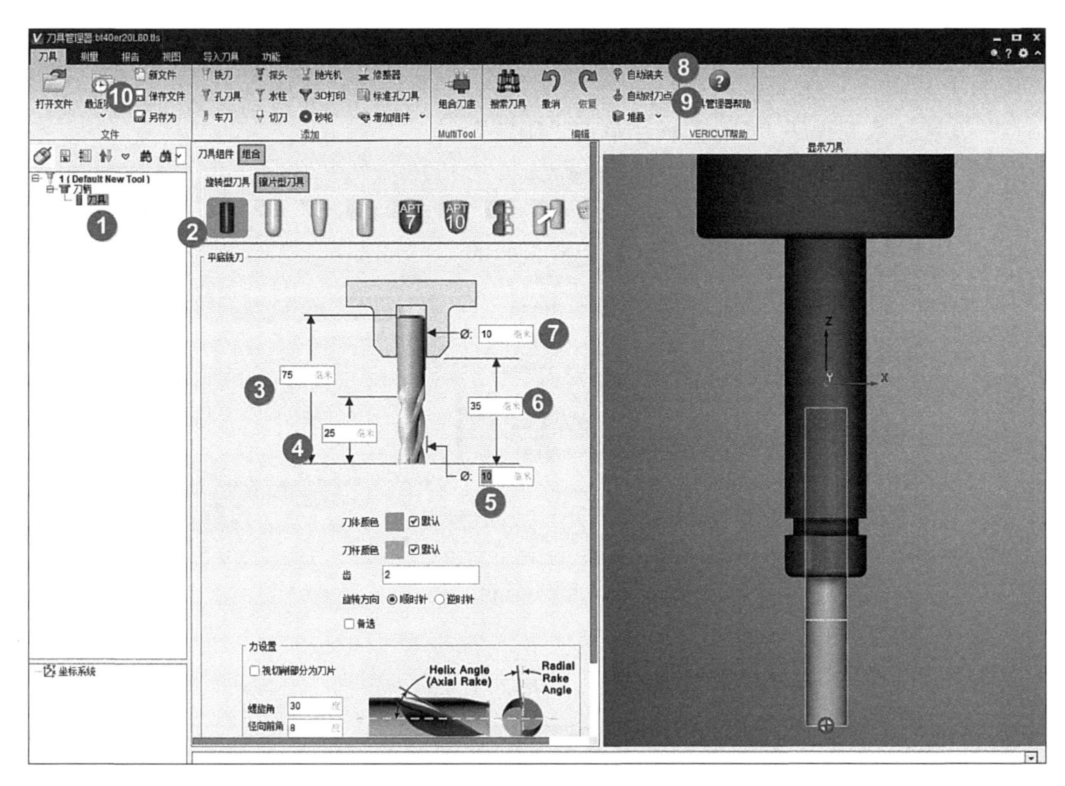

图　4-37

如图 4-38 所示，把刚刚新建的刀具作为主轴初始刀具：①单击“加工刀具”→②勾选“初始刀具”→③选择“1”号刀具→④单击“重置模型”→⑤刀具装到主轴上。

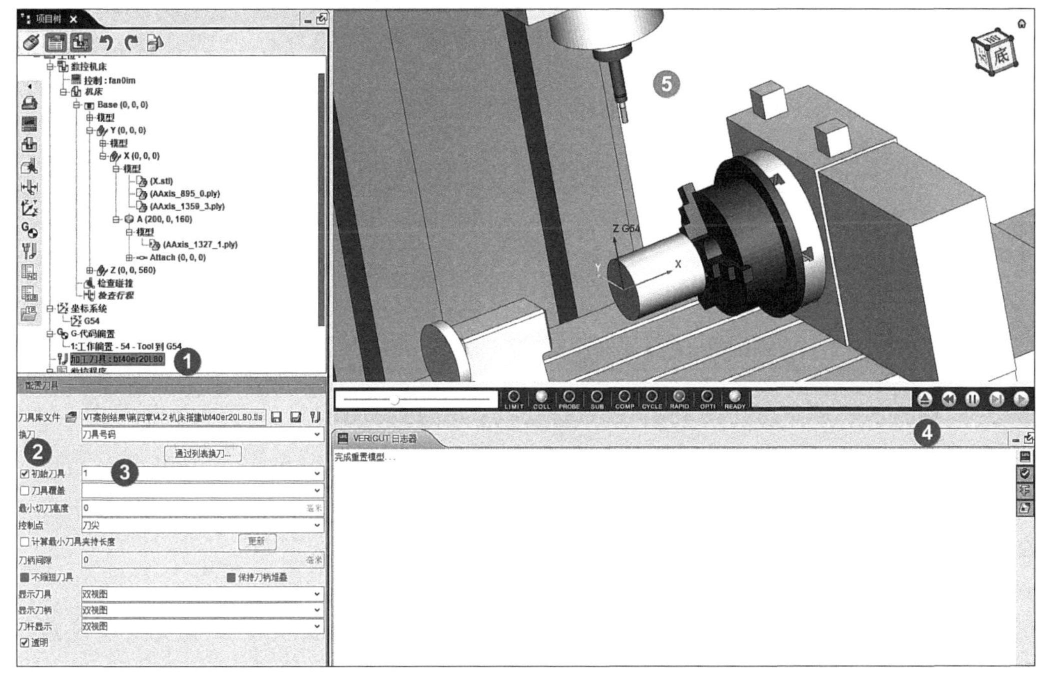

图　4-38

3. 添加数控程序

如图 4-39 所示，①右击“数控程序”→②单击“添加数控程序”，弹出“数控程序”对话框→③选择数控程序“T.nc”→④单击“确定”。

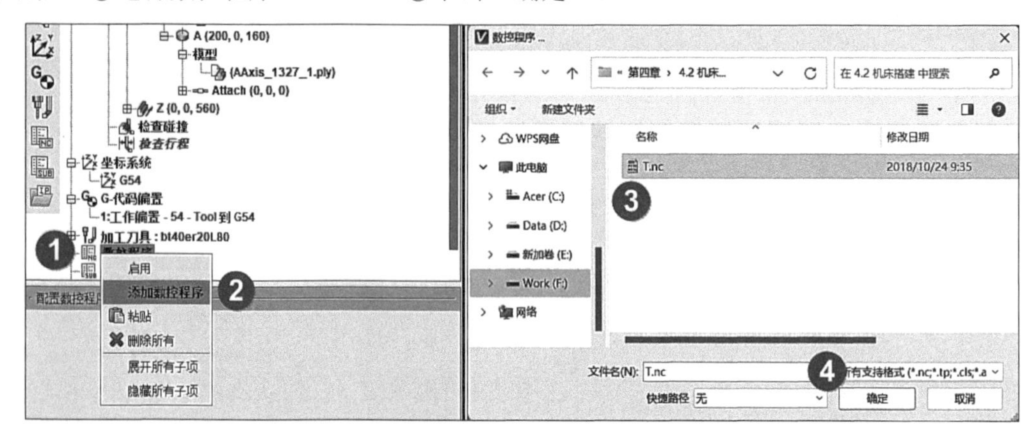

图 4-39

4. 仿真零件

①单击“仿真”按钮→②结果如图 4-40 所示。

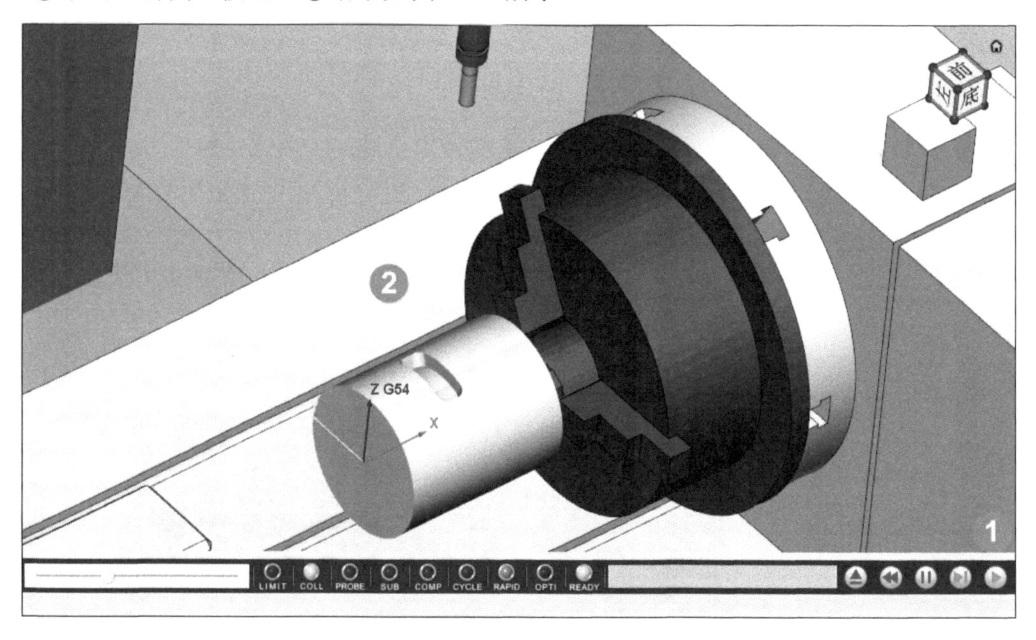

图 4-40

4.6 本章小结

A 轴需要挪动：A 轴中心到 X 轴（工作台）的中心高度 160mm，这里如果不注意，仿真就会出错。仿真结果：A 轴会绕过机床基点的 X 轴转动。

第 5 章 四轴卧式机床搭建及仿真讲解

5.1 四轴卧式机床简介

实例为天津安卡尔精密机械科技有限公司的桌面式四轴卧式机床，如图 5-1 所示。

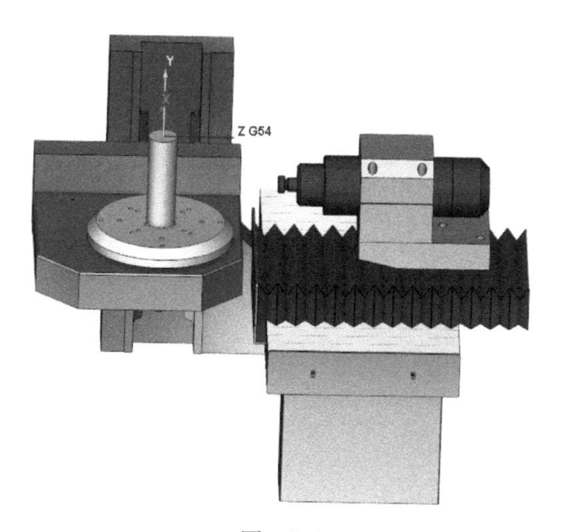

扫一扫，看视频

图 5-1

1. 机床运动轴

机床运动轴如图 5-2 所示。具体说明如下：

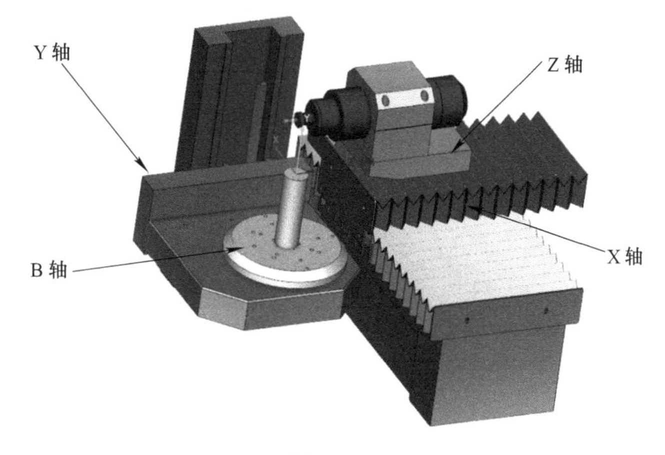

图 5-2

Z 轴：传递主要切削力的主轴为 Z 轴。

X 轴：X 轴始终水平，且平行于工件装夹面。

Y 轴：Y 轴由笛卡儿直角坐标系确定。

B 轴：绕 Y 轴旋转的轴，称为 B 轴。

2. 机床主要技术参数

数控系统为发那科的机床主要技术参数见表 5-1。

表 5-1

序　号	名　称	规　格
1	工作台尺寸	直径 140mm
2	X 轴行程	120mm
3	Y 轴行程	130mm
4	Z 轴行程	110mm
5	B 轴行程	n×360°
6	快速移动速度	24m/min
7	切削进给速度	3 ～ 5000mm/min
8	主轴转速	60 ～ 18000r/min
9	主轴电动机功率	3kW
10	主轴连接端	ER16

5.2 机床搭建

1. 建立新项目文件

单击“文件”→“新建项目”，弹出“新建 VERICUT 项目”对话框，如图 5-3 所示，①选“新建项目”→②选“毫米”→③填写新建项目名称“四轴卧式机床 .vcproject”→④单击“确定”。

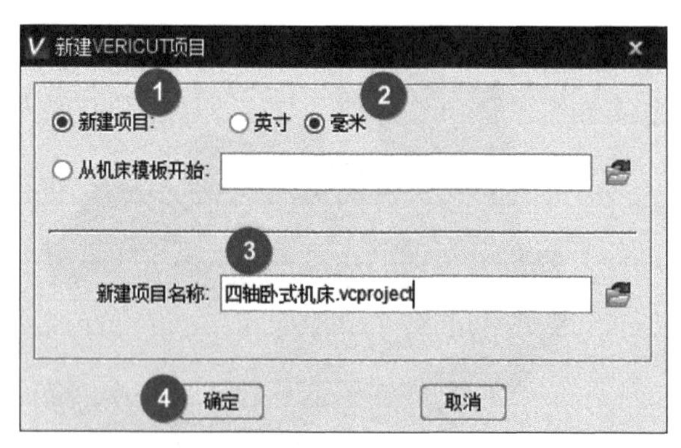

图 5-3

2. 显示机床组件

单击按钮，显示机床组件，如图 5-4 所示。

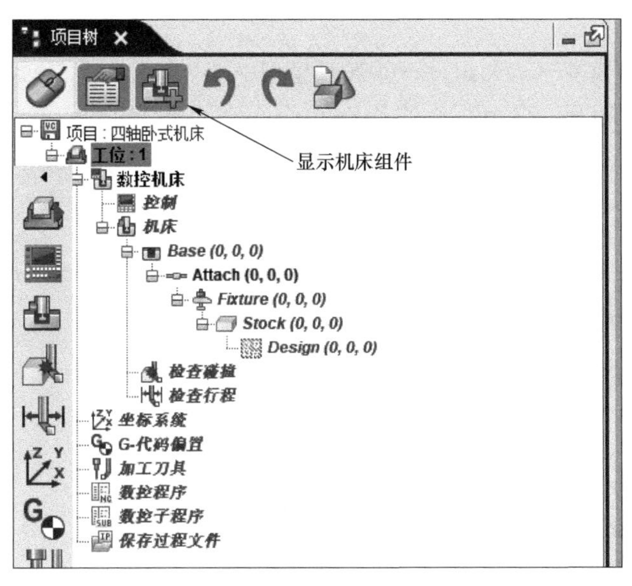

图　5-4

3. 定义机床各组件的逻辑关系

由于组件没有尺寸和形状，只反映组件各自的功能属性，所以在项目树中编号。

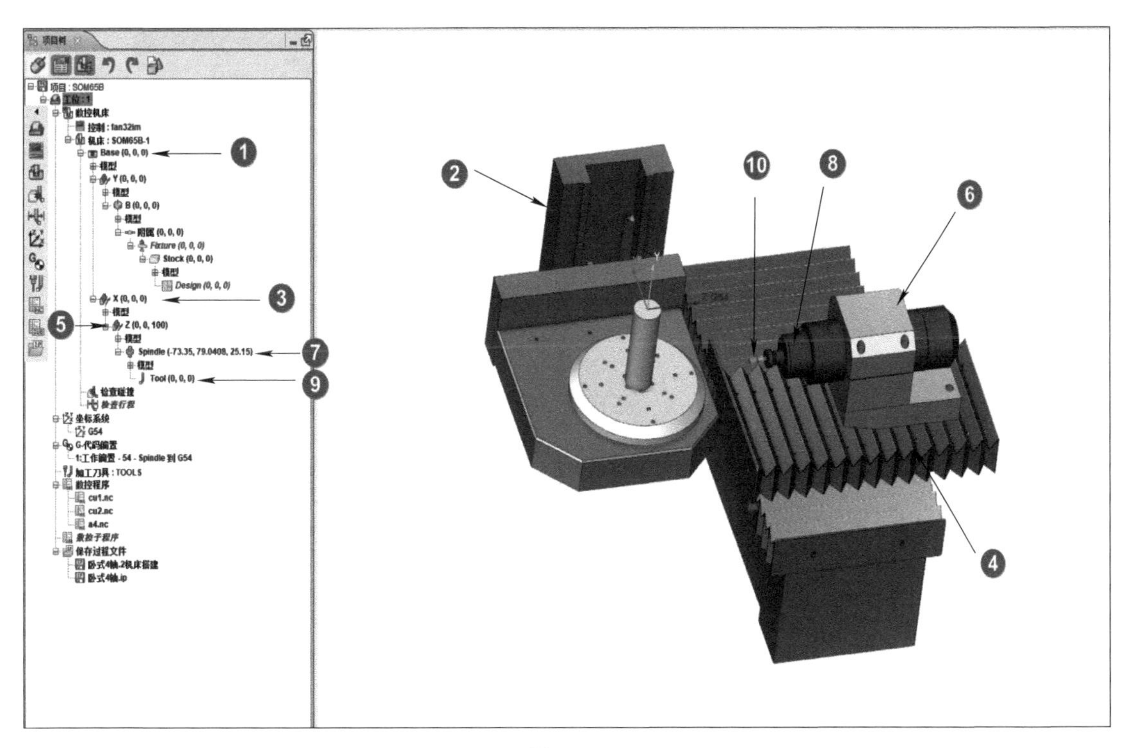

图　5-5

1）如图 5-5 所示，各组件的逻辑关系是：床身→ X 组件→ Z 组件→主轴→刀具。具体为：

①床身→②床身模型→③X 组件→④X 轴模型→⑤Z 组件→⑥Z 轴模型→⑦主轴组件→⑧主轴模型→⑨刀具组件→⑩刀具。

2）如图 5-6 所示，各组件的逻辑关系是：床身→ Y 组件→ B 旋转→附属→夹具组件→毛坯组件→设计组件。具体为：

①床身→②床身模型→③ Y 组件→④ Y 轴模型→⑤ B 旋转→⑥ B 轴模型→⑦附属→⑧夹具组件→⑨毛坯组件→⑩设计组件。

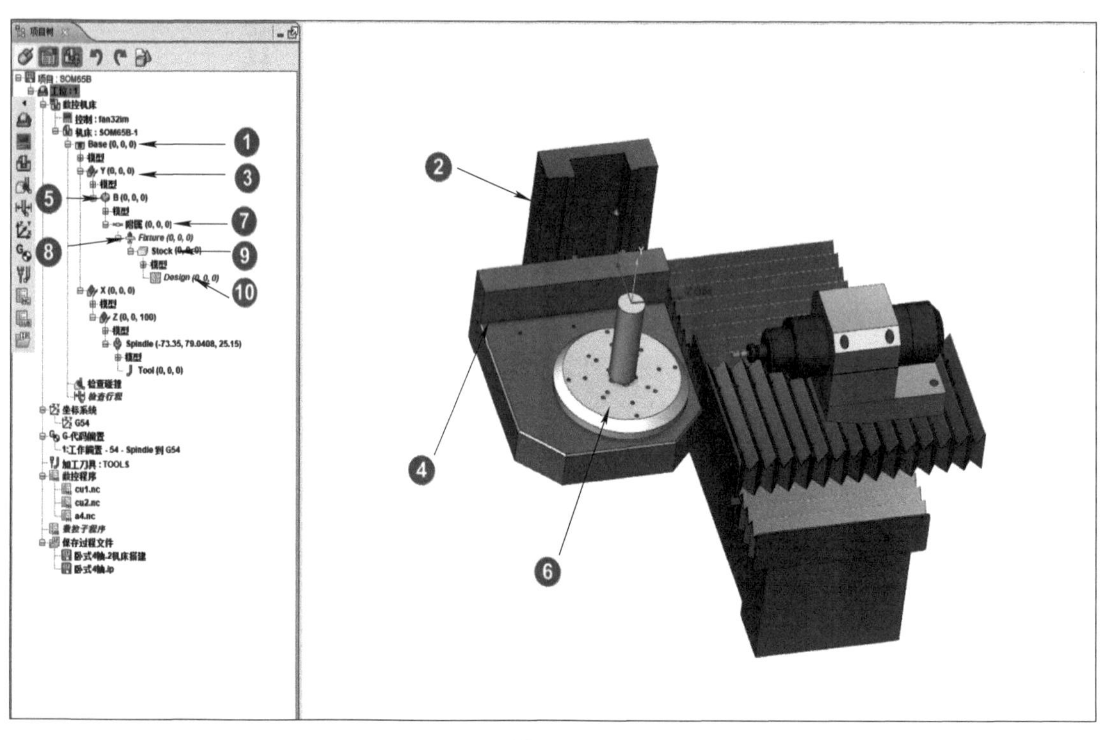

图 5-6

4. 添加各组件

在建模软件里设置工作台中心为机床零点，逐一导出各个模型。

1）如图 5-7 所示，①右击“Base”→②将光标移至“添加组件”→③选择“Y 线性”→④添加好 Y 组件，右击“Y”组件→⑤将光标移至“添加组件”→⑥选择“B 旋转”→⑦右击“Attach”→⑧单击“剪切”→⑨右击“B”旋转→⑩单击“粘贴”。

2）如图 5-8 所示，①右击“Base”→②将光标移至“添加组件”→③选择“X 线性”→④添加好 X 组件，右击“X”组件→⑤将光标移至“添加组件”→⑥选择“Z 线性”→⑦添加好 Z 组件，右击“Z”组件→⑧将光标移至“添加组件”→⑨选择“主轴”→⑩添加好主轴组件，右击“Spindle”→⑪将光标移至“添加组件”→⑫选择“刀具”。

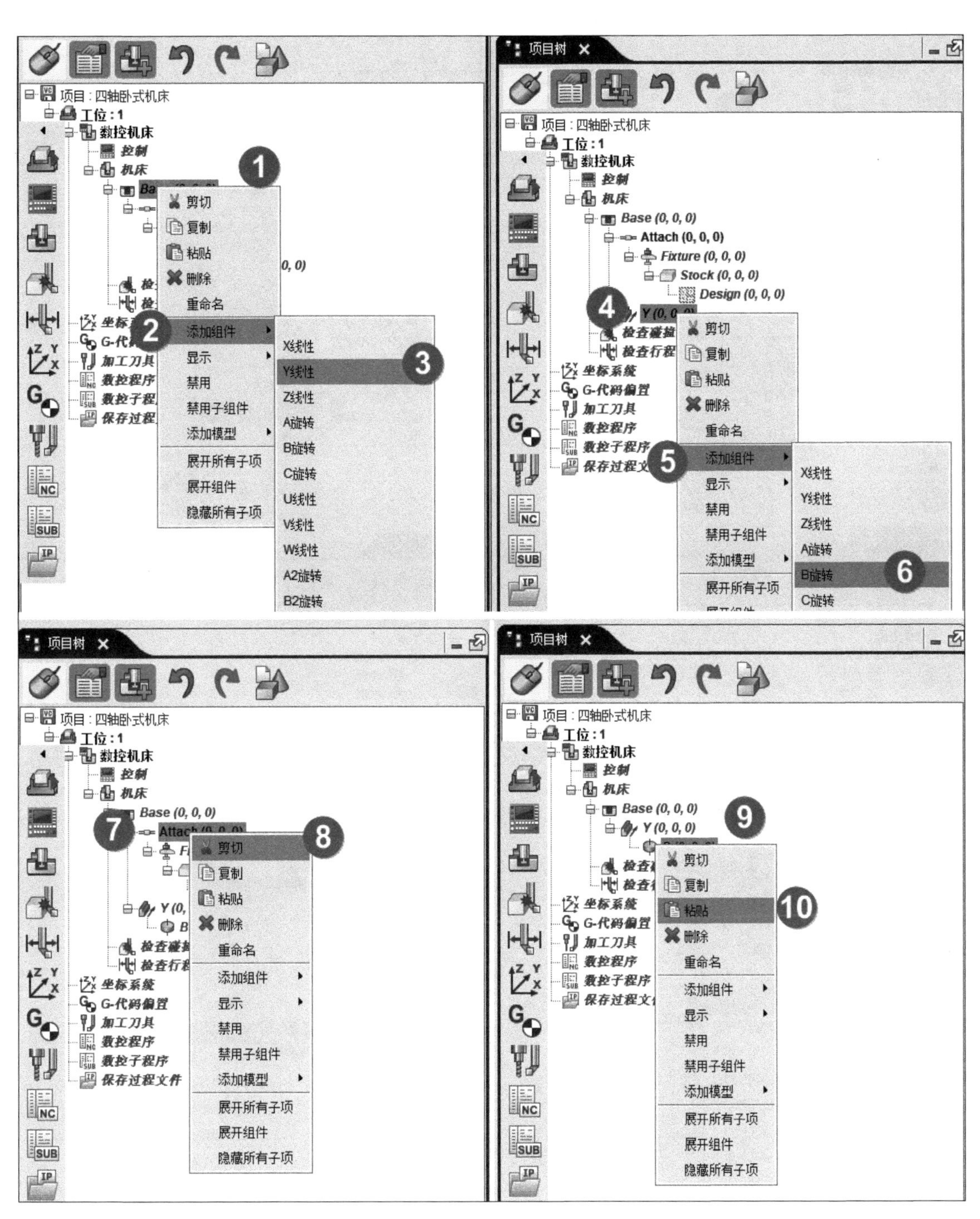

项目：四轴卧式机床
工位：1
数控机床
控制
机床
1
剪切
复制
粘贴
删除
重命名
2
添加组件
显示
禁用
禁用子组件
添加模型
展开所有子项
展开组件
隐藏所有子项
X线性
Y线性
3
Z线性
A旋转
B旋转
C旋转
U线性
V线性
W线性
A2旋转
B2旋转
项目树
项目：四轴卧式机床
工位：1
数控机床
控制
机床
Base (0, 0, 0)
Attach (0, 0, 0)
Fixture (0, 0, 0)
Stock (0, 0, 0)
Design (0, 0, 0)
4
检查碰撞
检查行程
坐标系统
G-代码偏置
加工刀具
数控程序
数控子程序
剪切
复制
粘贴
删除
重命名
5
添加组件
显示
禁用
禁用子组件
添加模型
展开所有子项
X线性
Y线性
Z线性
A旋转
B旋转
6
C旋转
项目树
项目：四轴卧式机床
工位：1
数控机床
控制
机床
Base (0, 0, 0)
7
8
剪切
复制
粘贴
删除
重命名
添加组件
显示
禁用
禁用子组件
添加模型
展开所有子项
展开组件
隐藏所有子项
坐标系统
G-代码偏置
加工刀具
数控程序
数控子程序
保存过程文件
项目树
项目：四轴卧式机床
工位：1
数控机床
控制
机床
Base (0, 0, 0)
Y (0, 0, 0)
9
剪切
复制
粘贴
10
删除
重命名
添加组件
显示
禁用
禁用子组件
添加模型
展开所有子项
展开组件
隐藏所有子项
坐标系统
G-代码偏置
加工刀具
数控程序
数控子程序

图　5-7

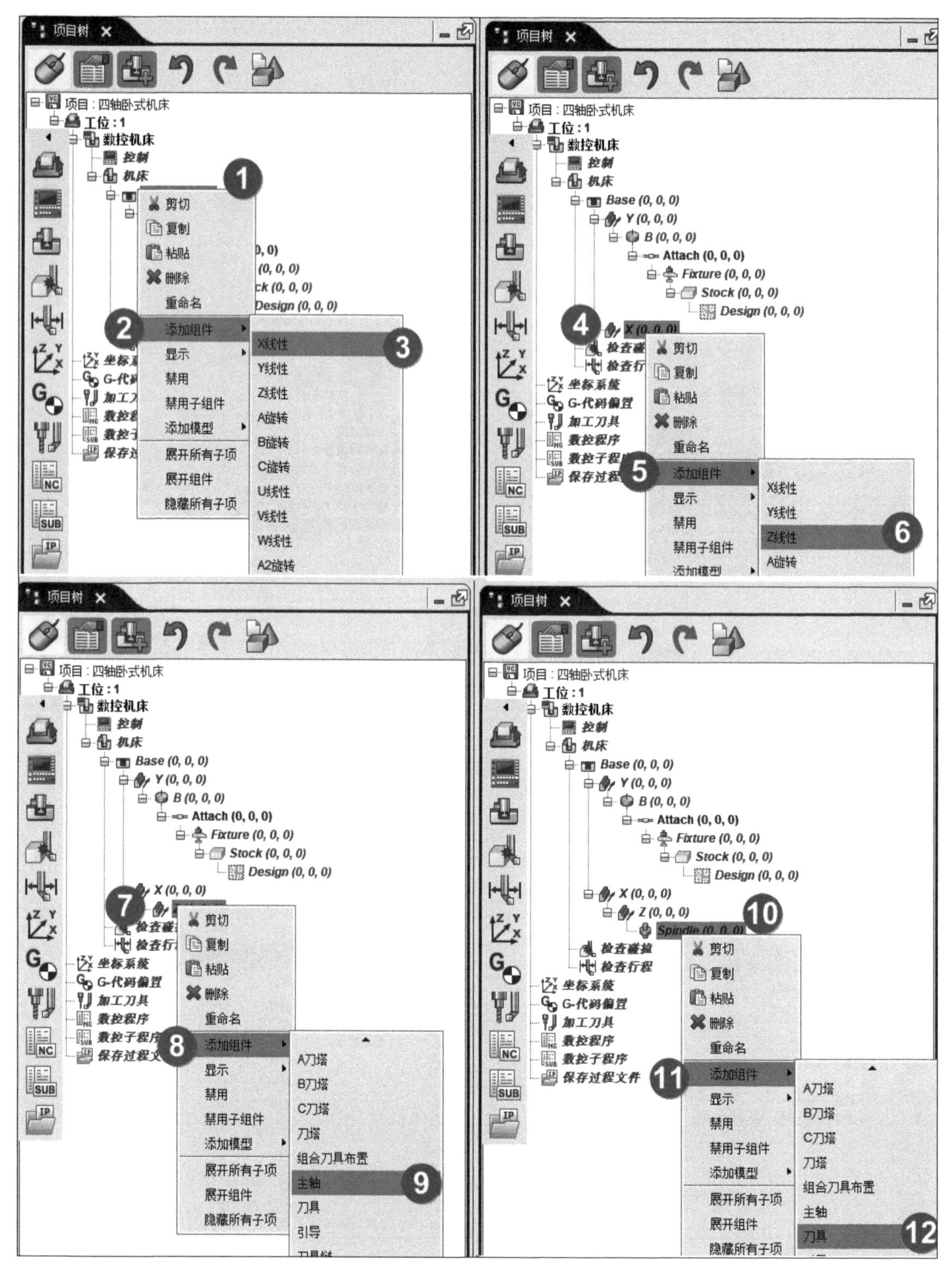

图 5-8

5. 导入各组件的模型并调整位置

1）如图 5-9 所示，①右击“Base”→②将光标移至“添加模型”→③单击“模型文件”，弹出“打开”对话框→④选择“base.ply”→⑤单击“确定”，床身的模型就输入完毕。

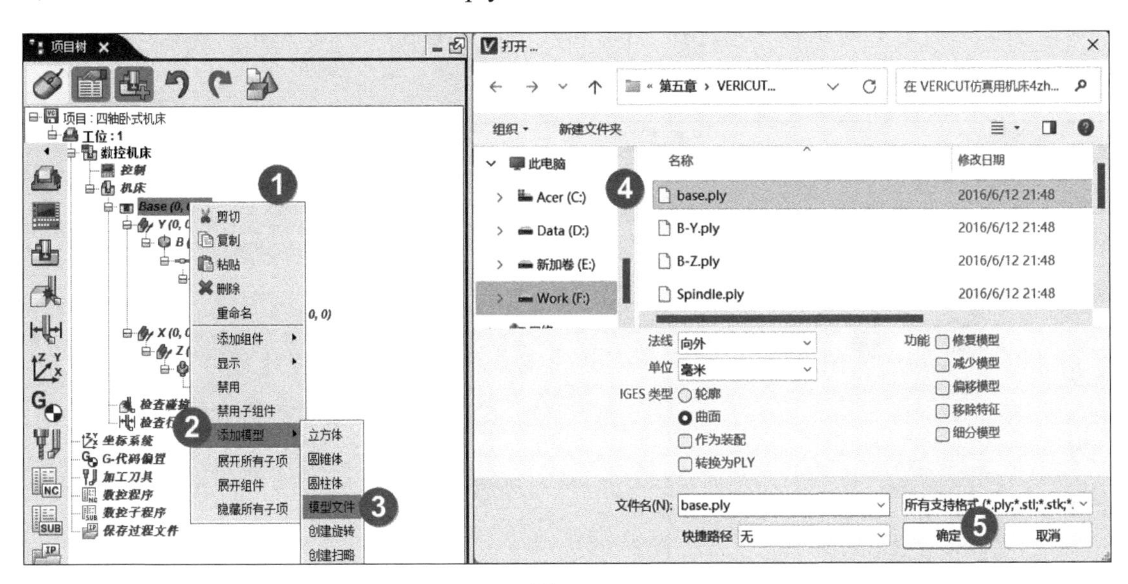

图　5-9

如图 5-10 所示，①单击“base.ply”模型→②单击“坐标系”→③位置“28 -234.9592 120.5”→④角度“0 -90 0”。

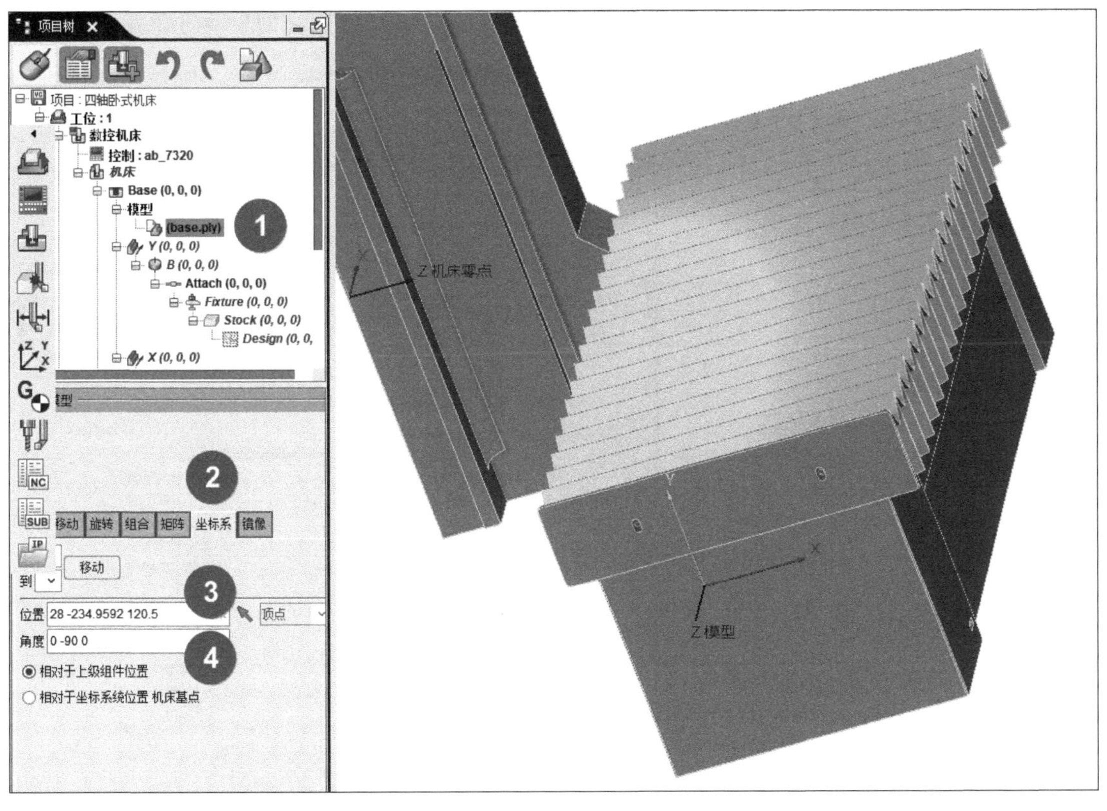

图　5-10

2）如图 5-11 所示，①右击“Y”组件→②将光标移至“添加模型”→③单击“模型文件”，弹出“打开”对话框→④选择“Y-C.ply”和“Y-G.ply”→⑤单击“确定”，Y 轴的模型就输入完毕。

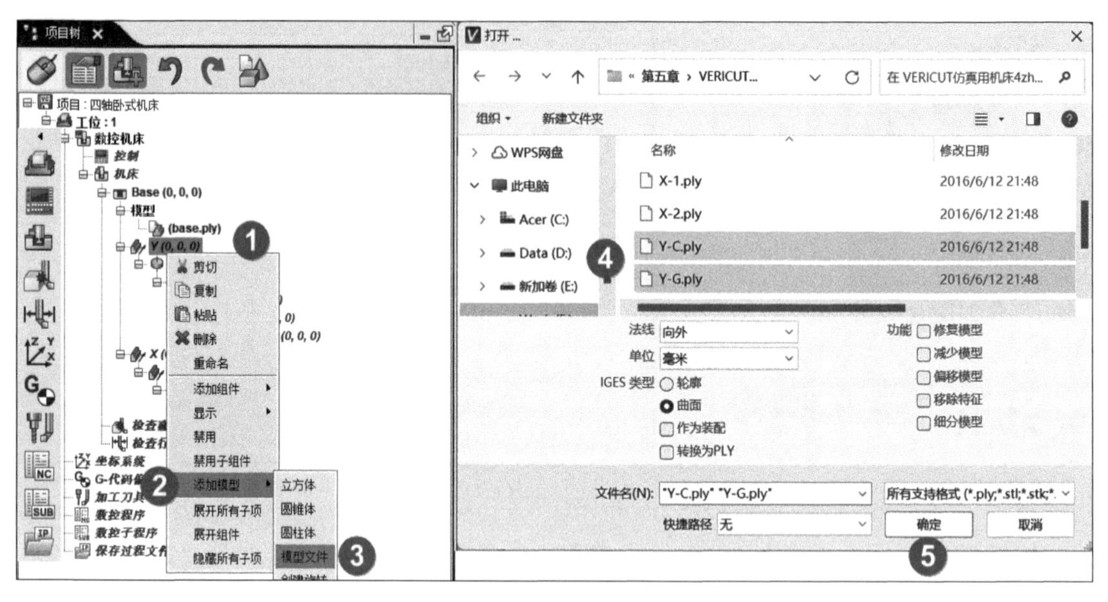

图 5-11

3）如图 5-12 所示，①右击“B”旋转→②将光标移至“添加模型”→③单击“模型文件”，弹出“打开”对话框→④选择“B-Y.ply”和“B-Z.ply”→⑤单击“确定”，B 轴的模型就输入完毕。

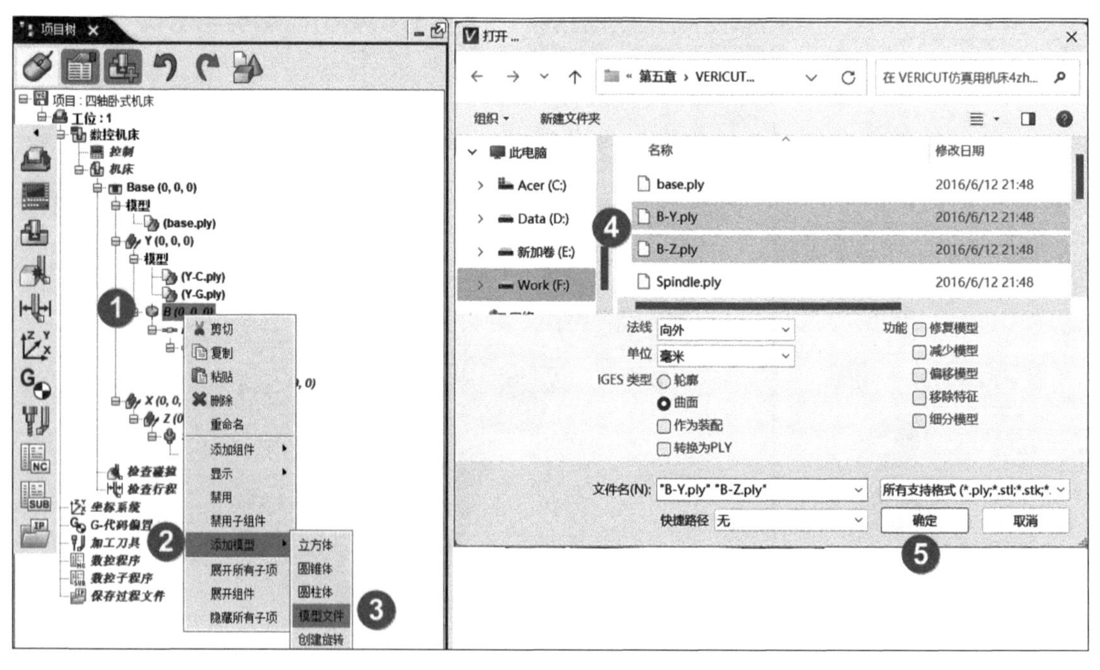

图 5-12

4）如图 5-13 所示，①右击“Stock”组件→②将光标移至“添加模型”→③单击“圆柱体”→④在“配置模型”中输入高“100”→⑤输入半径“16”→⑥单击“坐标系”选项卡→⑦角度输入“-90 0 0”→⑧移动后的效果图。

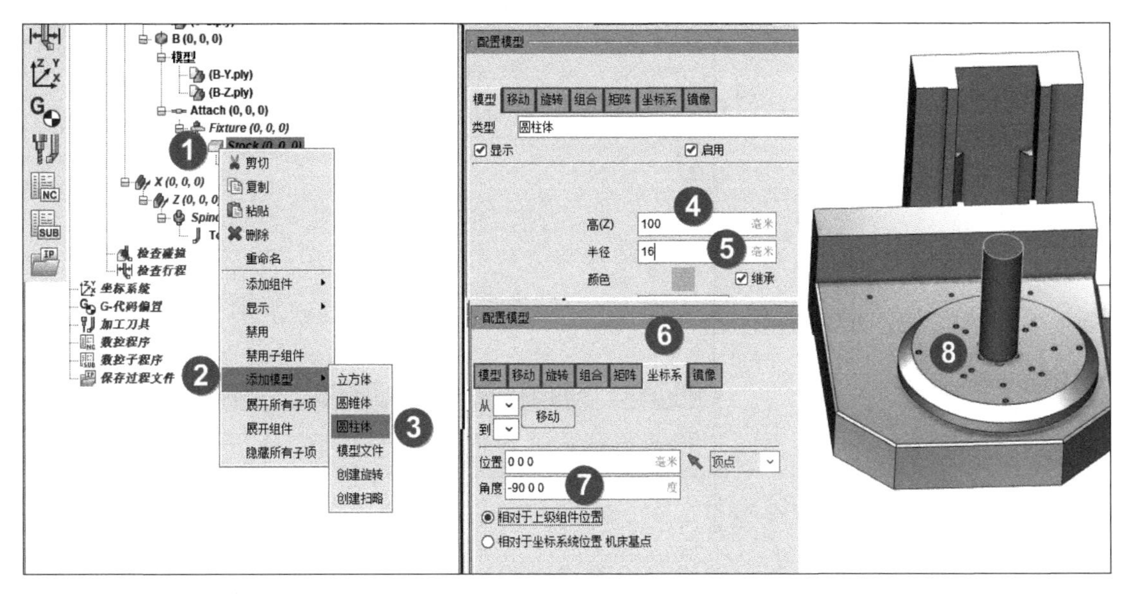

图　5-13

5）如图 5-14 所示，①右击“X”组件→②将光标移至“添加模型”→③单击“模型文件”，弹出“打开”对话框→④选择“X-1.ply”和“X-2.ply”→⑤单击“确定”，X 轴的模型就输入完毕。

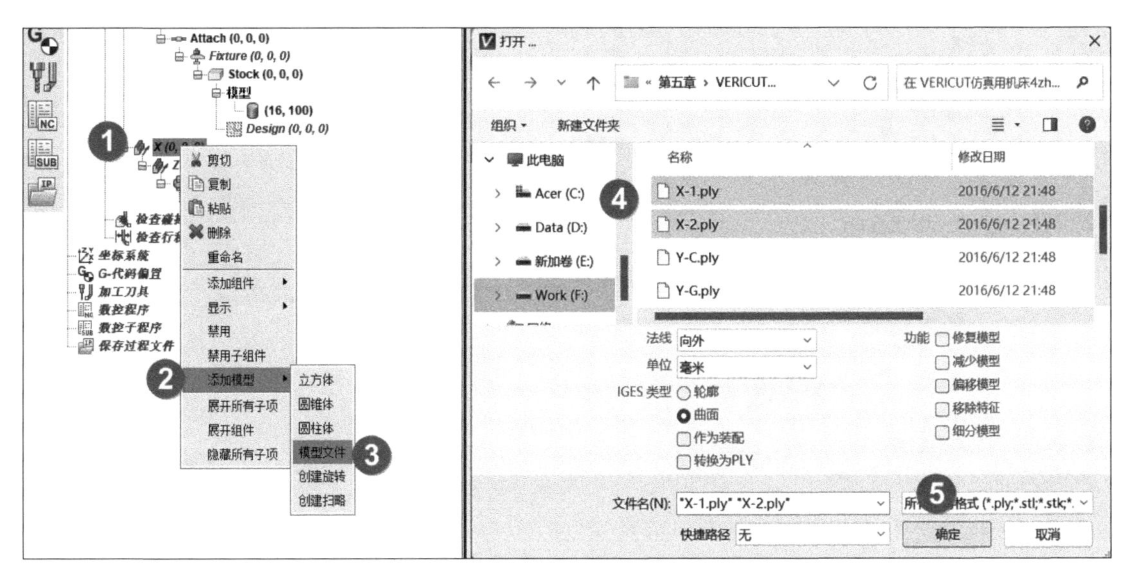

图　5-14

如图 5-15 所示，①单击“X-1.ply”→②在“配置模型”界面单击“坐标系”→③位置输入“-73.35 -51.9592 401.5”→④角度输入“0 90 0”→⑤显示效果。

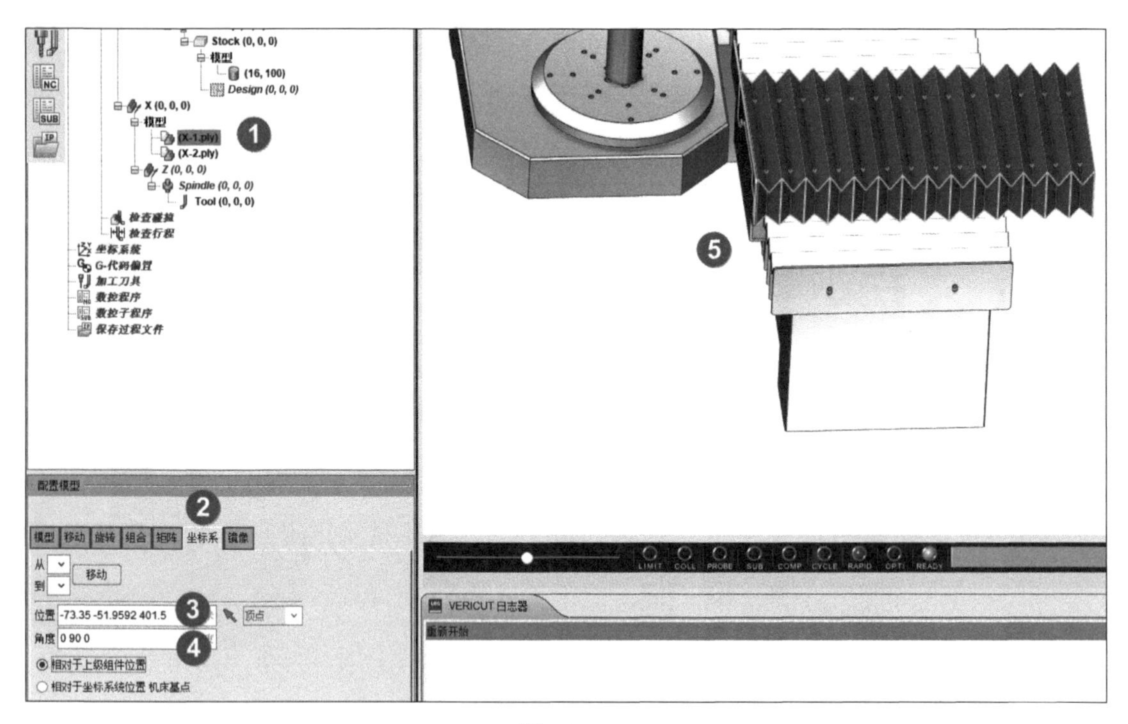

图 5-15

6）如图 5-16 所示，①右击“Z”组件→②将光标移至“添加模型”→③单击“模型文件”，弹出“打开”对话框→④选择“Z-1.ply”“Z-2.ply”及“Z-3.ply”→⑤单击“确定”，Z 轴的模型就输入完毕。

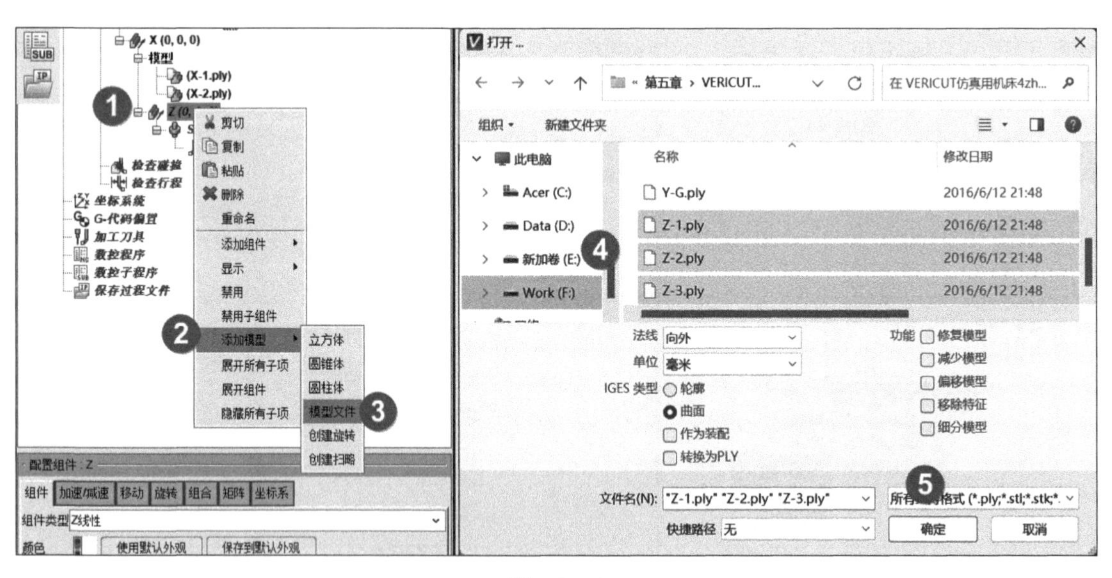

图 5-16

7）如图 5-17 所示，①右击“Spindle”组件→②将光标移至“添加模型”→③单击“模型文件”，弹出“打开”对话框→④选择“Spindle.ply”→⑤单击“确定”，主轴的模型就输入完毕。

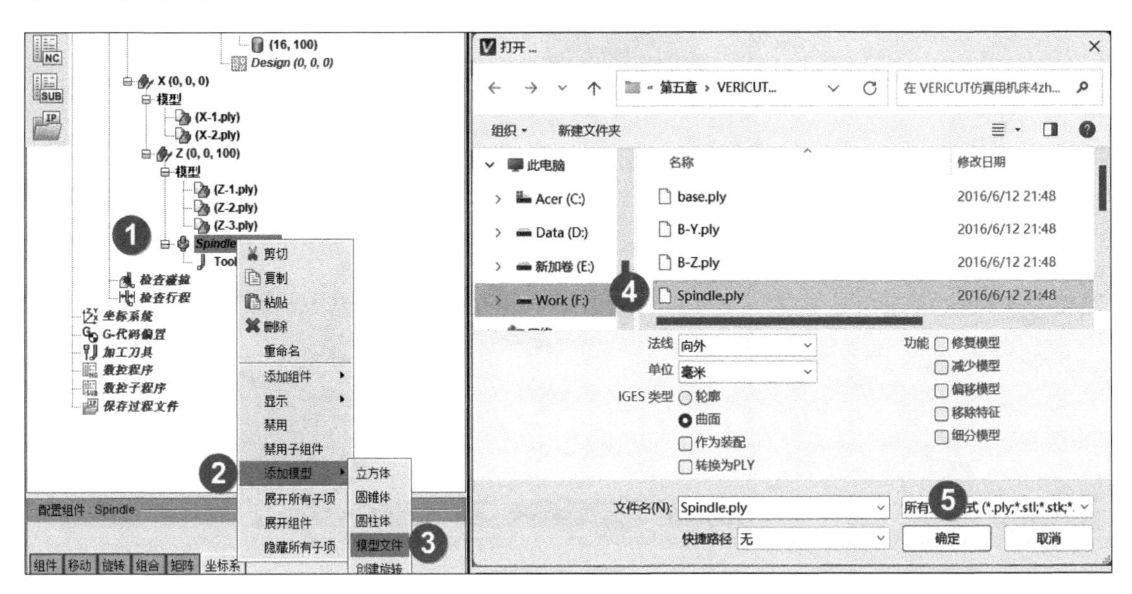

图　5-17

8）如图 5-18 所示，①单击“Z”组件→②在“配置组件：Z”中单击“坐标系”→③位置“0 0 100”→④即可将 Z 抬起。

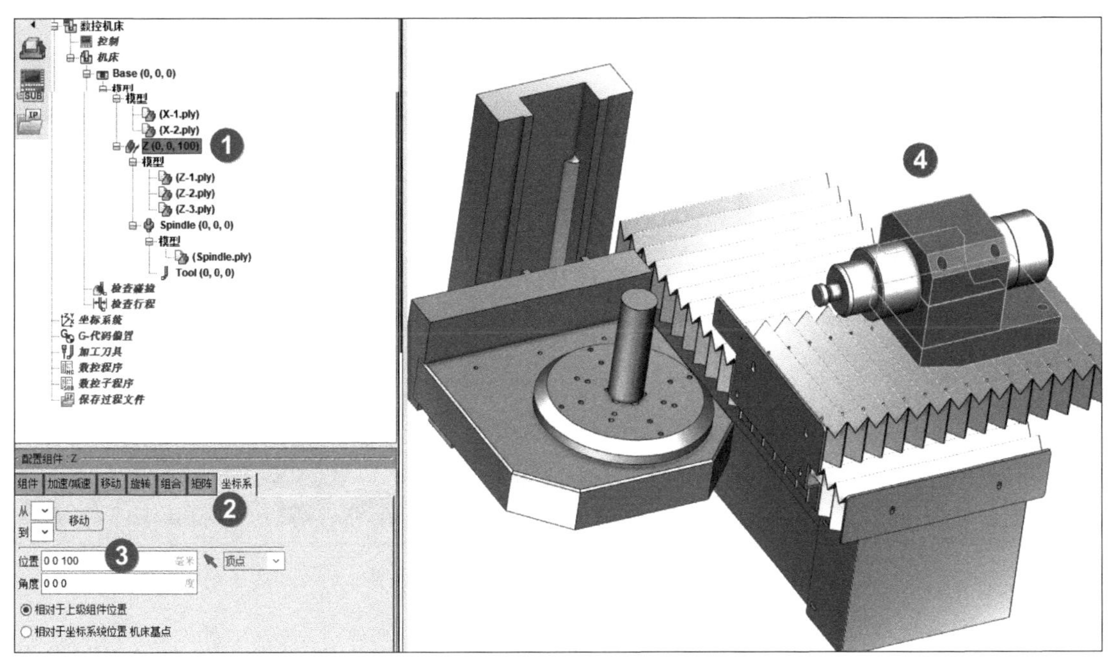

图　5-18

9）如图 5-19 所示，①单击“Spindle”组件→②单击“坐标系”→③位置输入“-73.35 79.0408 25.15”。

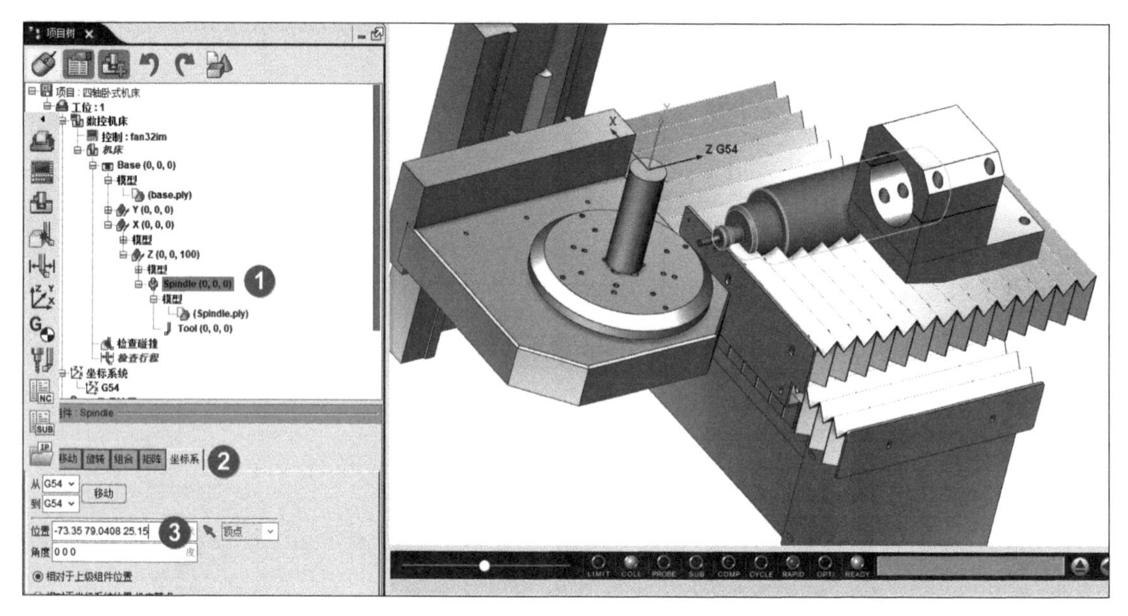

图　5-19

10）如图 5-20 所示，①单击“Spindle.ply”模型→②单击“坐标系”→③位置输入“73.35 −79.0408 −25.15”。

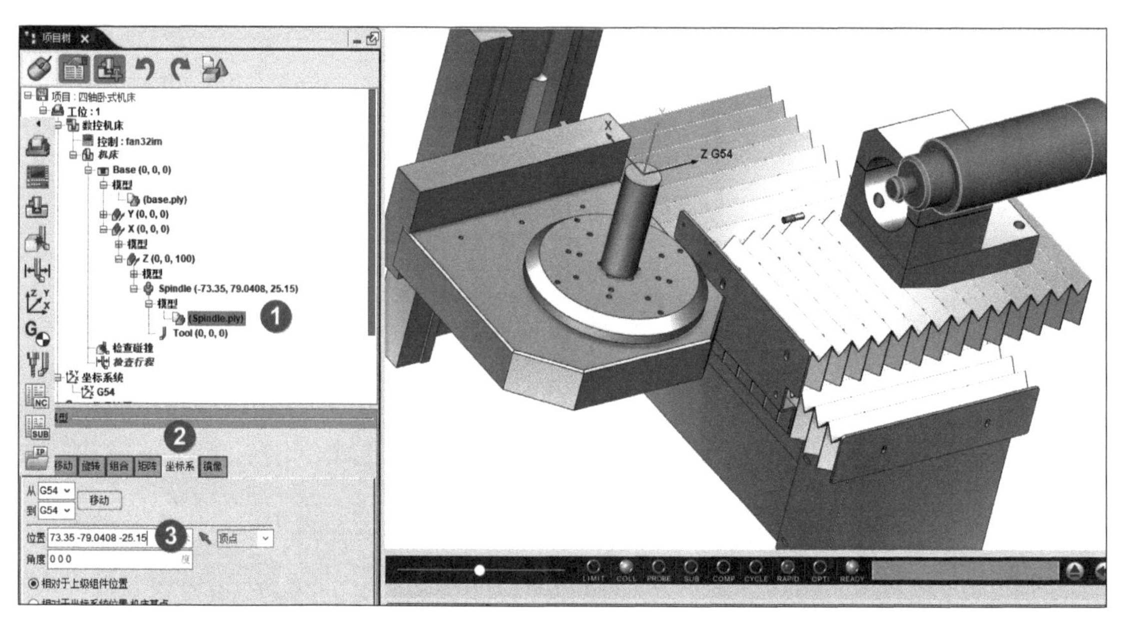

图　5-20

6. 创建坐标系

如图 5-21 所示，①右击“坐标系统”→②弹出右键快捷菜单，单击“新建坐标系”→③在配置坐标系统中单击按钮→④将光标移到毛坯顶部箭头位置→⑤单击毛坯顶部箭头位置→⑥右击“Csys1”→⑦单击“重命名”→⑧输入“G54”→⑨确定后毛坯上的坐标名称变成 G54。

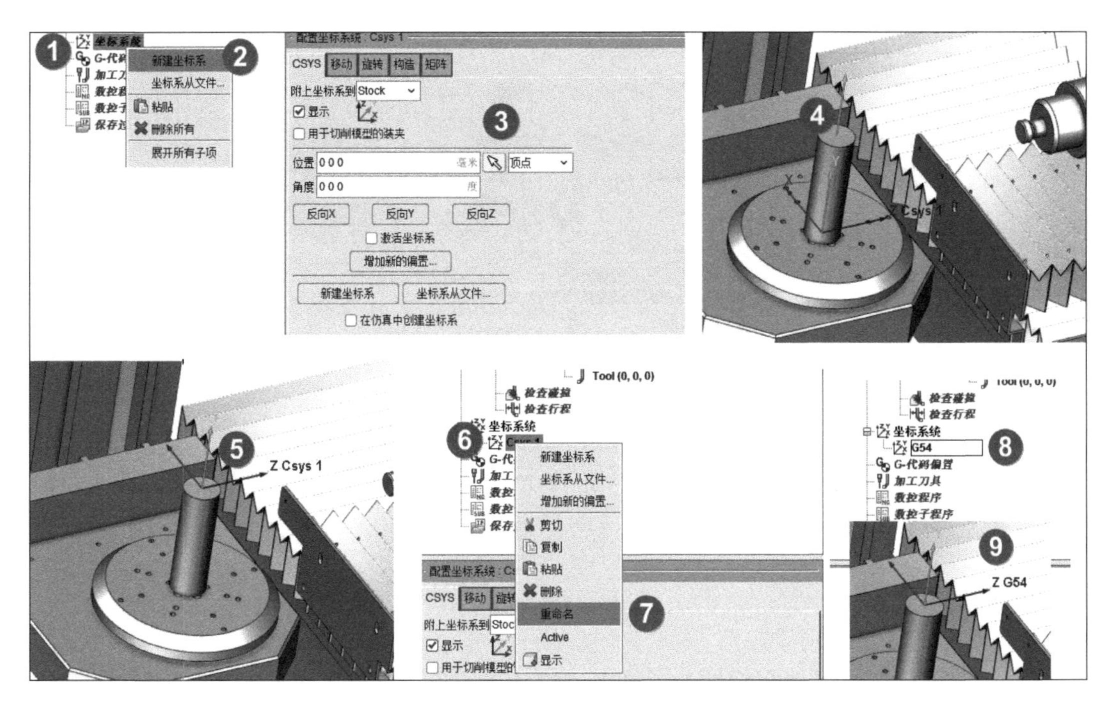

图　5-21

7. 添加 NC 程序和定义工作偏置

如图 5-22 所示，①单击“G- 代码偏置”→②在“配置 G- 代码偏置”里单击“添加”→③单击“1: 工作偏置”→④寄存器“54”→⑤在“从”后选“组件”“Spindle”→⑥在“到”后选“坐标原点”“G54”。

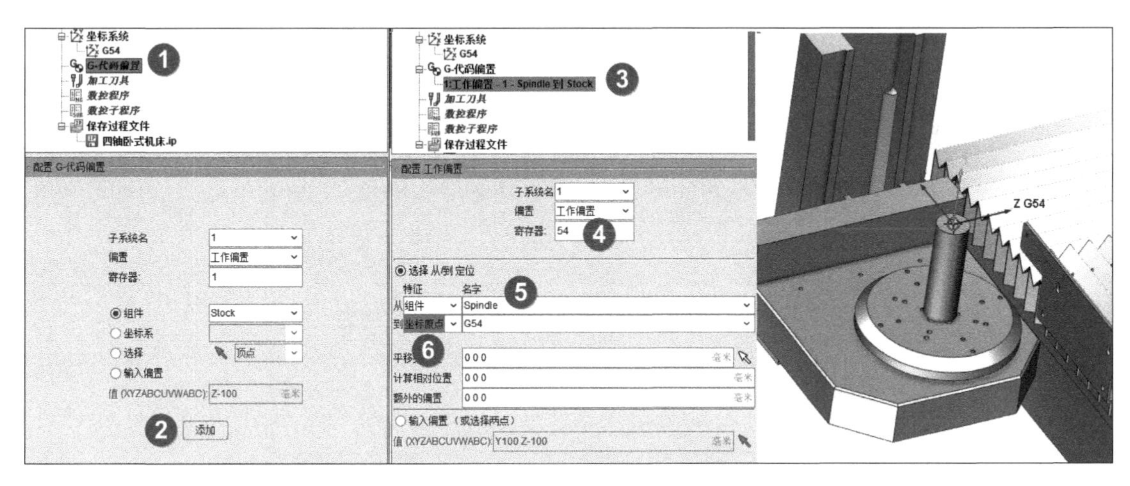

图　5-22

5.3　机床控制系统设置

如图 5-23 所示，①右击“控制”→②单击“打开”→③选择“fan32im.ctl”→④单击“打开”。

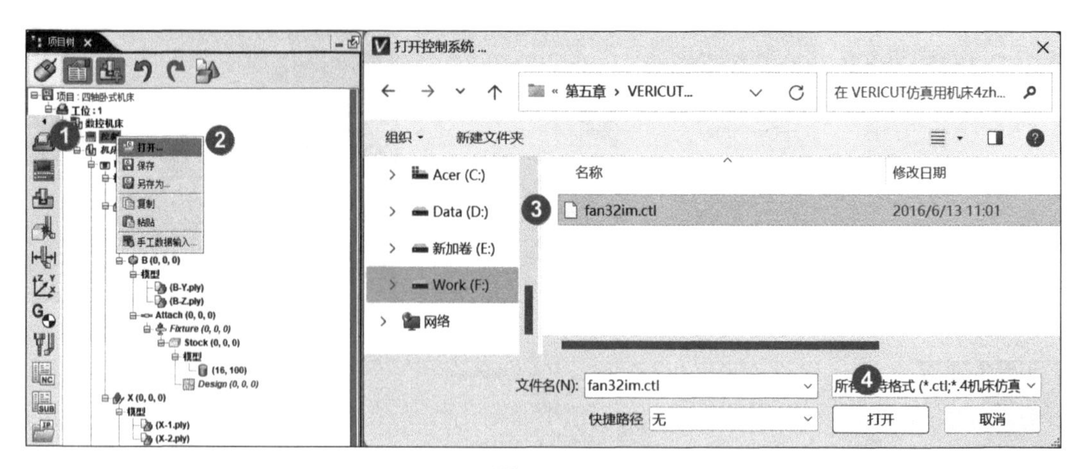

图 5-23

5.4 机床设置

单击菜单中“机床 / 控制系统”→单击“机床设定”，弹出“机床设定”对话框，如图 5-24 所示。

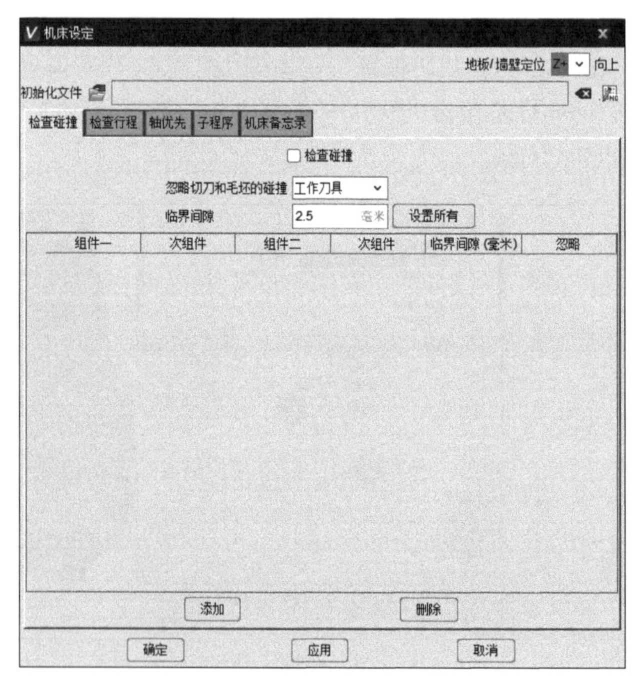

图 5-24

1. 检查碰撞

检查碰撞用于设置该组件之间的碰撞关系。

如图 5-25 所示，①单击“添加”→②勾选“检查碰撞”→③将组件一选“Spindle”→④将组件二选“Y”→⑤勾选组件一的次组件→⑥勾选组件二的次组件→⑦单击“应用”→

⑧单击“确定”，检查碰撞就设置完成。

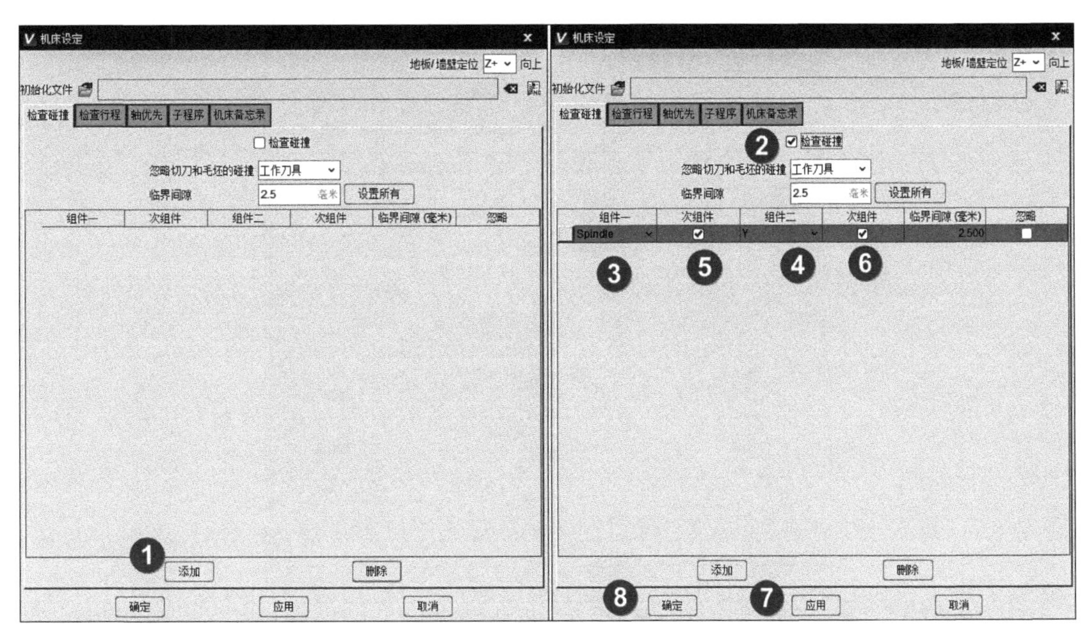

图　5-25

2. 检查行程

检查行程用于设定机床各运动轴的极限超程问题，如图 5-26 所示。

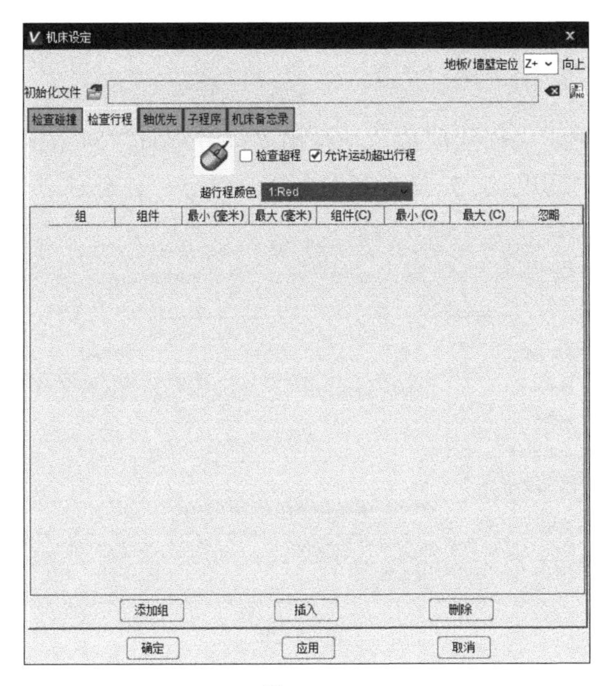

图　5-26

3. 轴优先

轴优先可设定快速模式下各运动轴的优先顺序，如图 5-27 所示。

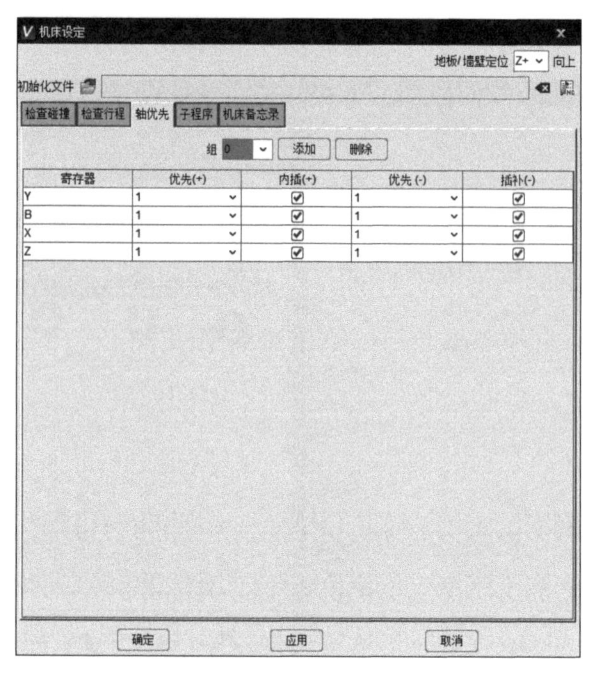

图 5-27

注意事项：关闭项目之前要将文件汇总一次并保存过程文件。

5.5 案例仿真

1. 打开项目文件

单击“文件”→单击“打开项目”→弹出“打开项目”对话框→选择“四轴卧式机床 .vcproject”→单击“打开”，如图 5-28 所示。

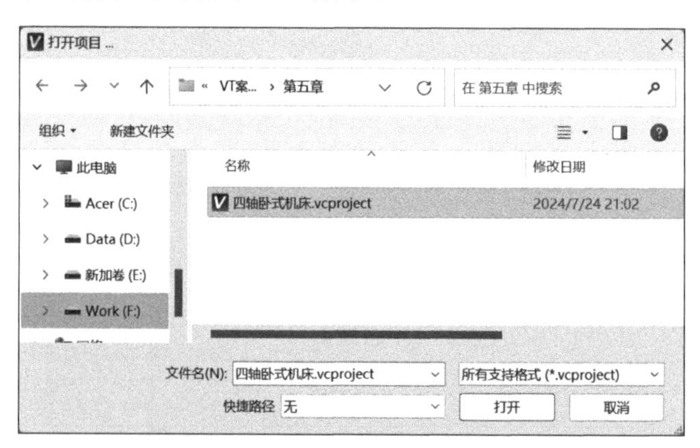

图 5-28

出现丢失模型的状况（图 5-29），单击“打开过程文件”→弹出“打开过程文件”对话框→选择“四轴卧式机床 .ip”→单击“打开”（图 5-30），这样遗失的模型就找回来了（图 5-31）。

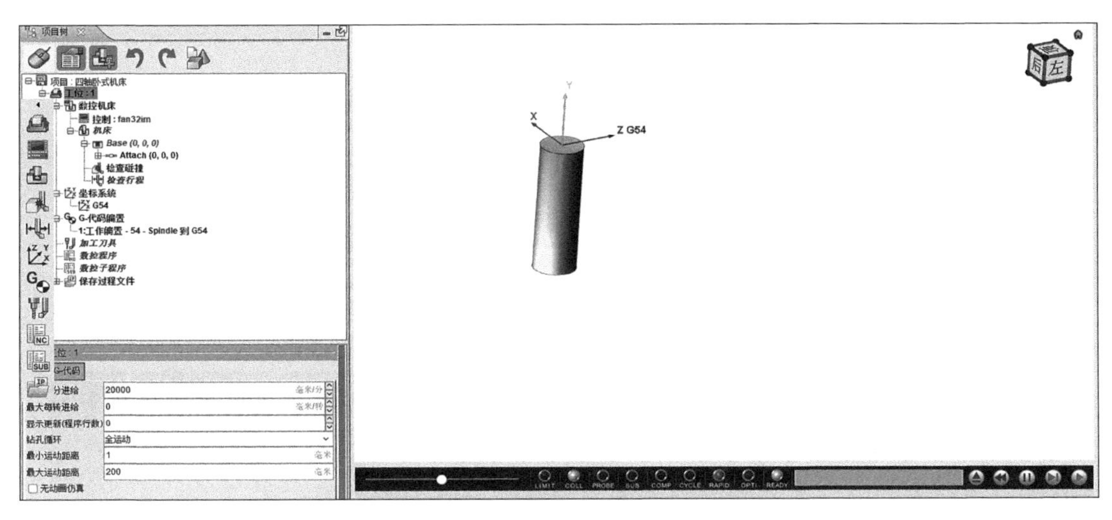

图　5-29

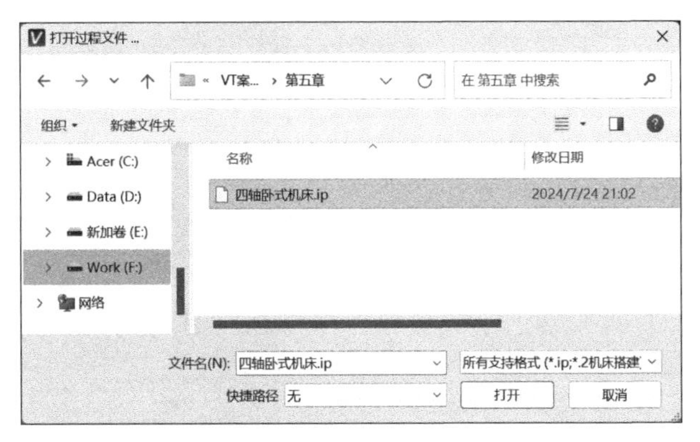

图　5-30

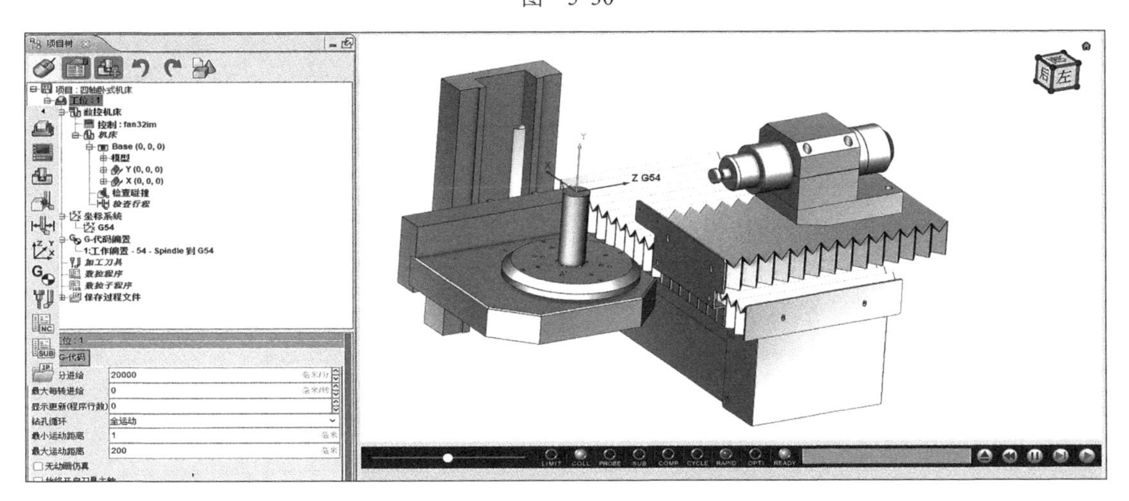

图　5-31

2. 创建刀具

如图 5-32 所示，在软件内项目树区域：①右击项目树上的“加工刀具”项→②单击“刀具管理器”命令。弹出“刀具管理器”对话框。

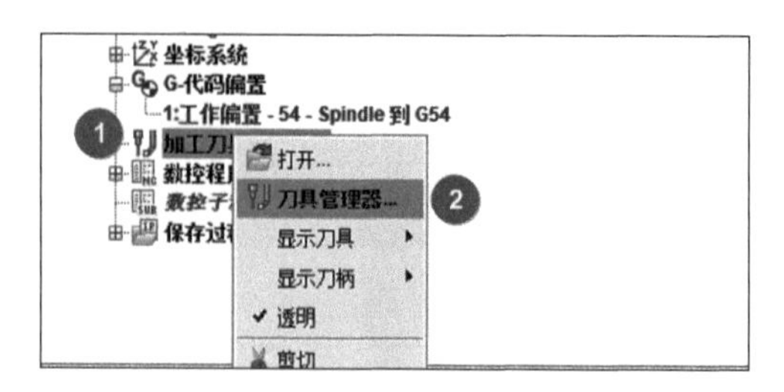

图 5-32

在“刀具管理器”对话框中单击“打开文件”，如图 5-33 所示。

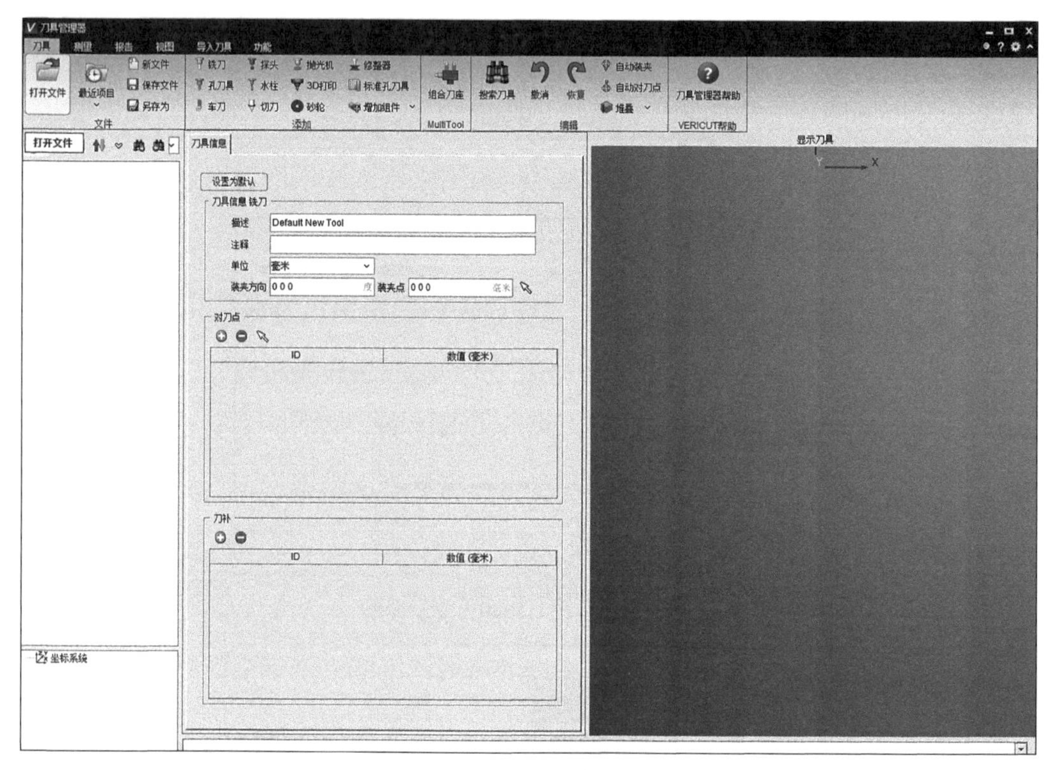

图 5-33

弹出“打开”对话框→选择文件“TOOLS.tls”→单击“打开”，如图 5-34 所示。

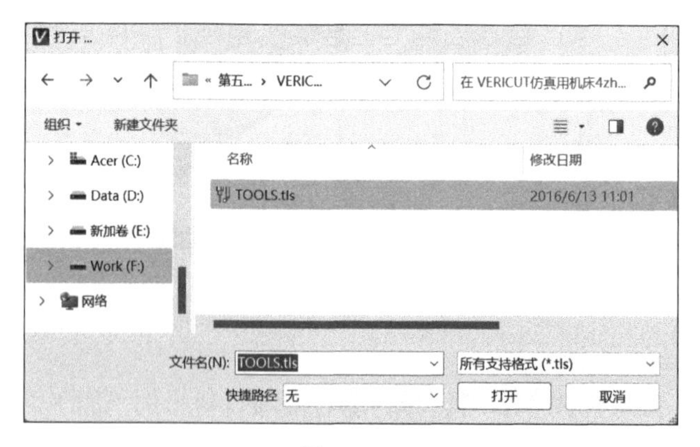

图 5-34

在“刀具管理器”对话框中按图 5-35 所示，单击“关闭”即可。

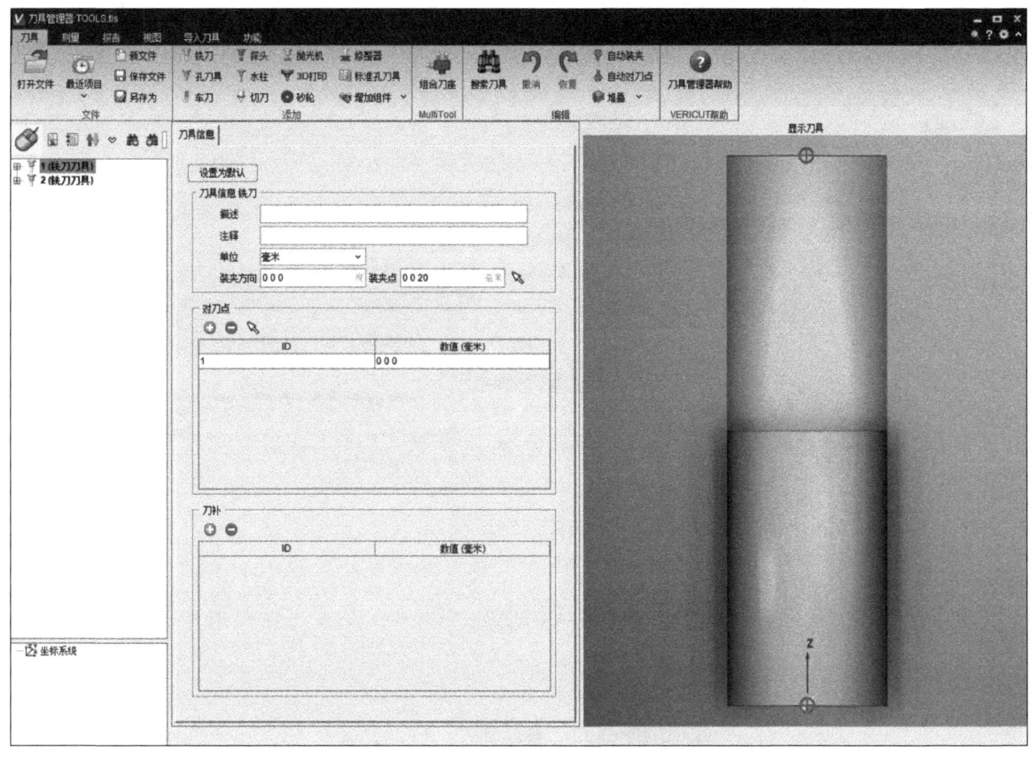

图　5-35

如图 5-36 所示，把刚刚新建的刀具作为主轴初始刀具：①单击“加工刀具”→②勾选“初始刀具”→③选择“1”号刀具→④单击“重置模型”→⑤刀具装到主轴上。

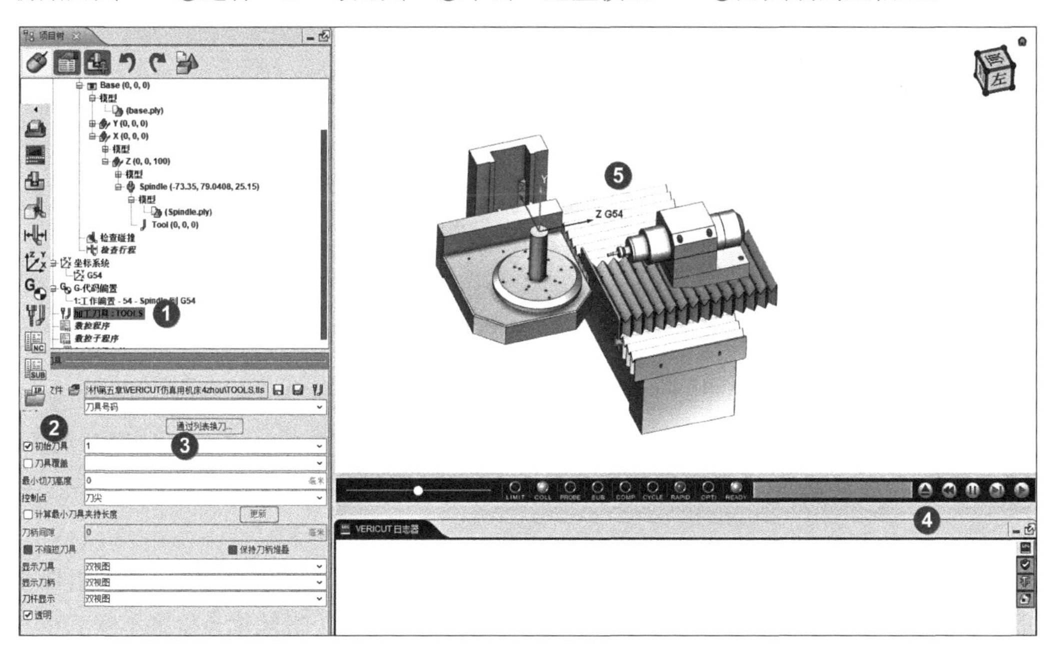

图　5-36

3. 添加数控程序

如图 5-37 所示，①右击“数控程序”→②单击“添加数控程序”弹出“数控程序”对话框→③选择数控程序→④单击“确定”。

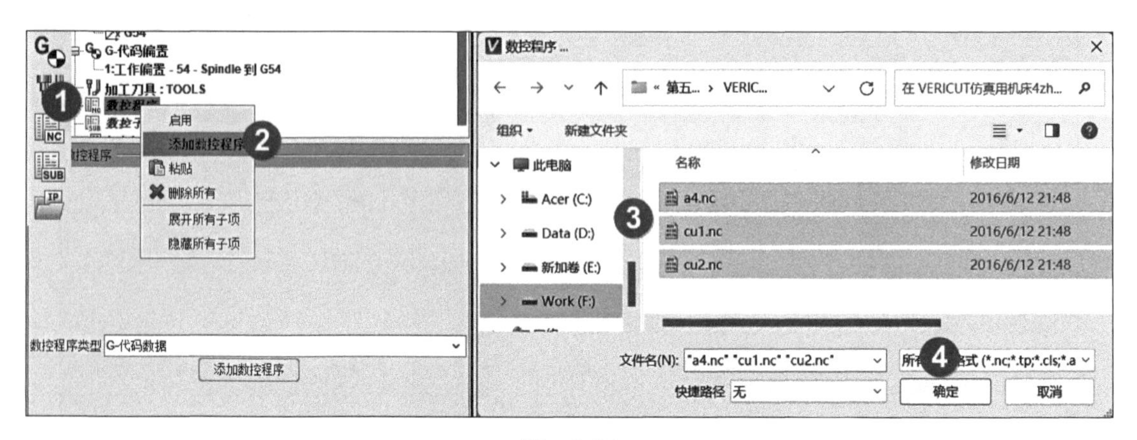

图 5-37

4. 仿真零件

①单击“仿真”按钮→②结果如图 5-38 所示。

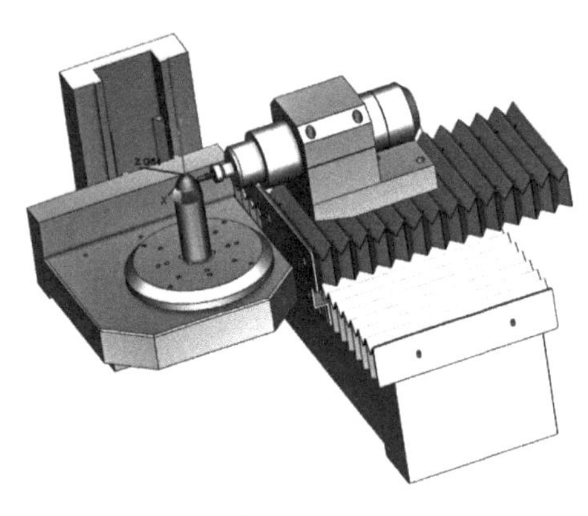

图 5-38

5.6 本章小结

Spindle 主轴组件要偏移的距离是：主轴端面的圆心相对于 B 轴的回转原点的坐标值（X=−73.35 Y=79.0408 Z=125.15），Z 值再减去 Z 轴组件后移的 100，Z 实际值等于 125.15−100=25.15。这里主轴端面的偏移量就计算出来了，输入（X=−73.35 Y=−79.0408 Z=25.15）进去即可，如图 5-39 所示。

主轴模型跟它的 X、Y、Z 值均相反。主轴模型是主轴组件的附属，所以主轴组件相对于机床零点移动之后主轴模型会跟着移动，要想主轴模型相对于机床零点位置不变的话，就要把主轴模型的坐标值输入和主轴组件的坐标值相反。

注意

一定要输入主轴模型的坐标值（X=73.35 Y=−79.0408 Z=−25.15），不然仿真时会出错，如图 5-40 所示。

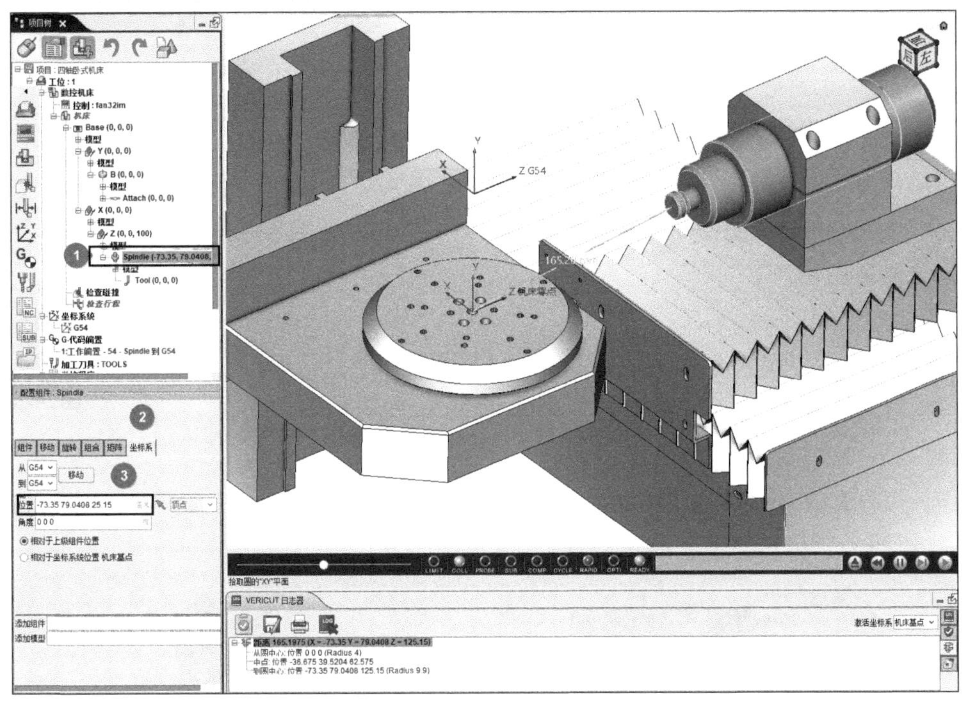

图　5-39

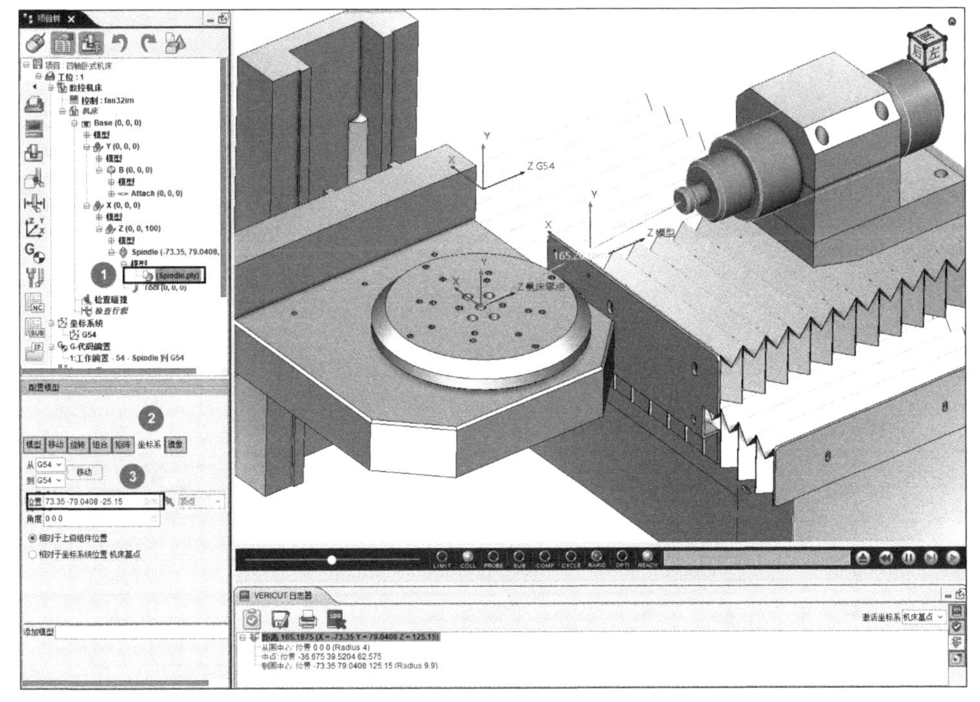

图　5-40

第 6 章 五轴 AC 摇篮机床的搭建及仿真讲解

6.1 五轴 AC 摇篮式机床简介

实例为 DOOSAN VMD600AC 摇篮式五轴加工中心，如图 6-1 所示。

1. 机床运动轴

扫一扫，看视频

机床运动轴如图 6-2 所示：

Z 轴：传递主要切削力的主轴为 Z 轴。

X 轴：X 轴始终水平，且平行于工件装夹面。

Y 轴：Y 轴由笛卡儿直角坐标系确定。

A 轴：绕 X 轴旋转的轴，称为 A 轴。

C 轴：绕 Z 轴旋转的轴，称为 C 轴。

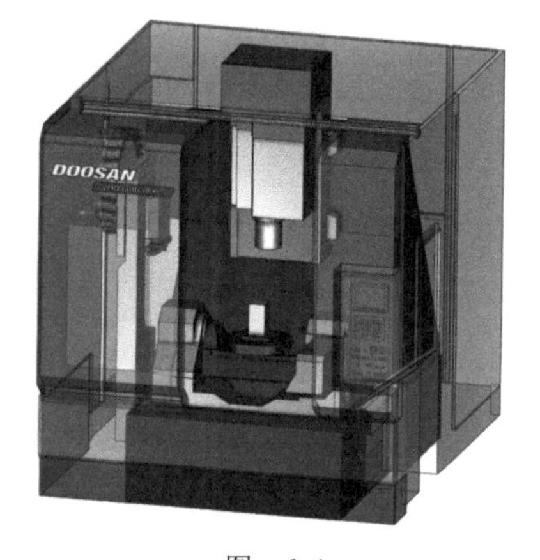

图 6-1

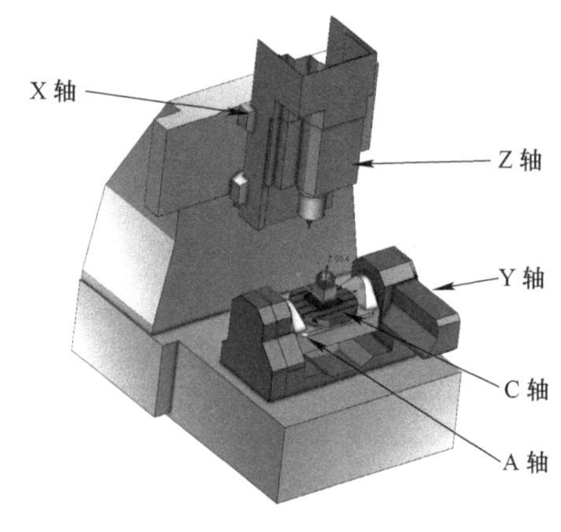

图 6-2

2. 机床主要技术参数

数控系统采用发那科 fan30im 的机床主要技术参数见表 6-1。

表 6-1

序　号	名　称	规　格
1	工作台尺寸	直径 500mm
2	X 轴行程	900mm
3	Y 轴行程	600mm
4	Z 轴行程	600mm
5	A 轴行程	−120° ～ +30°
6	C 轴行程	n×360°
7	主轴转速	20000r/min

6.2 机床搭建

1. 建立新项目文件

单击“文件”→“新建项目”，弹出“新建 VERICUT 项目”对话框，如图 6-3 所示，①选“新建项目”→②选“毫米”→③填写新建项目名称“vmd600_5ax.vcproject”→④单击“确定”。

2. 显示机床组件

单击按钮，显示机床组件，如图 6-4 所示。

图 6-3

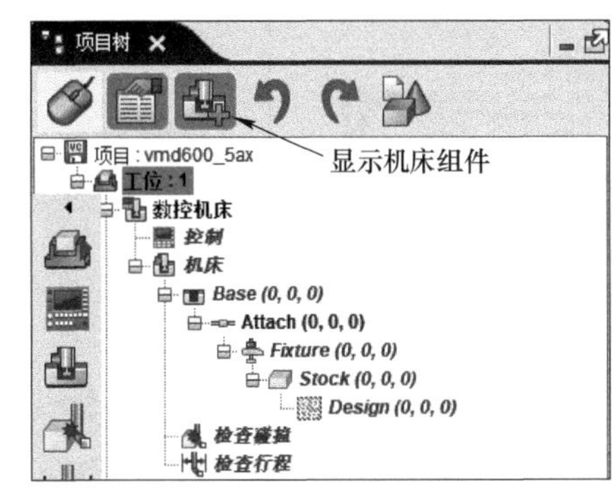

图 6-4

3. 定义机床各组件的逻辑关系

由于组件没有尺寸和形状，只反映组件各自的功能属性，所以在项目树中编号。

1）如图 6-5 所示，各组件的逻辑关系是：床身→ X 组件→ Z 组件→主轴→刀具。具体为：①床身→②床身模型→③ X 组件→④ X 轴模型→⑤ Z 组件→⑥ Z 轴模型→⑦主轴组件→⑧主轴模型→⑨刀具组件→⑩刀具。

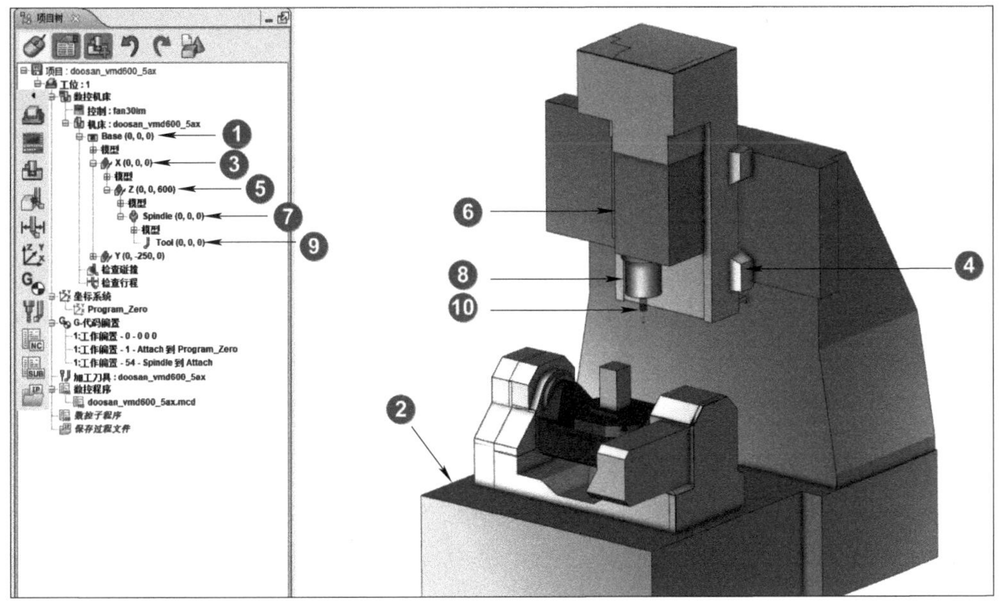

图 6-5

2）如图 6-6 所示，各组件的逻辑关系是：床身→ Y 组件→ A 旋转→ C 旋转→附属→夹具组件→毛坯组件→设计组件。具体为：

①床身→②床身模型→③ Y 组件→④ Y 轴模型→⑤ A 旋转→⑥ A 轴模型→⑦ C 旋转→⑧C 轴模型→⑨附属→⑩夹具组件→⑪夹具模型→⑫毛坯组件→⑬毛坯模型→⑭设计组件。

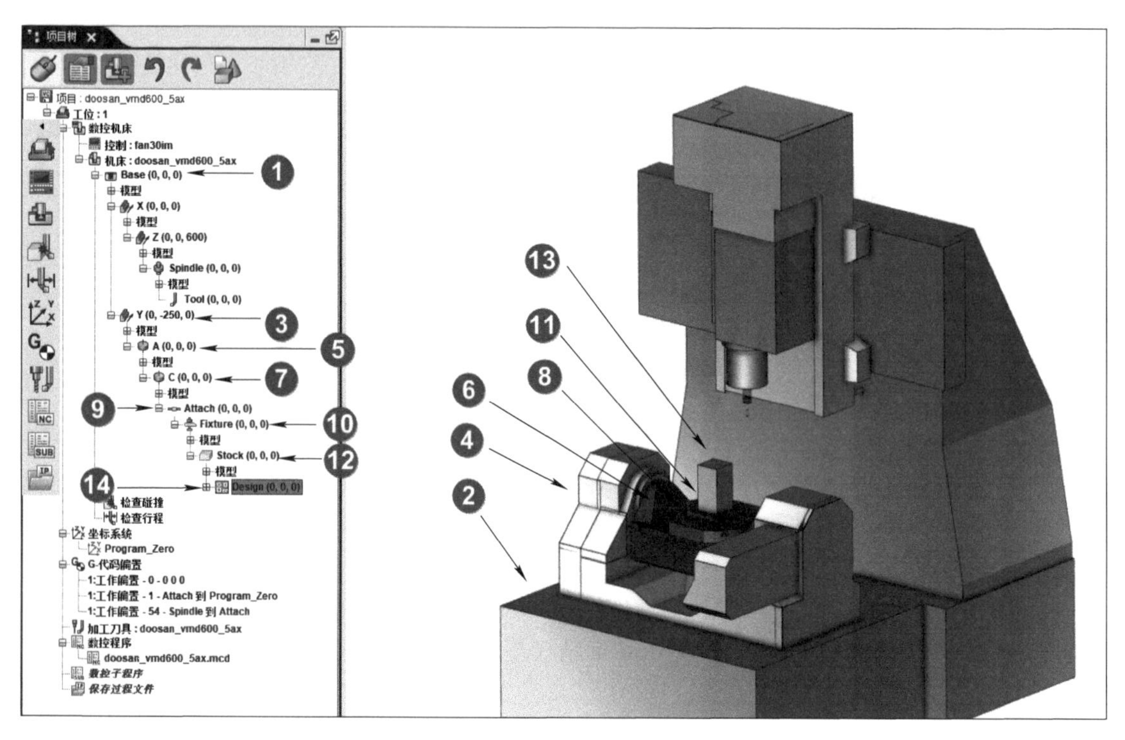

图 6-6

4. 添加各组件

在建模软件里设置工作台中心为机床零点，逐一导出各个模型。

1）如图 6-7 所示，①右击“Base”→②将光标移至“添加组件”→③选择“X 线性”→④添加好 X 组件，右击“X”组件→⑤将光标移至“添加组件”→⑥选择“Z”线性→⑦添加好 Z 组件，右击“Z”组件→⑧将光标移至“添加组件”→⑨选择“主轴”→⑩添加好主轴组件，右击“Spindle”→⑪将光标移至“添加组件”→⑫选择“刀具”。

2）如图 6-8 所示，①右击“Base”→②将光标移至“添加组件”→③选择“Y 线性”→④添加好 Y 组件，右击“Y”组件→⑤将光标移至“添加组件”→⑥选择“A”旋转→⑦添加好 A 旋转，右击“A”旋转→⑧将光标移至“添加组件”→⑨选择“C”旋转→⑩右击“Attach”→⑪单击“剪切”→⑫右击“C”旋转→⑬单击“粘贴”。

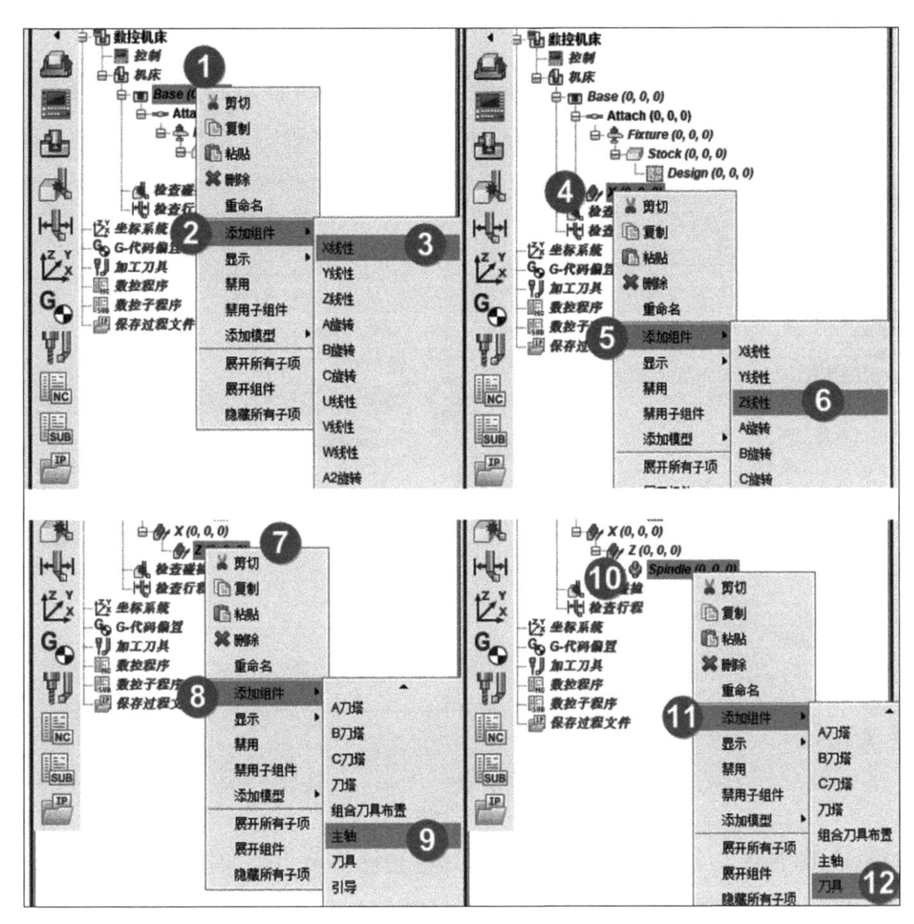
数控机床
控制
机床
Base (0, 0, 0)
Attach (0, 0, 0)
Fixture (0, 0, 0)
Stock (0, 0, 0)
Design (0, 0, 0)
X (0, 0, 0)
Z (0, 0, 0)
Spindle (0, 0, 0)
检查行程
坐标系统
G-代码偏置
加工刀具
数控程序
数控子程序
保存过程文件
剪切
复制
粘贴
删除
重命名
添加组件
显示
禁用
禁用子组件
添加模型
展开所有子项
展开组件
隐藏所有子项
X线性
Y线性
Z线性
A旋转
B旋转
C旋转
U线性
V线性
W线性
A2旋转
A刀塔
B刀塔
C刀塔
刀塔
组合刀具布置
主轴
刀具
引导
1
2
3
4
5
6
7
8
9
10
11
12

图　6-7

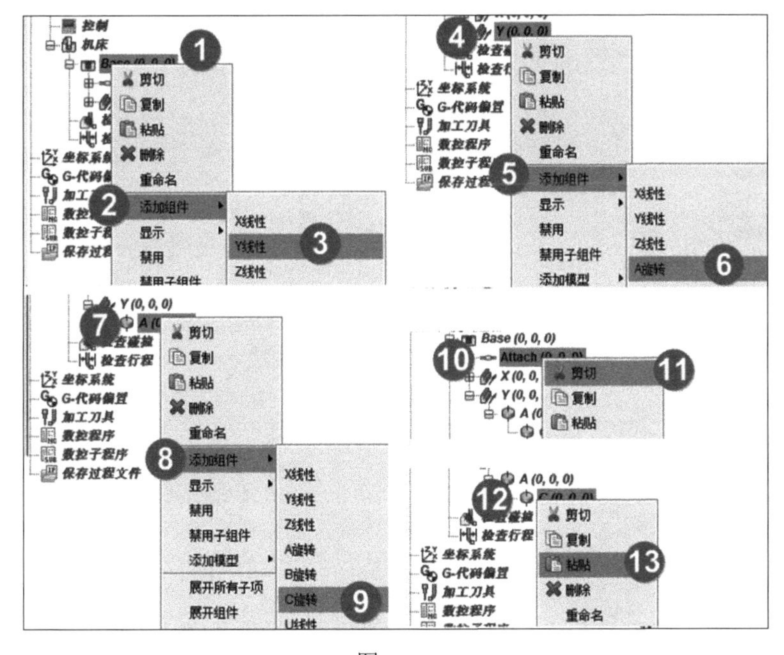
控制
机床
Y (0, 0, 0)
Base (0, 0, 0)
A (0, 0, 0)
检查行程
坐标系统
G-代码偏置
加工刀具
数控程序
数控子程序
保存过程文件
剪切
复制
粘贴
删除
重命名
添加组件
显示
禁用
禁用子组件
添加模型
展开所有子项
展开组件
X线性
Y线性
Z线性
A旋转
B旋转
C旋转
1
2
3
4
5
6
7
8
9
10
11
12
13

图　6-8

5. 导入各组件的模型并调整位置

1）如图 6-9 所示，①右击“Base”→②将光标移至“添加模型”→③单击“模型文件”，弹出“打开”对话框→④选择“base.stl”→⑤单击“确定”，床身的模型就输入完毕。

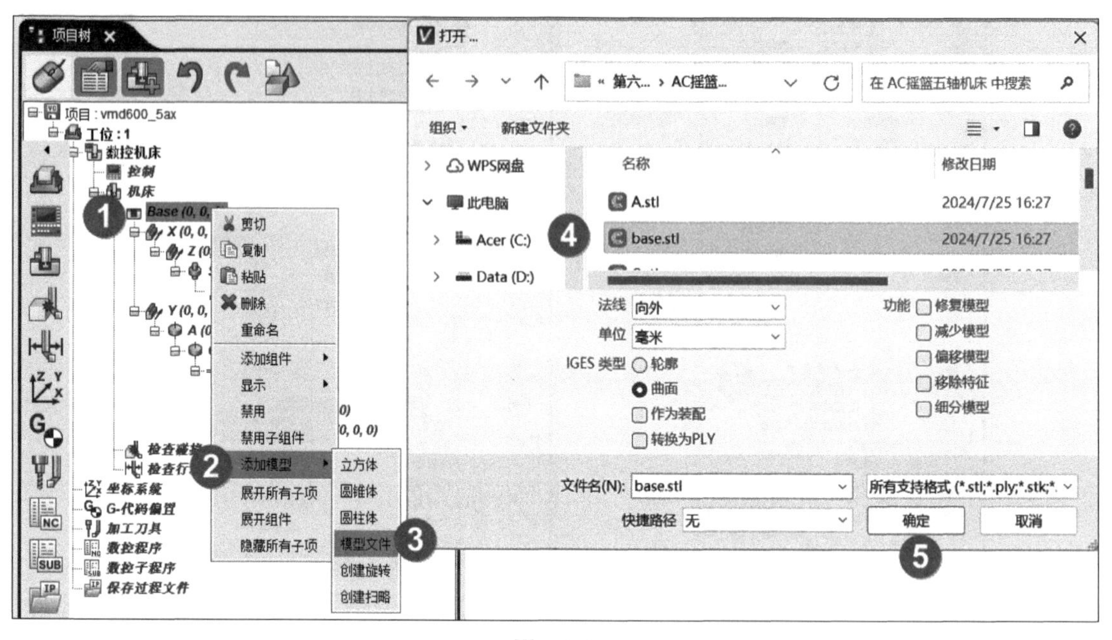

图 6-9

2）如图 6-10 所示，①右击“X”组件→②将光标移至“添加模型”→③单击“模型文件”，弹出“打开”对话框→④选择“X.stl”→⑤单击“确定”，X 轴的模型就输入完毕。

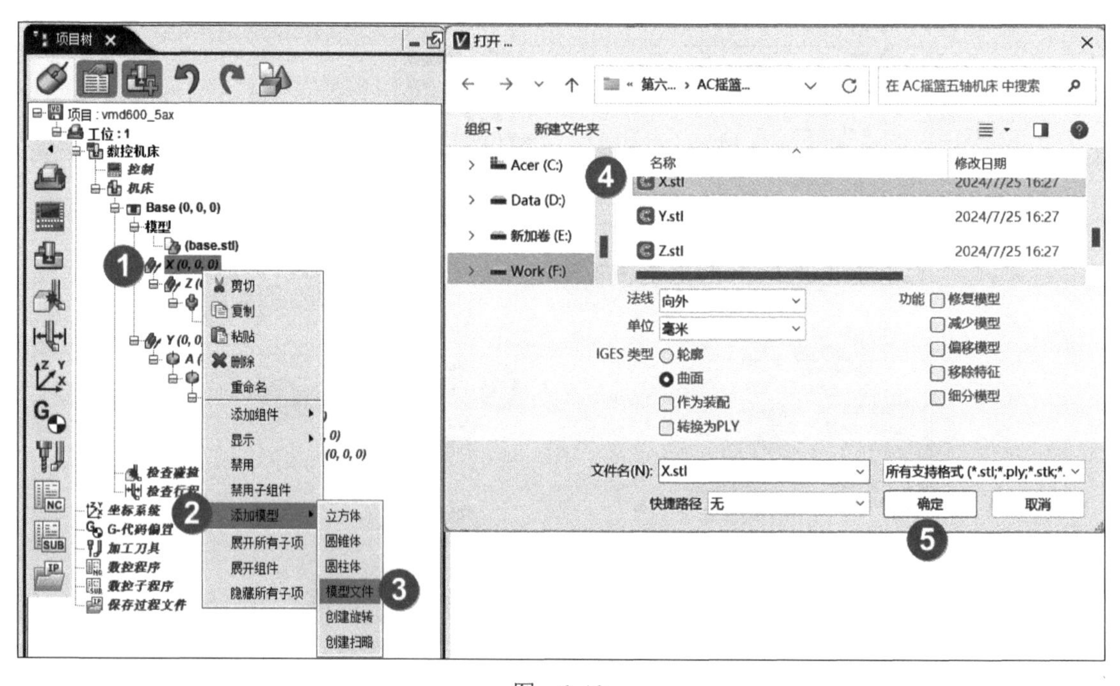

图 6-10

3）如图 6-11 所示，①右击“Z”组件→②将光标移至“添加模型”→③单击“模型文件”，弹出“打开”对话框→④选择“Z.stl”→⑤然后单击“确定”，Z 轴的模型就输入完毕。

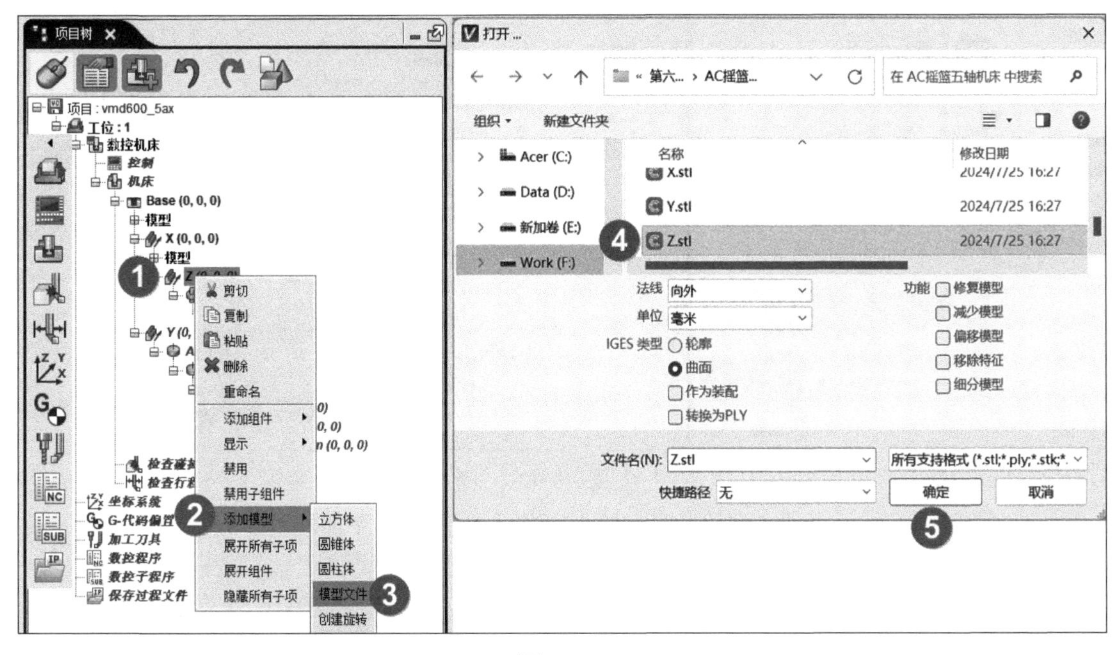

图　6-11

4）如图 6-12 所示，①单击“Z”组件→②单击“坐标系”→③位置“0 0 600”。

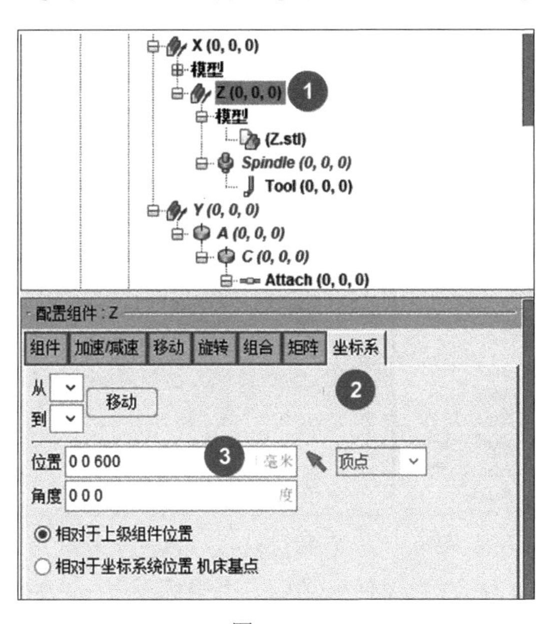

图　6-12

5）如图 6-13 所示，①右击“Spindle”组件→②将光标移至“添加模型”→③单击“模型文件”，弹出“打开”对话框→④选择“spindle.sor”→⑤单击“确定”，主轴的模型就输入完毕。

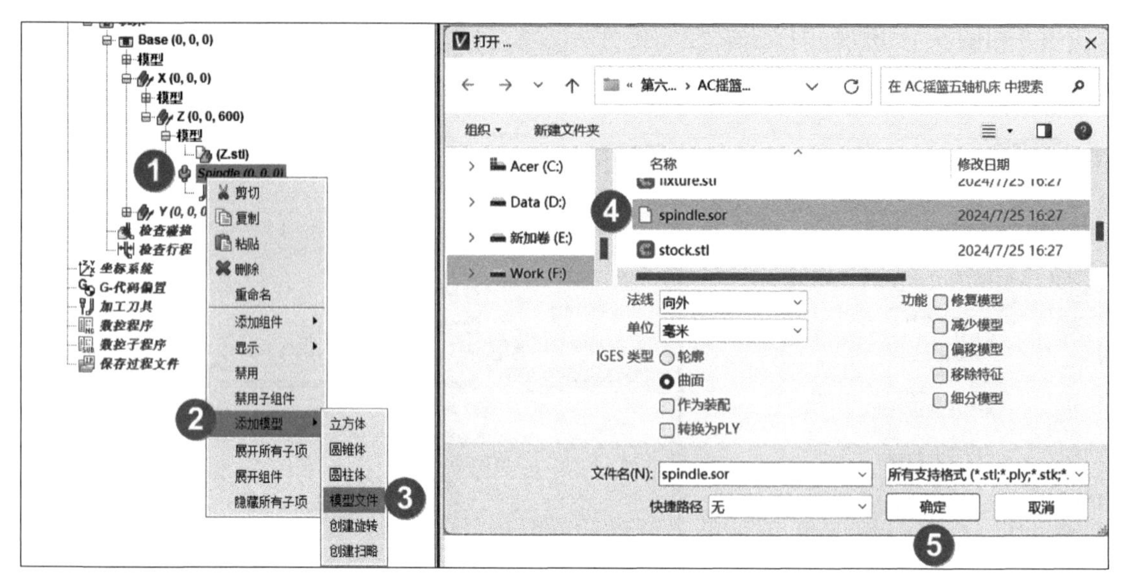

图 6-13

6）如图 6-14 所示，①右击“Y”组件→②将光标移至“添加模型”→③单击“模型文件”，弹出“打开”对话框→④选择“Y.stl”→⑤单击“确定”，Y 轴的模型就输入完毕。

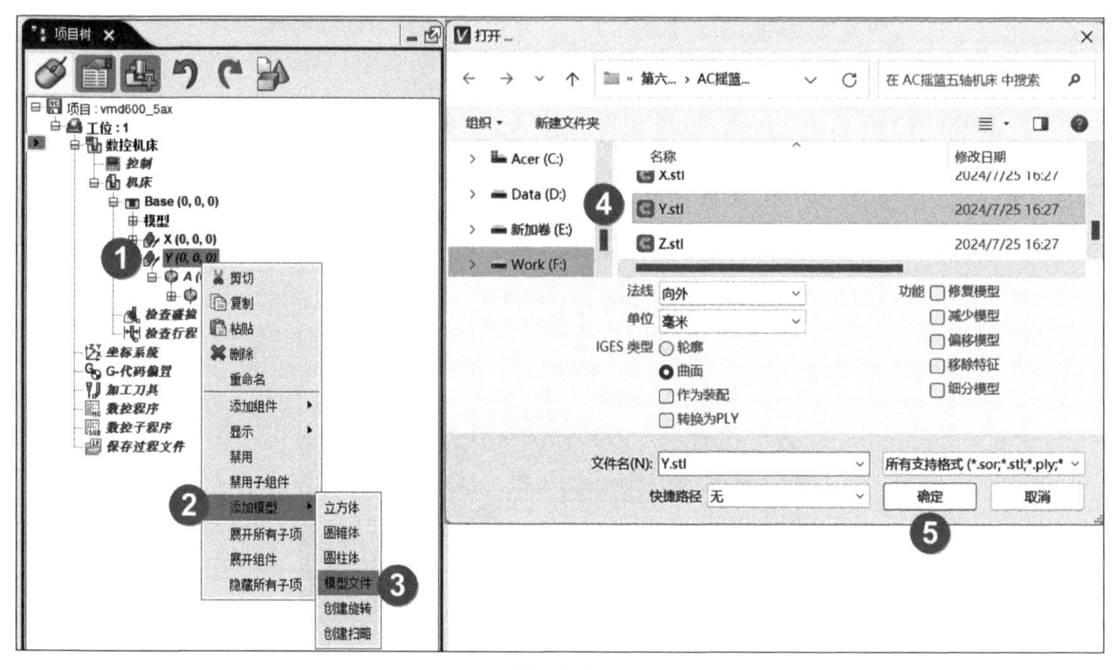

图 6-14

如图 6-15 所示，①单击“Y”组件→②单击“坐标系”→③位置“0 -250 0”。

7）如图 6-16 所示，①右击“A”旋转→②将光标移至“添加模型”→③单击“模型文件”，弹出“打开”对话框→④选择“A.stl”→⑤单击“确定”，A 轴的模型就输入完毕。

8）如图 6-17 所示，①右击“C”旋转→②将光标移至“添加模型”→③单击“模型文件”，弹出“打开”对话框→④选择“C.stl”→⑤单击“确定”，C 轴的模型就输入完毕。

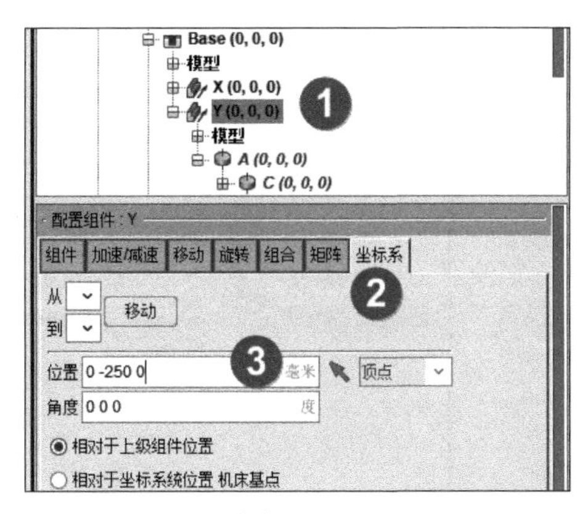

图　6-15

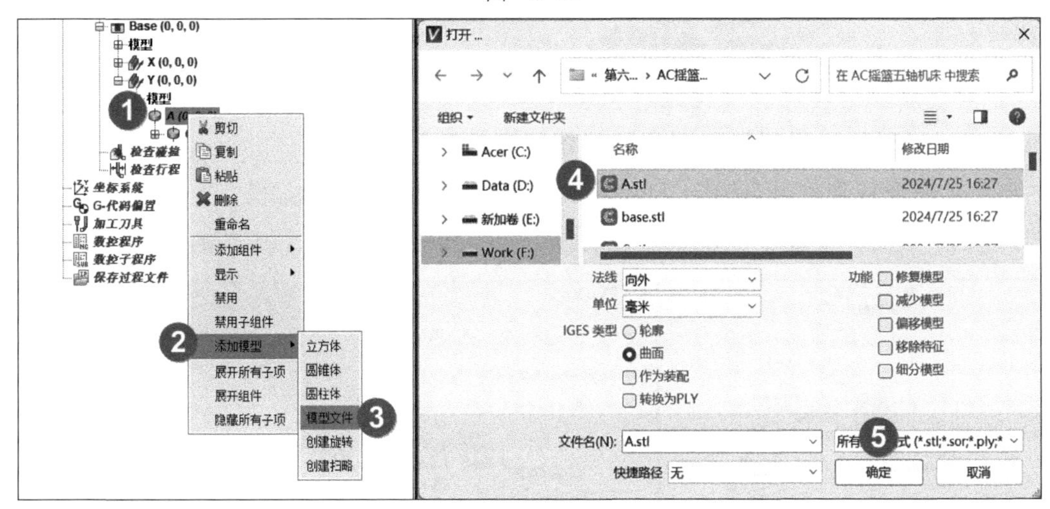

图　6-16

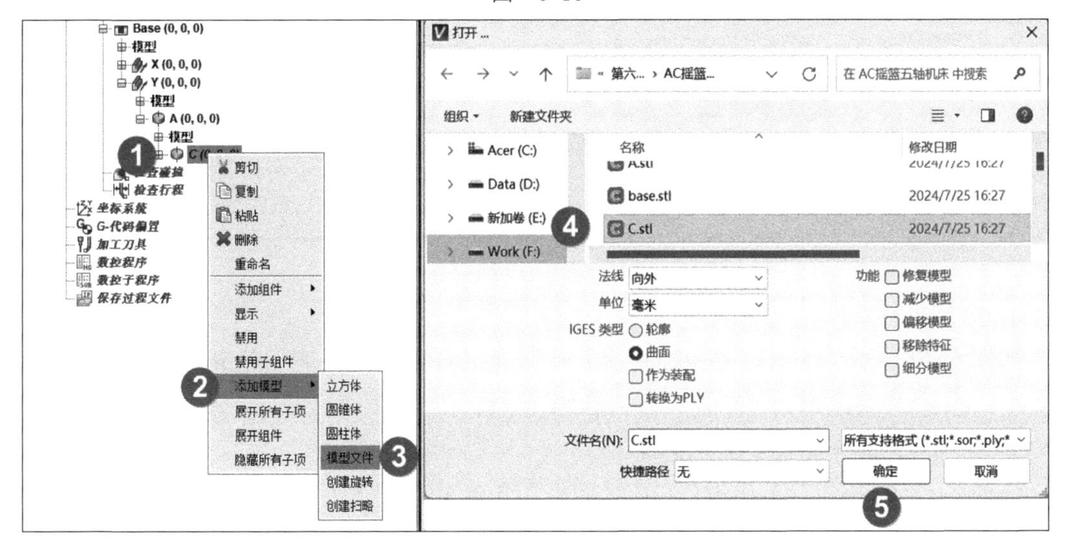

图　6-17

9）如图 6-18 所示，①右击“Fixture”组件→②将光标移至“添加模型”→③单击“模型文件”，弹出“打开”对话框→④选择“fixture.stl”→⑤单击“确定”，夹具的模型就输入完毕。

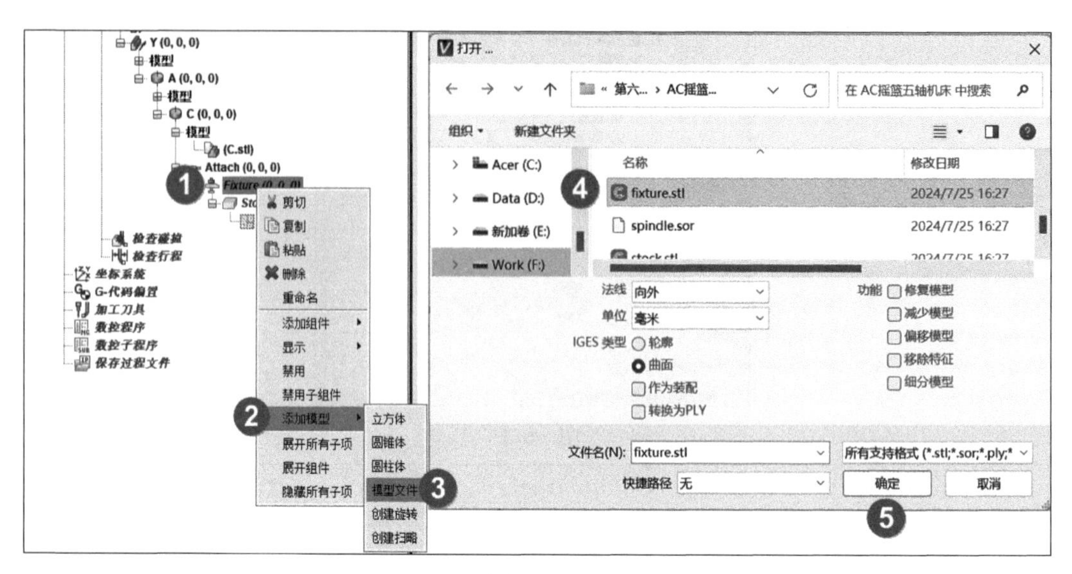

图 6-18

10）如图 6-19 所示，①右击“Stock”组件→②将光标移至“添加模型”→③单击“模型文件”，弹出“打开”对话框→④选择“stock.stl”→⑤单击“确定”，毛坯的模型就输入完毕。

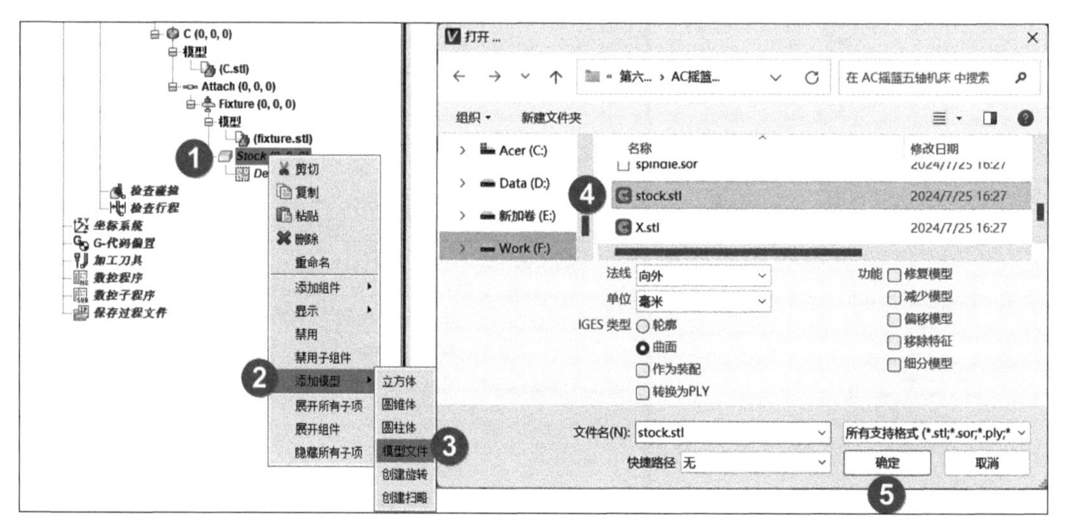

图 6-19

6. 创建坐标系

如图 6-20 所示，①右击“坐标系统”→②弹出右键快捷菜单，单击“新建坐标系”→③右击“Csys1”→④单击“重命名”→⑤输入“G54”。

7. 添加 NC 程序和定义工作偏置

如图 6-21 所示，①单击“G- 代码偏置”→②在“配置 G- 代码偏置”里单击“添加”→③单击“1: 工作偏置”→④在“从”后选“组件”“Attach”→⑤在“到”后选“坐标原点”“G54”→⑥单击“G- 代码偏置”→⑦在“配置 G- 代码偏置”的寄存器后输入“54”→⑧“组件”后选“Attach”→⑨单击“添加”→⑩效果。

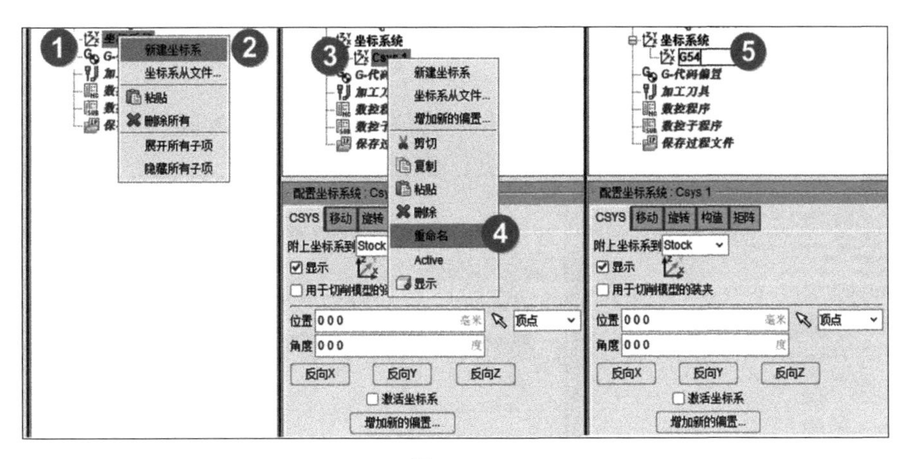
1
2
新建坐标系
坐标系从文件...
粘贴
删除所有
展开所有子项
隐藏所有子项
3
坐标系统
新建坐标系
坐标系从文件...
增加新的偏置...
剪切
复制
粘贴
删除
4
重命名
Active
显示
配置坐标系统：Csy
CSYS
移动
旋转
附上坐标系到
Stock
显示
用于切削模型的装夹
位置
0 0 0
毫米
顶点
角度
0 0 0
度
反向X
反向Y
反向Z
激活坐标系
增加新的偏置...
坐标系统
G54
5
G-代码偏置
加工刀具
数控程序
数控子程序
保存过程文件
配置坐标系统：Csys 1
CSYS
移动
旋转
构造
矩阵
附上坐标系到
Stock
显示
用于切削模型的装夹
位置
0 0 0
毫米
顶点
角度
0 0 0
度
反向X
反向Y
反向Z
激活坐标系
增加新的偏置...

图　6-20

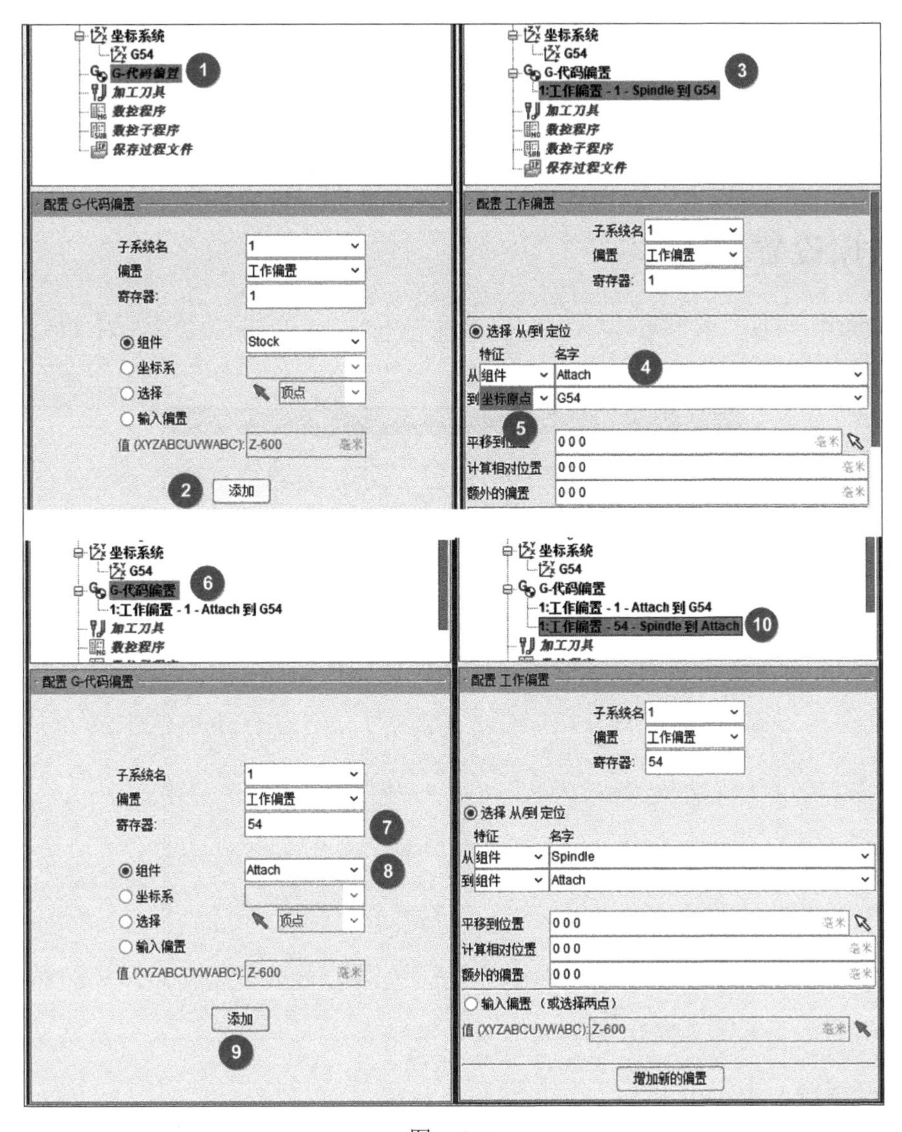
坐标系统
G54
G-代码偏置
1
加工刀具
数控程序
数控子程序
保存过程文件
配置 G-代码偏置
子系统名
1
偏置
工作偏置
寄存器:
1
组件
Stock
坐标系
选择
顶点
输入偏置
值 (XYZABCUVWABC):
Z-600
毫米
2
添加
坐标系统
G54
G-代码偏置
1:工作偏置 - 1 - Spindle 到 G54
3
加工刀具
数控程序
数控子程序
保存过程文件
配置 工作偏置
子系统名
1
偏置
工作偏置
寄存器:
1
选择 从/到 定位
特征
名字
从
组件
Attach
4
到
坐标原点
G54
5
平移到位置
0 0 0
毫米
计算相对位置
0 0 0
额外的偏置
0 0 0
坐标系统
G54
G-代码偏置
6
1:工作偏置 - 1 - Attach 到 G54
加工刀具
数控程序
配置 G-代码偏置
子系统名
1
偏置
工作偏置
寄存器:
54
7
组件
Attach
8
坐标系
选择
顶点
输入偏置
值 (XYZABCUVWABC):
Z-600
毫米
添加
9
坐标系统
G54
G-代码偏置
1:工作偏置 - 1 - Attach 到 G54
1:工作偏置 - 54 - Spindle 到 Attach
10
加工刀具
配置 工作偏置
子系统名
1
偏置
工作偏置
寄存器:
54
选择 从/到 定位
特征
名字
从
组件
Spindle
到
组件
Attach
平移到位置
0 0 0
毫米
计算相对位置
0 0 0
额外的偏置
0 0 0
输入偏置（或选择两点）
值 (XYZABCUVWABC):
Z-600
毫米
增加新的偏置

图　6-21

6.3 机床控制系统设置

如图 6-22 所示，①右击“控制”→②单击“打开”→③选择“fan30im.ctl”→④单击“打开”。

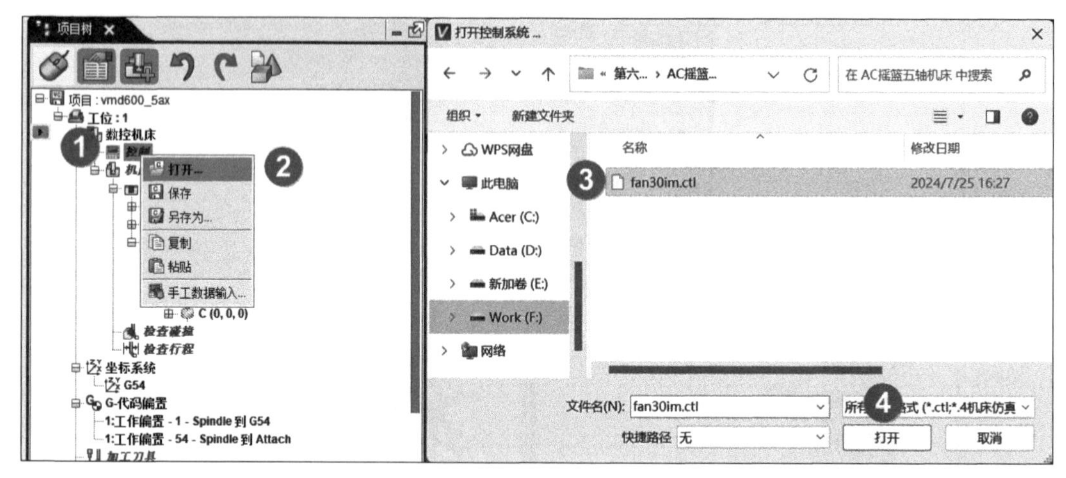

图 6-22

6.4 机床设置

单击菜单中“机床 / 控制系统”→单击“机床设定”，弹出“机床设定”对话框，如图 6-23 所示。

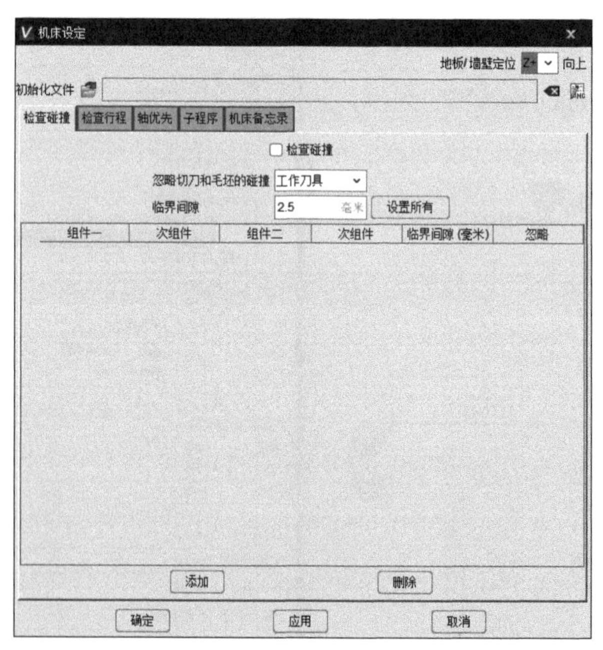

图 6-23

1. 检查碰撞

检查碰撞用于设置该组件之间的碰撞关系。

如图 6-24 所示，①单击“添加”→②勾选“检查碰撞”→③将组件一选“Z”→④勾选组件一的次组件→⑤将组件二选“Y”→⑥勾选组件二的次组件→⑦临界间隙改为“0”→⑧单击“应用”→⑨单击“确定”，检查碰撞就设置完成。

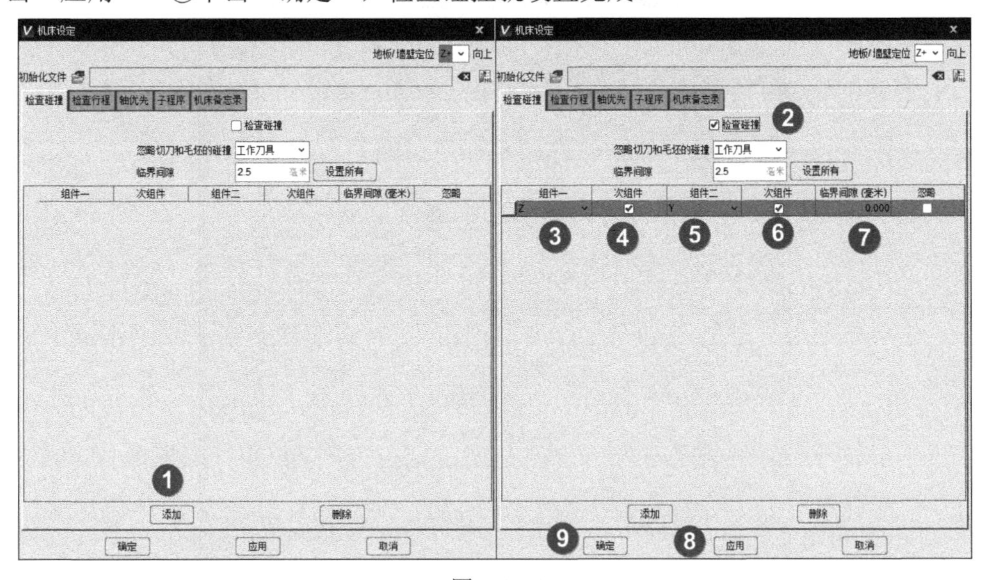

图　6-24

2. 检查行程

检查行程用于设定机床各运动轴的极限超程问题。

如图 6-25 所示，①单击“检查行程”选项卡→②单击“添加组”→③勾选“检查超程”→④勾选“允许运动超出行程”→⑤出现 X 组件、Z 组件、Y 组件、A 旋转及 C 旋转行程设置表格→⑥在 X 组件、Z 组件、Y 组件、A 旋转及 C 旋转行程设置表格中依照图上数值填写→⑦单击“应用”→⑧单击“确定”，检查行程就设置完成。参照机床 X 轴行程 900mm、Y 轴行程 600mm、Z 轴行程 600mm、A 轴行程 −120° ～ +30°、C 轴行程 n×360°。

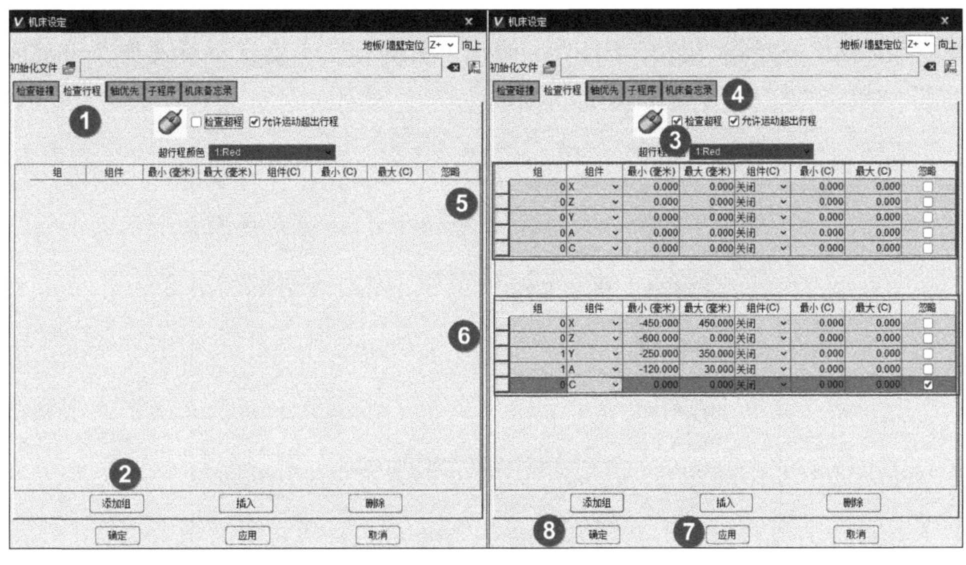

图　6-25

3. 轴优先

轴优先可设定快速模式下各运动轴的优先顺序，如图 6-26 所示。

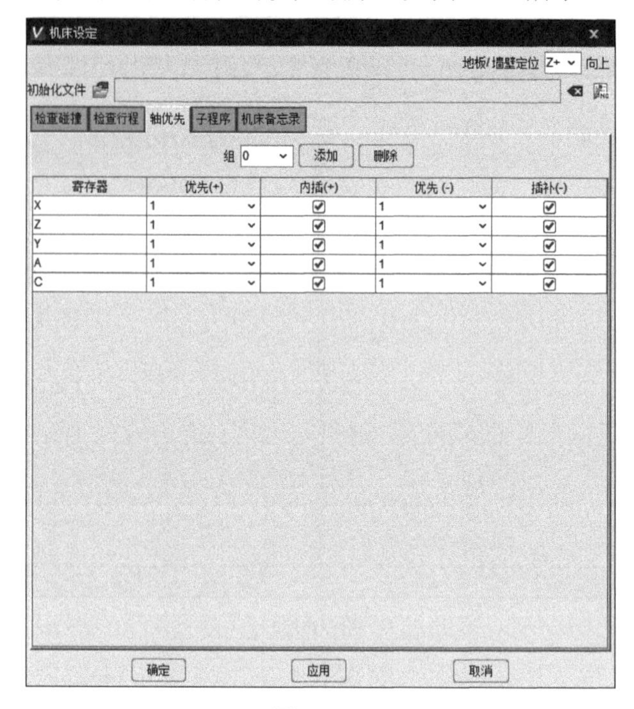

图 6-26

注意事项：关闭项目之前要将文件汇总一次并保存过程文件。

6.5 案例仿真

1. 打开项目文件

单击“文件”→单击“打开项目”→弹出“打开项目”对话框→选择“vmd600_5ax.vcproject”→单击“打开”，如图 6-27 所示。

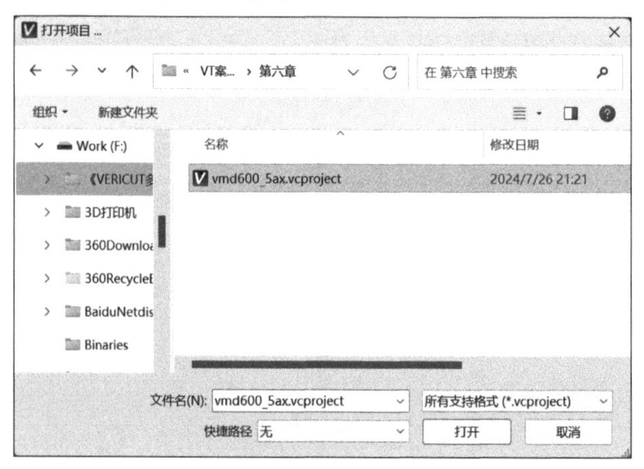

图 6-27

出现丢失模型的状况（图 6-28），单击“打开过程文件”→弹出“打开过程文件”对话框→选择“vmd600_5ax.ip”→单击“打开”（图 6-29），这样遗失的模型就找回来了（图 6-30）。

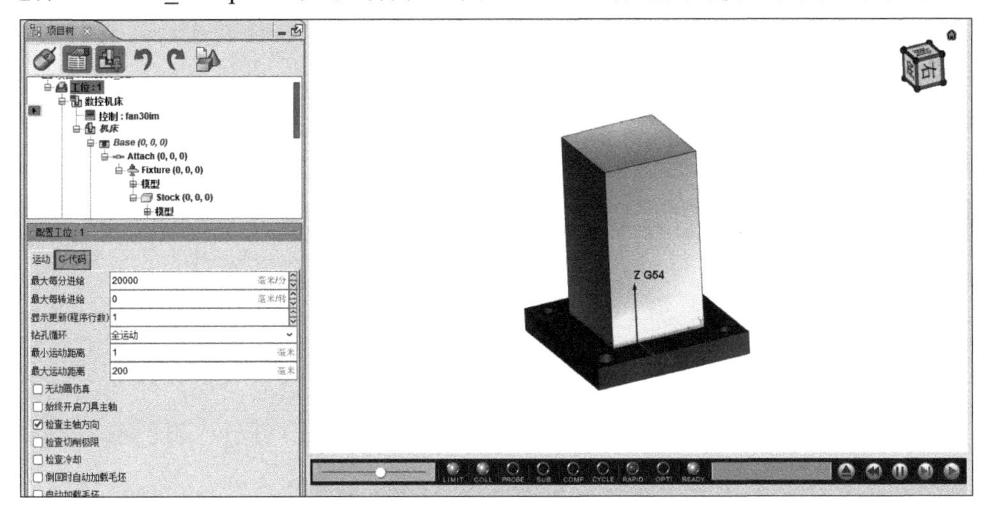

图　6-28

图　6-29

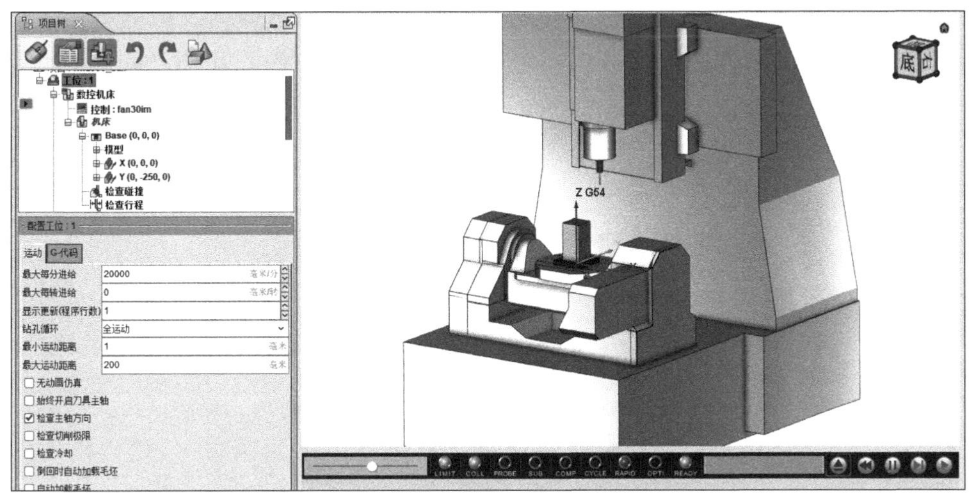

图　6-30

2. 创建刀具

如图 6-31 所示，在软件内项目树区域：①右击项目树上的“加工刀具”项→②单击“刀具管理器”命令。弹出“刀具管理器”对话框。

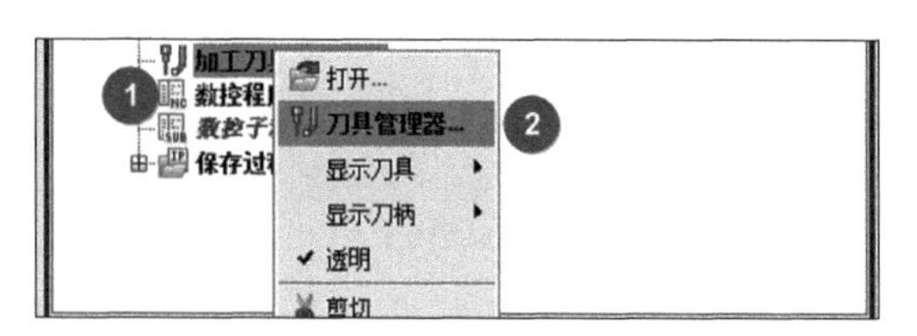

图 6-31

在“刀具管理器”对话框中按图 6-32 所示，单击“打开文件”。

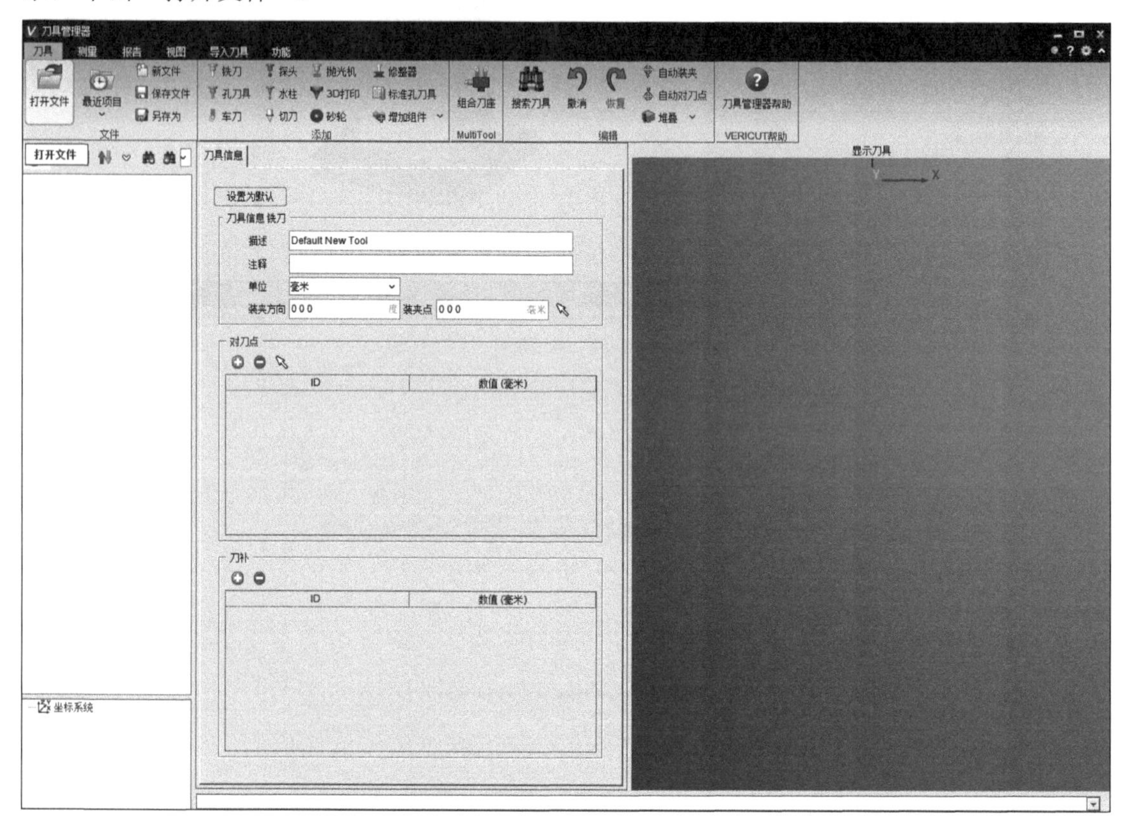

图 6-32

弹出“打开”对话框→选择文件“doosan_vmd600_5ax.tls”→单击“打开”，如图 6-33 所示。

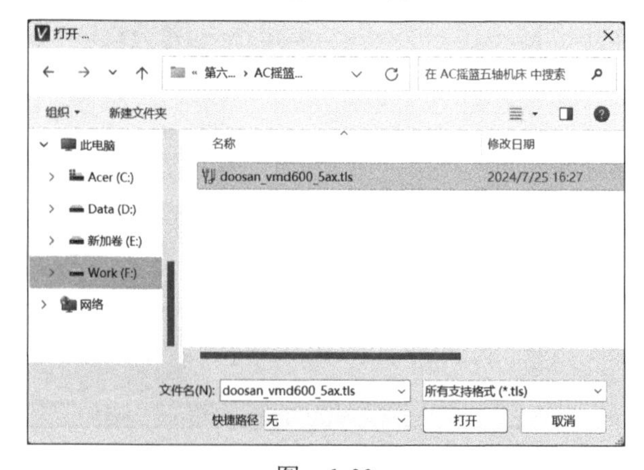

图 6-33

在“刀具管理器”对话框中按图 6-34 所示，单击“关闭”即可。

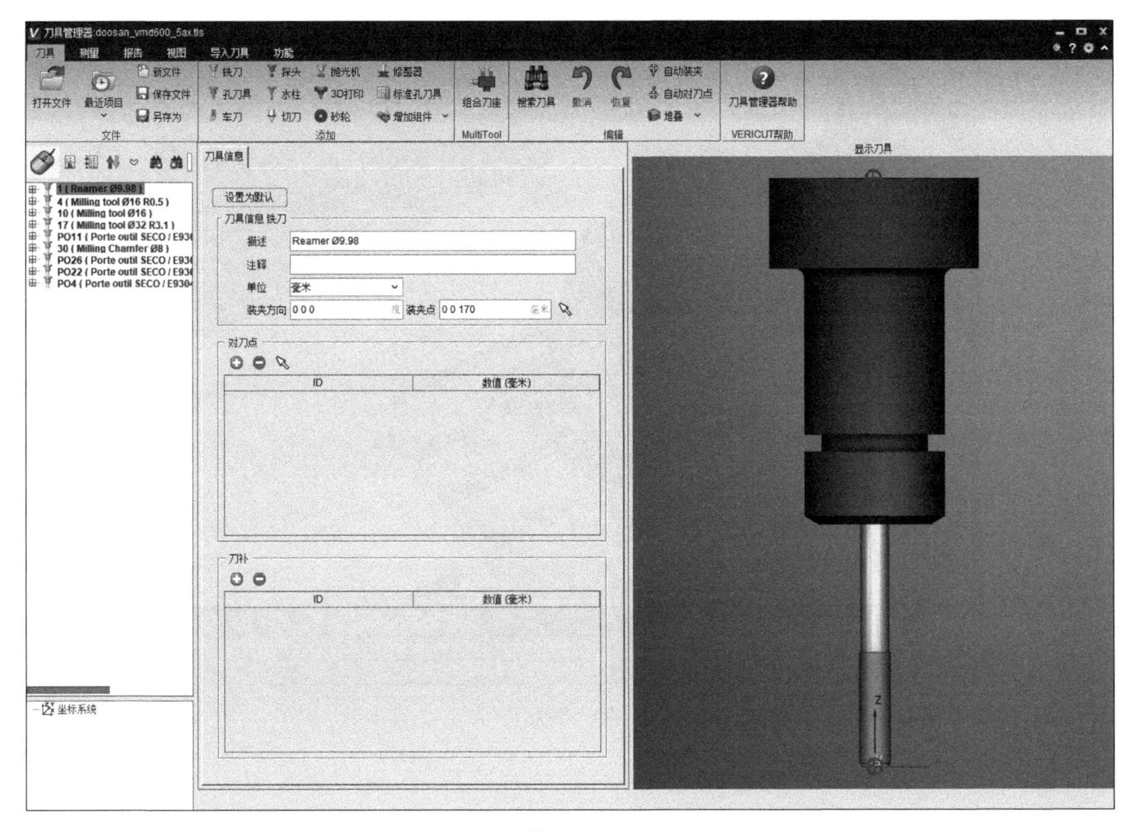

图　6-34

3．添加数控程序

如图 6-35 所示，①右击“数控程序”→②单击“添加数控程序”，弹出“数控程序”对话框→③选择数控程序→④单击“确定”。

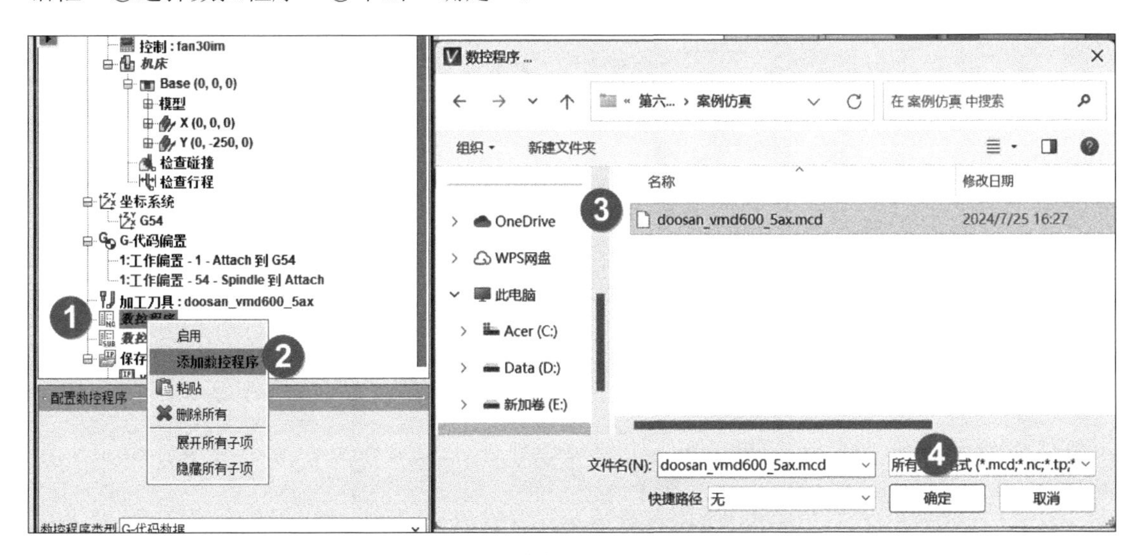

图　6-35

4. 仿真零件

①单击“仿真”按钮→②结果如图 6-36 所示。

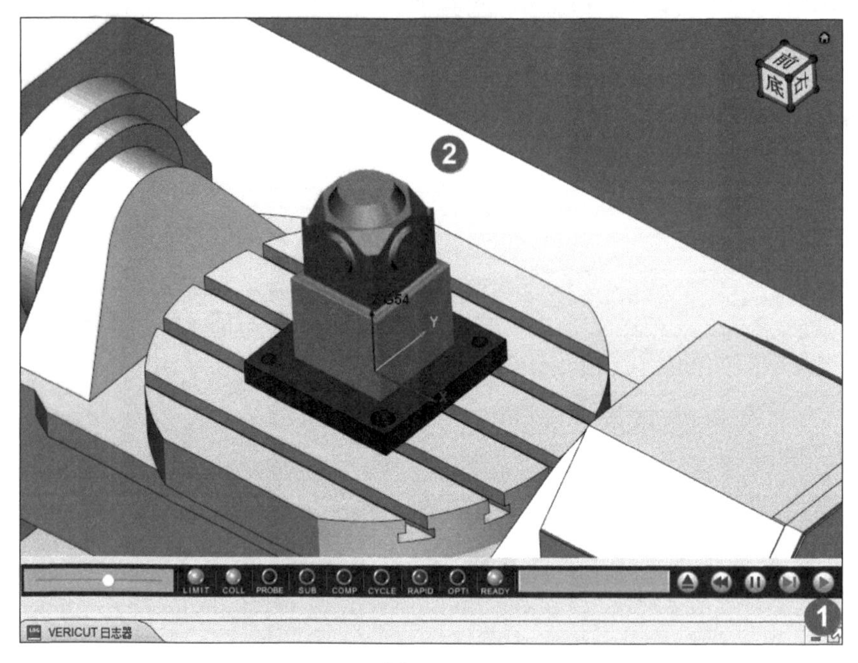

图 6-36

6.6 本章小结

搭建好机床后会发现有的轴的正反向不对，会出现正好相反的情况，如 Y 轴正方向是反的。我们可以单击选中“Y”轴，在下面“配置组件：Y”中把“反向”勾选上。这样就解决了加工轴的正方向错误的问题，如图 6-37 所示。

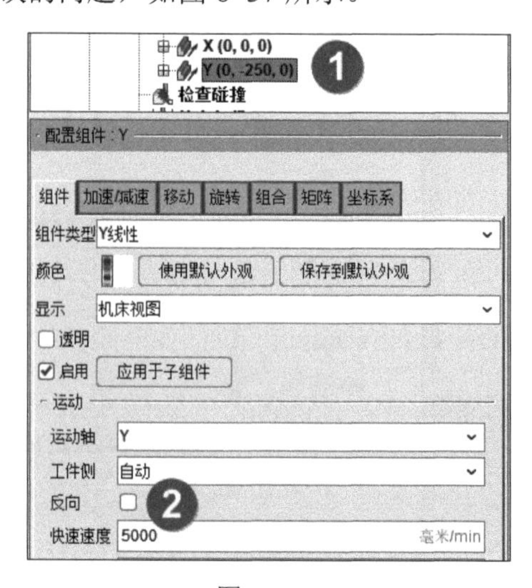

图 6-37

第 7 章 五轴 BC 双转台机床的搭建及仿真讲解

7.1 五轴 BC 双转台机床简介

实例为天津安卡尔精密机械科技有限公司小型工业级五轴数控机床 T-125U，如图 7-1 所示。

1. 机床运动轴

机床运动轴如图 7-2 所示，具体如下：

扫一扫，看视频

Z 轴：传递主要切削力的主轴为 Z 轴。

X 轴：X 轴始终水平，且平行于工件装夹面。

Y 轴：Y 轴由笛卡儿直角坐标系确定。

B 轴：绕 Y 轴旋转的轴，称为 B 轴。

C 轴：绕 Z 轴旋转的轴，称为 C 轴。

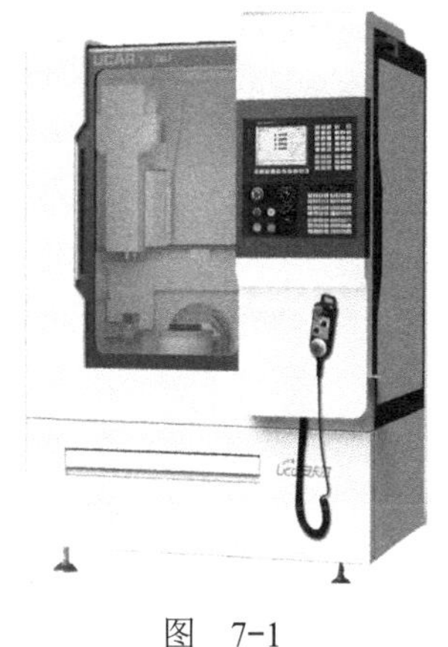

图 7-1

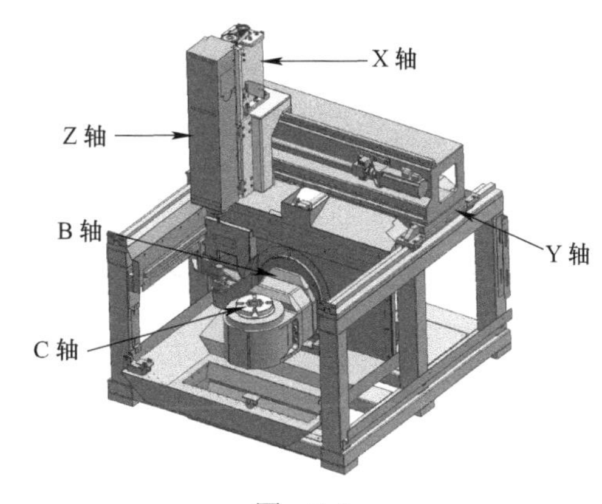

图 7-2

2. 机床主要技术参数

数控系统采用广州数控 GSK25iM 25iT 的机床主要技术参数见表 7-1。

表 7-1

序号	名称	规格
1	工作台尺寸	直径 125mm
2	X 轴行程	490mm
3	Y 轴行程	280mm
4	Z 轴行程	220mm
5	B 轴行程	-110° ～ +10°

（续）

序　号	名　称	规　格
6	C 轴行程	n×360°
7	快速移动速度	10m/min
8	切削进给速度	10m/min
9	主轴转速	36000r/min
10	主轴电动机功率	2.5kW
11	主轴锥孔	ISO20

7.2　机床搭建

1. 建立新项目文件

单击“文件”→“新建项目”，弹出“新建 VERICUT 项目”对话框，如图 7-3 所示，①选“新建项目”→②选“毫米”→③填写新建项目名称“UCART-125U.vcproject”→④单击“确定”。

2. 显示机床组件

单击按钮显示机床组件，如图 7-4 所示。

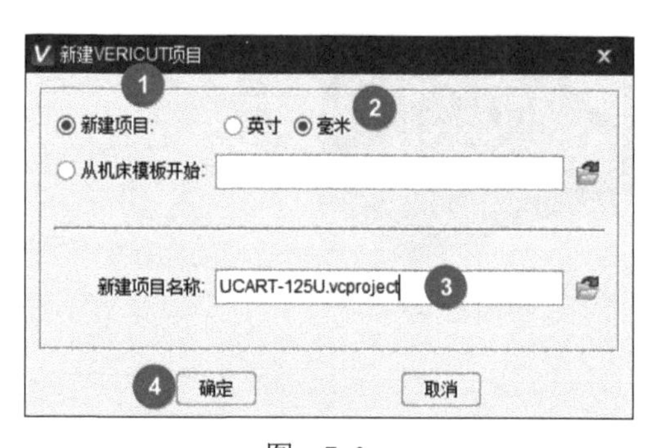

图　7-3

图　7-4

3. 定义机床各组件的逻辑关系

由于组件没有尺寸和形状，只反映组件各自的功能属性，所以在项目树中编号。

1）如图 7-5 所示，各组件的逻辑关系是：床身→ Y 组件→ X 组件→ Z 组件→主轴→刀具。具体为：

①床身→②床身模型→③ Y 组件→④ Y 轴模型→⑤ X 组件→⑥ X 轴模型→⑦ Z 组件→⑧ Z 轴模型→⑨主轴组件→⑩刀具组件→⑪刀具。

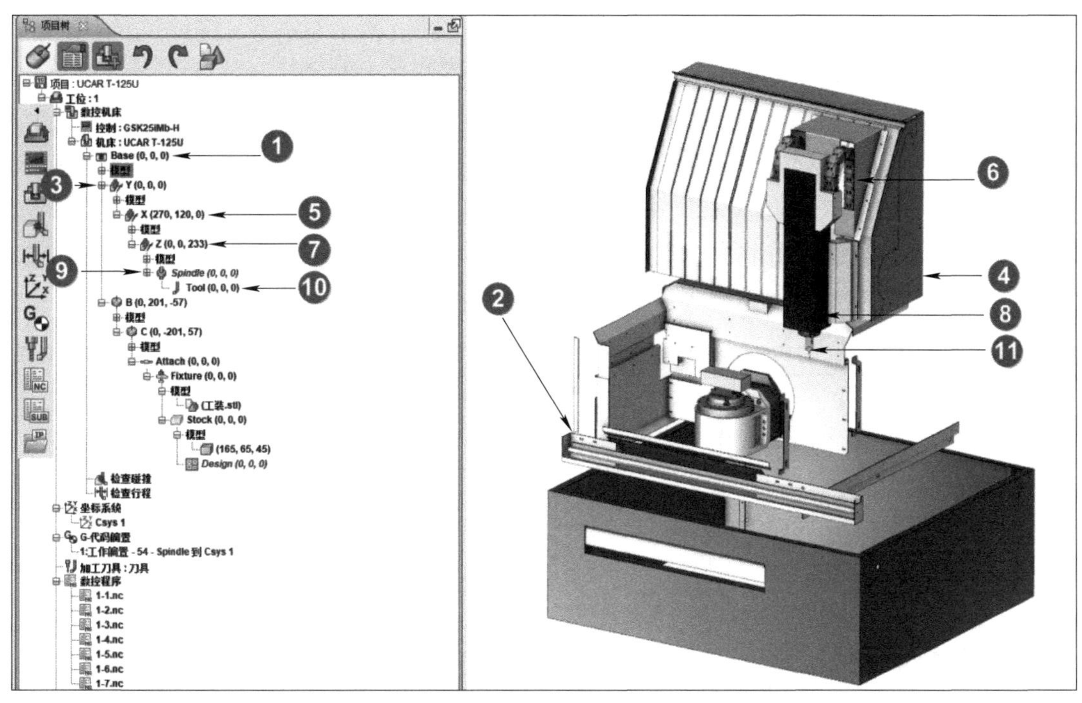

图　7-5

2）如图 7-6 所示，各组件的逻辑关系是：床身→ B 旋转→ C 旋转→附属→夹具组件→毛坯组件→设计组件。具体为：

①床身→②床身模型→③ B 旋转→④ B 轴模型→⑤ C 旋转→⑥ C 轴模型→⑦附属→⑧夹具组件→⑨毛坯组件→⑩设计组件。

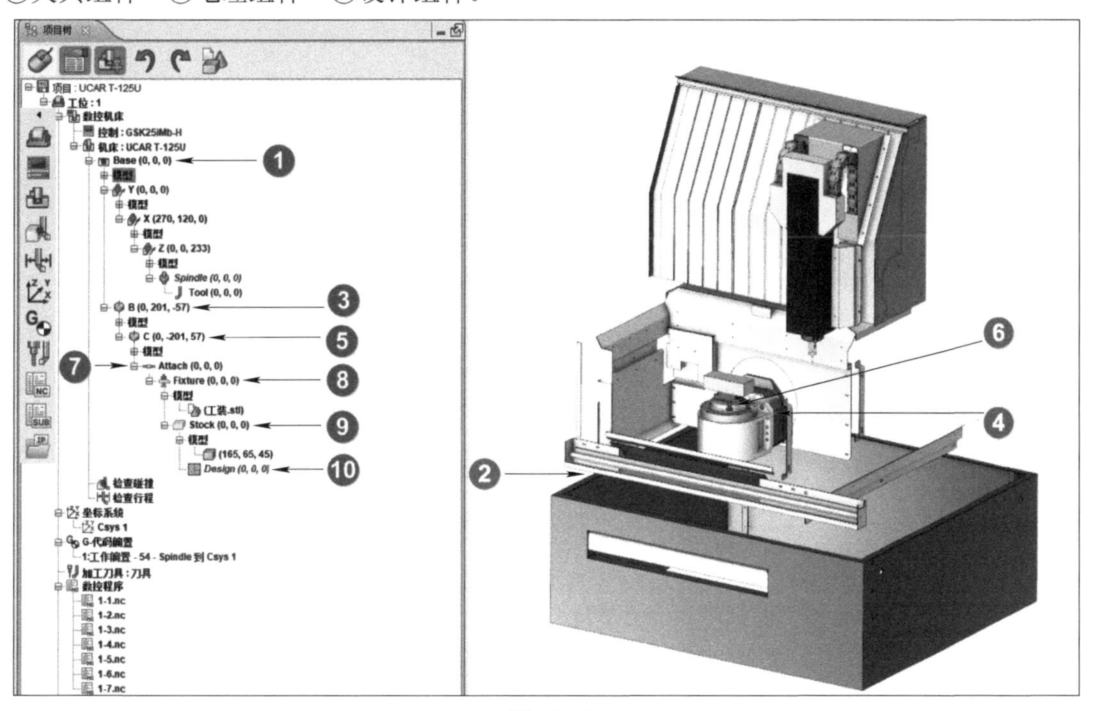

图　7-6

4. 添加各组件

在建模软件里设置工作台中心为机床零点，逐一导出各个模型。

1）如图 7-7 所示，①右击“Base”→②将光标移至“添加组件”→③选择“Y 线性”→④添加好 Y 组件，右击“Y”组件→⑤将光标移至“添加组件”→⑥选择“X 线性”→⑦添加好 X 组件，右击“X”组件→⑧将光标移至“添加组件”→⑨选择“Z 线性”→⑩添加好 Z 组件，右击“Z”组件→⑪将光标移至“添加组件”→⑫选择“主轴”→⑬添加好主轴组件，右击“Spindle”→⑭将光标移至“添加组件”→⑮选择“刀具”。

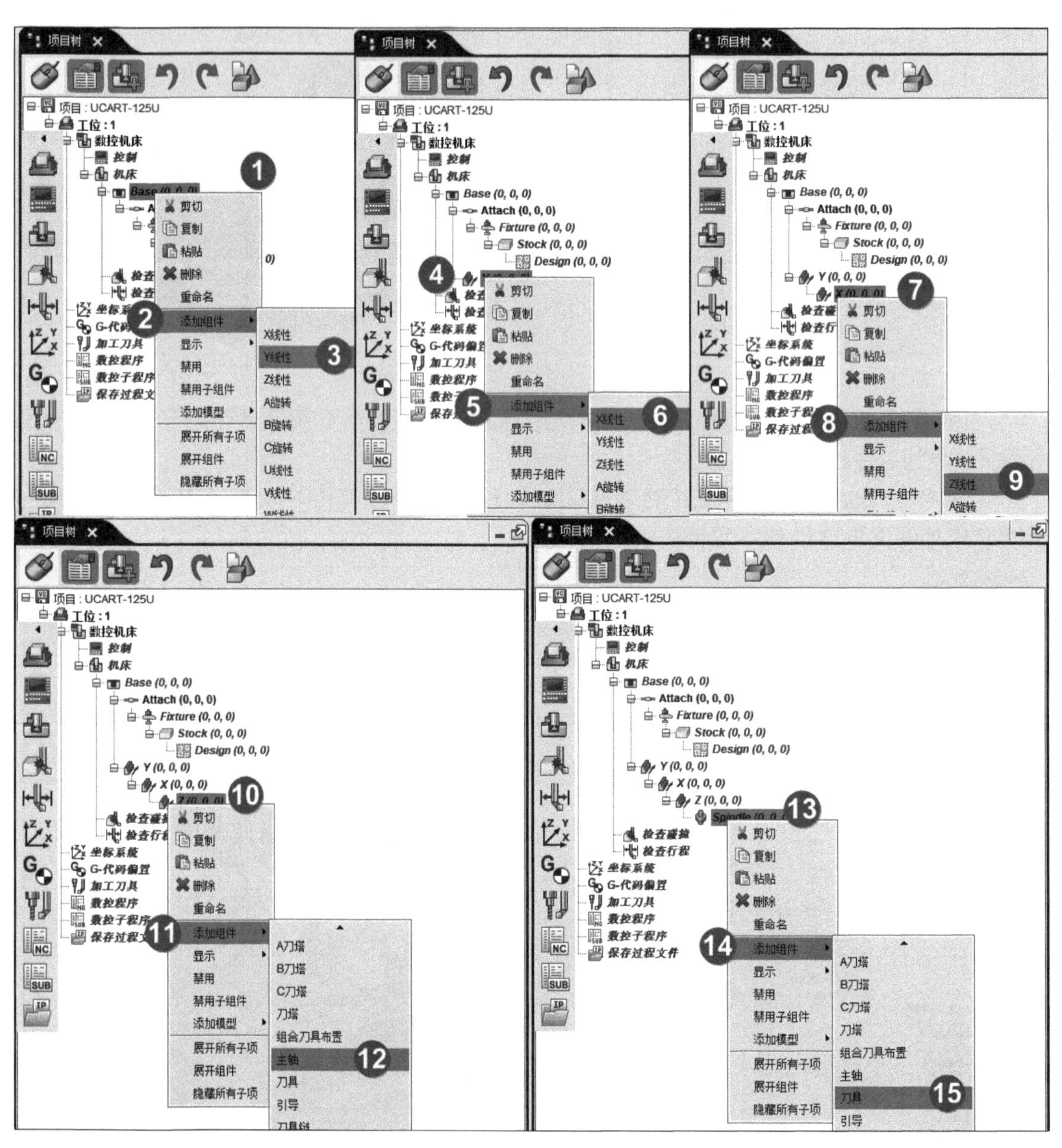

图 7-7

2）如图 7-8 所示，①右击“Base”→②将光标移至“添加组件”→③选择“B 旋转”→

④添加好 B 旋转，右击“B”旋转→⑤将光标移至“添加组件”→⑥选择“C 旋转”→⑦右击“Attach”→⑧单击“剪切”→⑨右击“C”旋转→⑩单击“粘贴”。

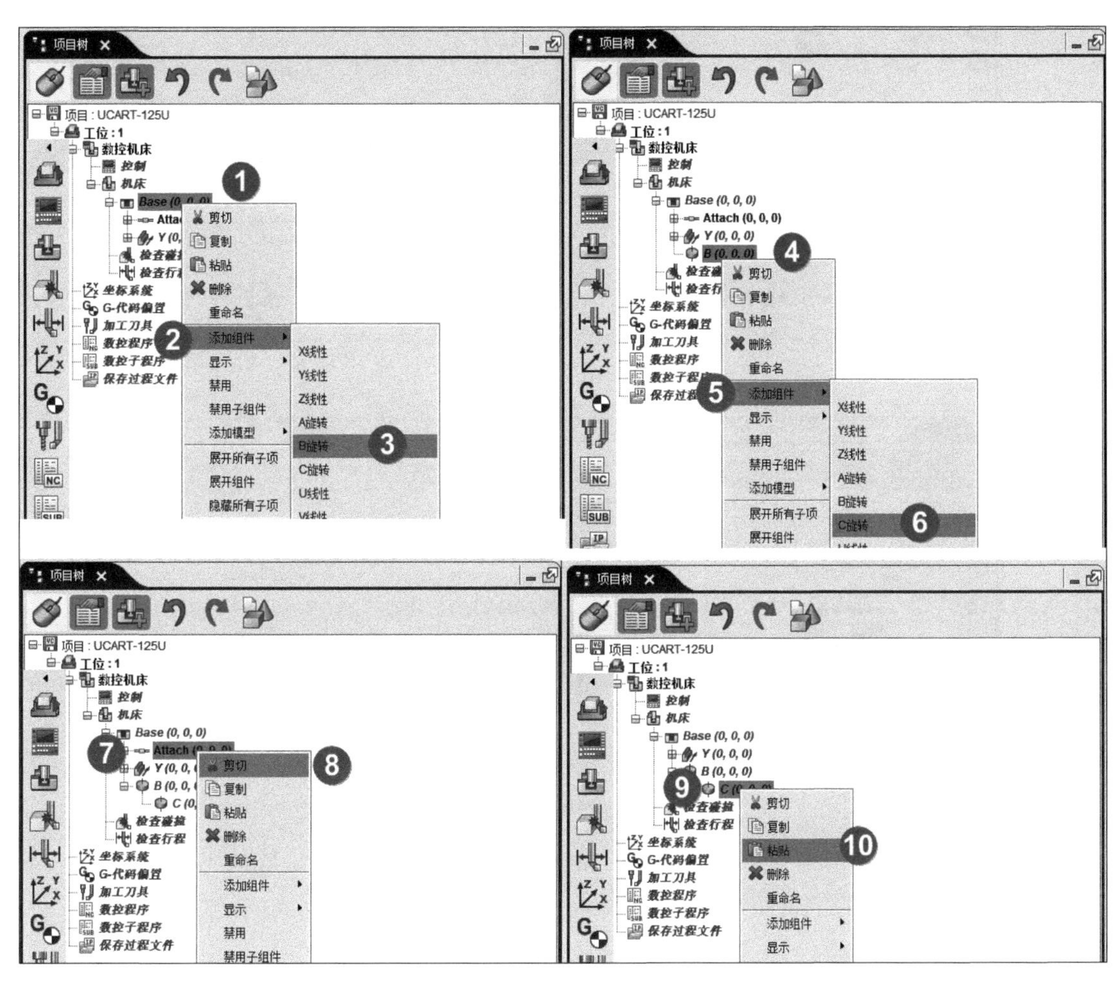

图　7-8

5. 导入各组件的模型并调整位置

1）如图 7-9 所示，①右击“Base”→②将光标移至“添加模型”→③单击“模型文件”，弹出“打开”对话框→④选择“base-01.stl”“base-02.stl”及“base-03.stl”→⑤单击“确定”，床身的模型就输入完毕。

2）如图 7-10 所示，①右击“Y”组件→②将光标移至“添加模型”→③单击“模型文件”，弹出“打开”对话框→④选择“Y-01.stl”“Y-02.stl”“Y-03.stl”“Y-04.stl”及“Y-05.stl”→⑤单击“确定”，Y 轴的模型就输入完毕。

3）如图 7-11 所示，①右击“X”组件→②将光标移至“添加模型”→③单击“模型文件”，弹出“打开”对话框→④选择“X-01.stl”“X-02.stl”“X-03.stl”“X-04.stl”“X-05.stl”及“X-06.stl”→⑤单击“确定”，X 轴的模型就输入完毕。

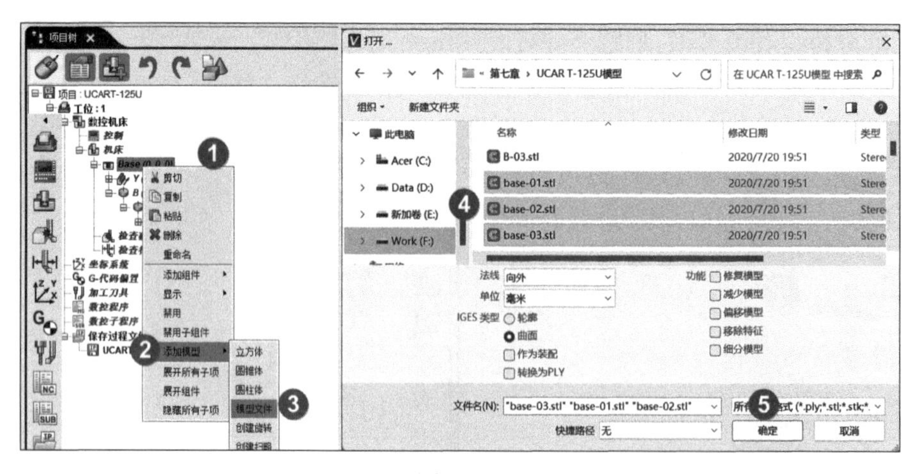

图 7-9

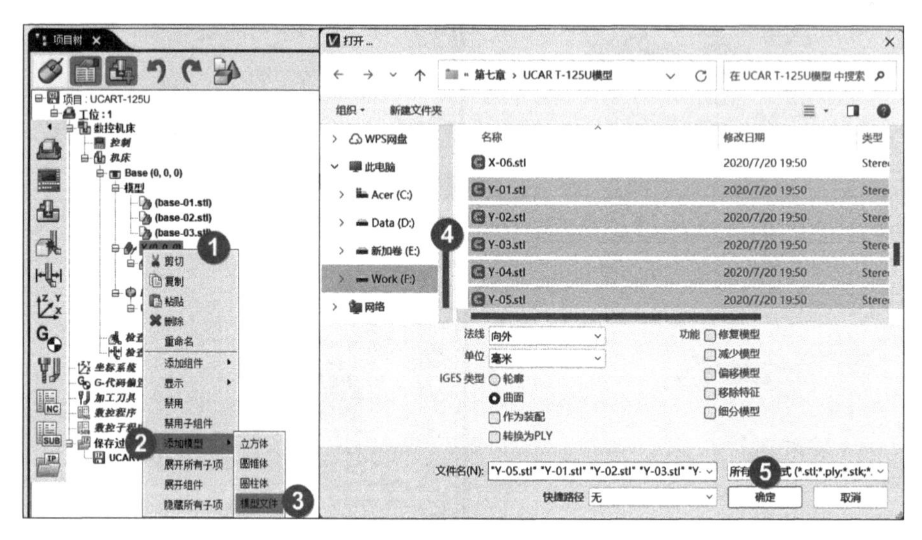

图 7-10

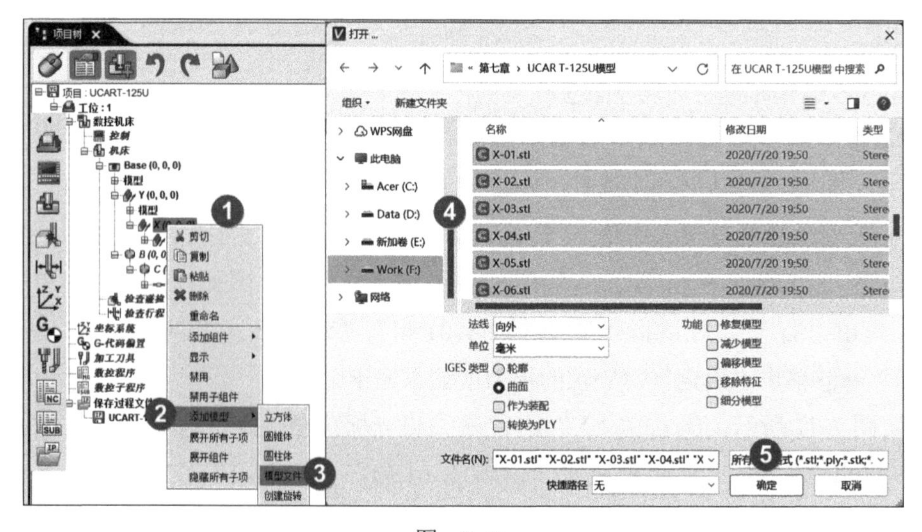

图 7-11

如图 7-12 所示，①单击“X”组件→②单击“坐标系”→③位置“270 120 0”。

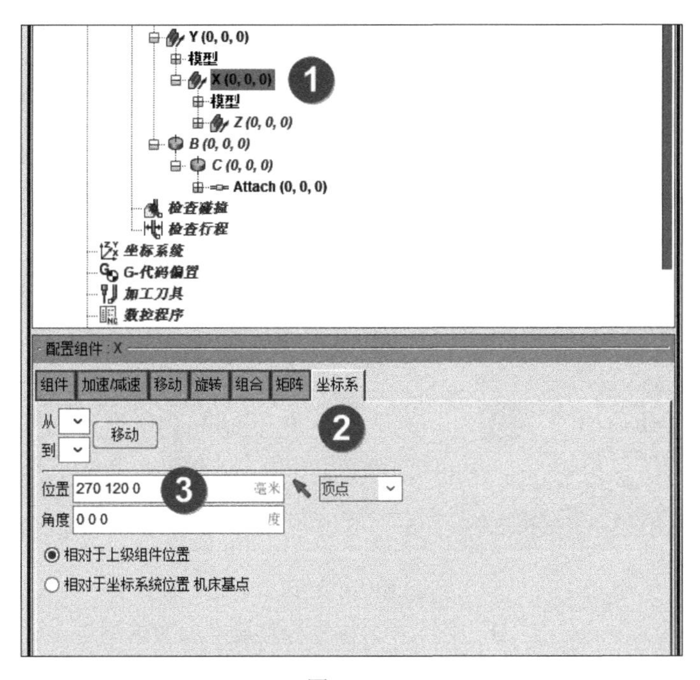

图　7-12

4）如图 7-13 所示，①右击“Z”组件→②将光标移至“添加模型”→③单击“模型文件”，弹出“打开”对话框→④选择“Z-01.stl”“Z-02.stl”“Z-03.stl”“Z-04.stl”及“Z-05.stl”→⑤单击“确定”，Z 轴的模型就输入完毕。

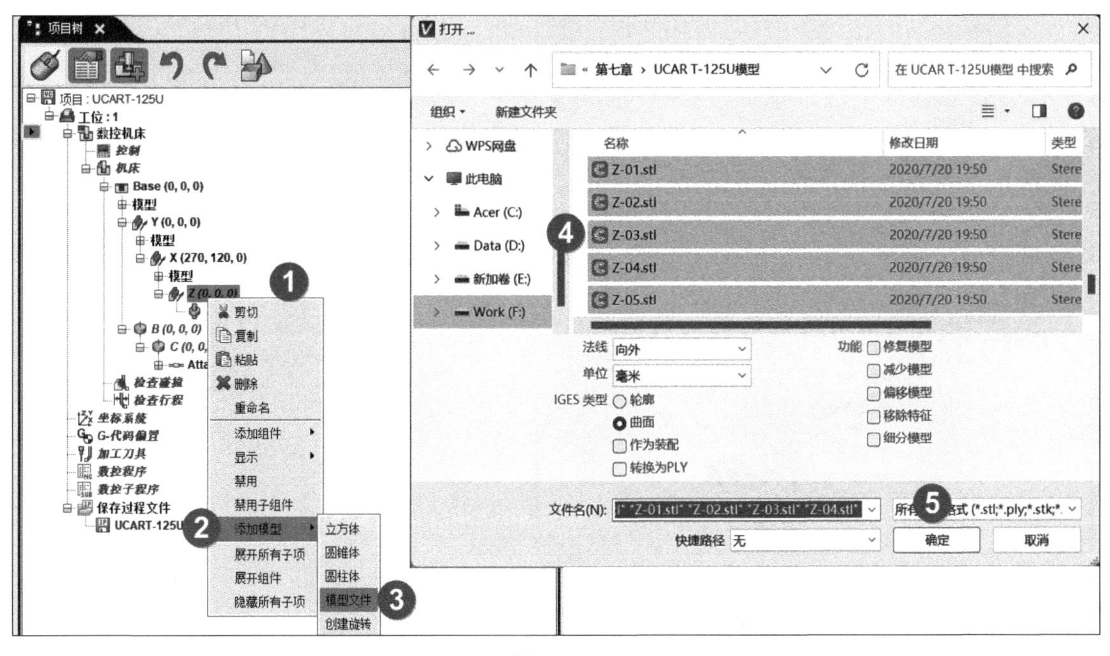

图　7-13

如图 7-14 所示，①单击“Z”组件→②单击“坐标系”→③位置“0 0 233”。

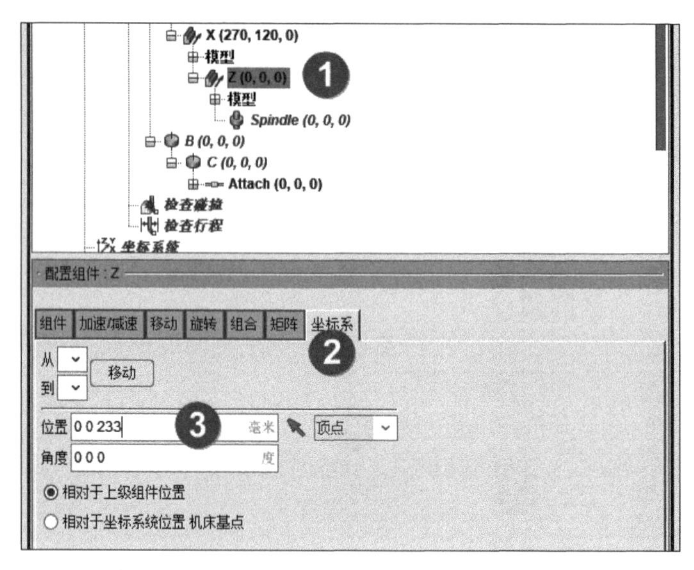

图 7-14

5）如图 7-15 所示，①右击“B”旋转→②将光标移至“添加模型”→③单击“模型文件”，弹出“打开”对话框→④选择“B-01.stl”“B-02.stl”及“B-03.stl”→⑤单击“确定”，B 轴的模型就输入完毕。

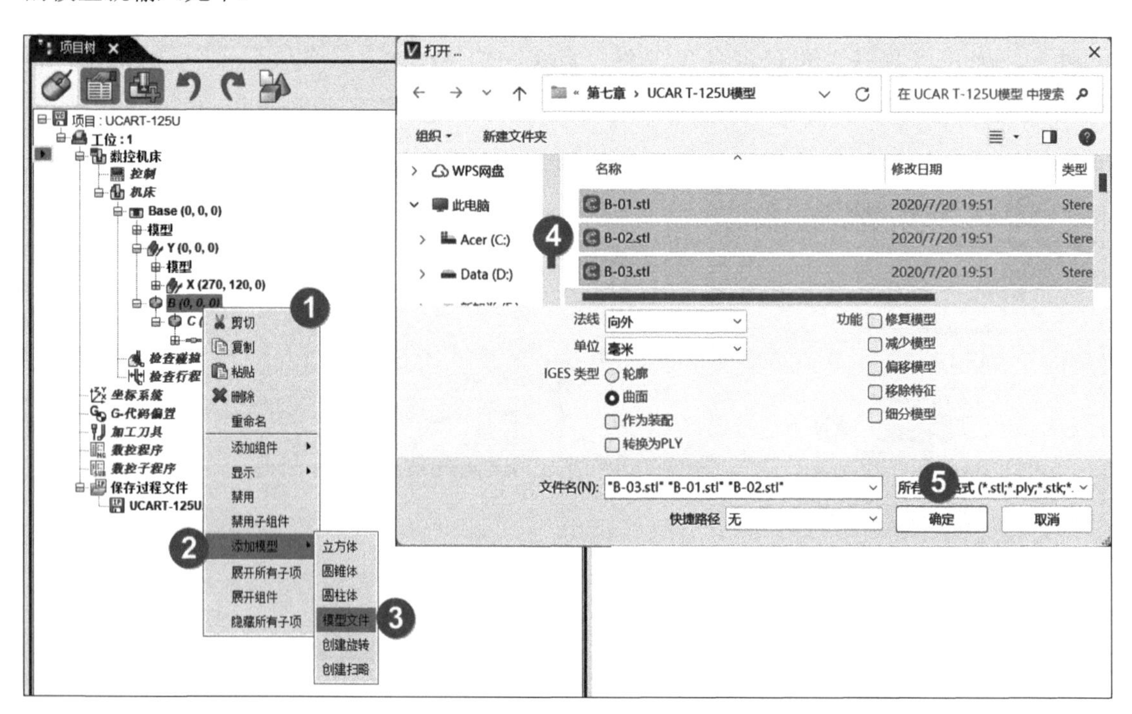

图 7-15

如图 7-16 所示，①单击“B”旋转→②单击“坐标系”→③位置“0 201 −57”。

6）如图 7-17 所示，①右击“C”旋转→②将光标移至“添加模型”→③单击“模型文件”，弹出“打开”对话框→④选择“C-01.stl”→⑤单击“确定”，C 轴的模型就输入完毕。

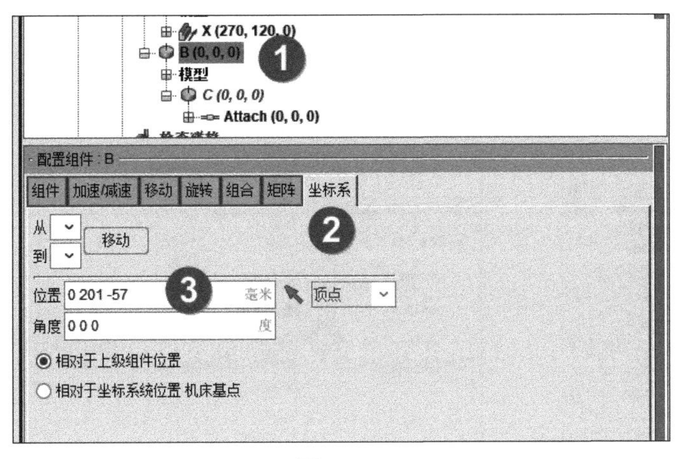

图　7-16

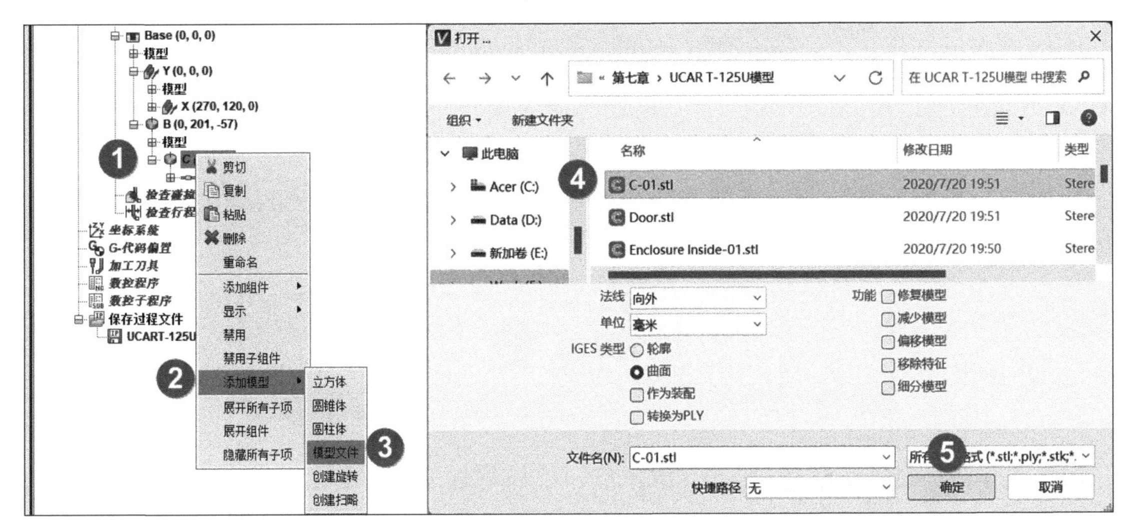

图　7-17

如图 7-18 所示，①单击“C”旋转→②单击“坐标系”→③位置“0 -201 57”。

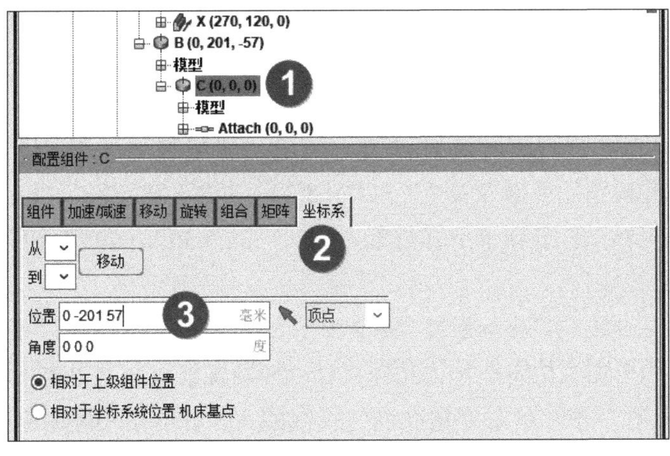

图　7-18

7）如图 7-19 所示，①右击“Fixture”组件→②将光标移至“添加模型”→③单击“模型文件”，弹出“打开”对话框→④选择“工装.stl”→⑤单击“确定”，工装的模型就输入完毕。

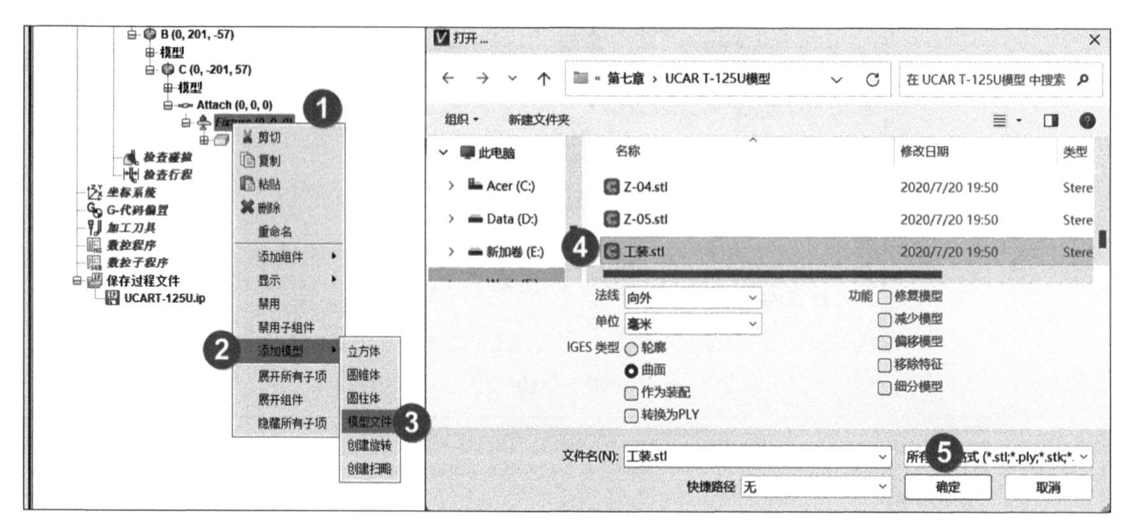

图 7-19

如图 7-20 所示，①单击“工装.stl”→②单击“坐标系”→③位置“0 0 40”→④角度“180 0 180”。

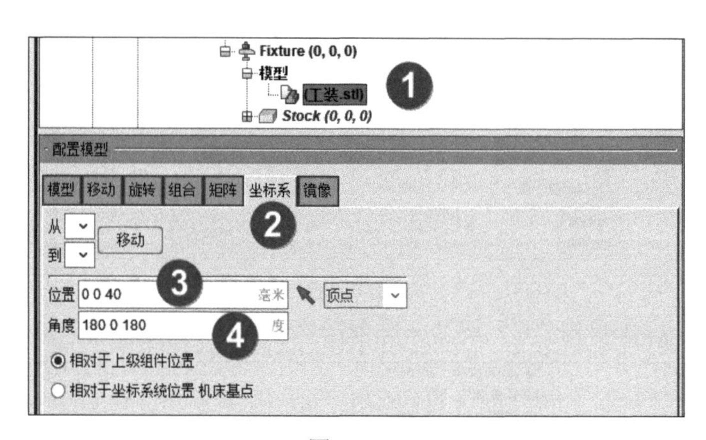

图 7-20

8）如图 7-21 所示，①右击“Stock”组件→②将光标移至“添加模型”→③单击“立方体”→④在“配置模型”中输入长（X）“165”→⑤输入宽（Y）“65”→⑥输入高（Z）“45”→⑦单击“坐标系”选项卡→⑧位置“-82.5 -32.5 36”→⑨移动后的效果图。

6. 创建坐标系

如图 7-22 所示，①右击“坐标系统”→②弹出右键快捷菜单，单击“新建坐标系”→③在“配置坐标系统”中单击按钮→④将光标移到毛坯顶部箭头位置单击→⑤创建后的坐标系效果→⑥右击“Csys1”→⑦单击“重命名”→⑧输入“G54”→⑨确定后毛坯上的坐标系名称变成 G54。

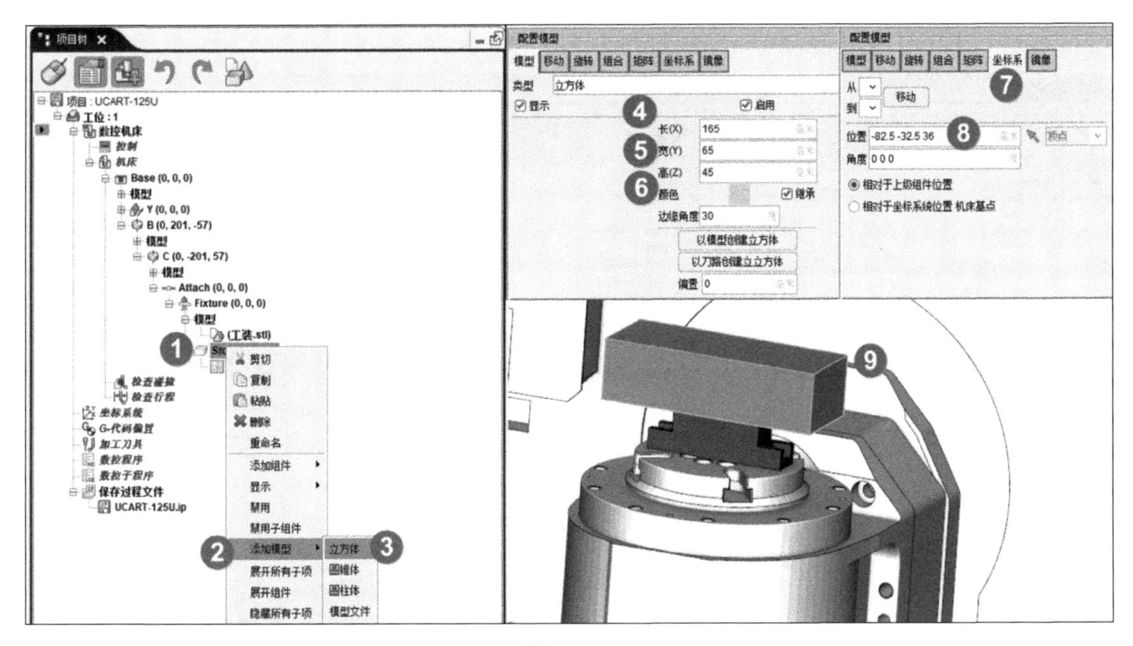

图　7-21

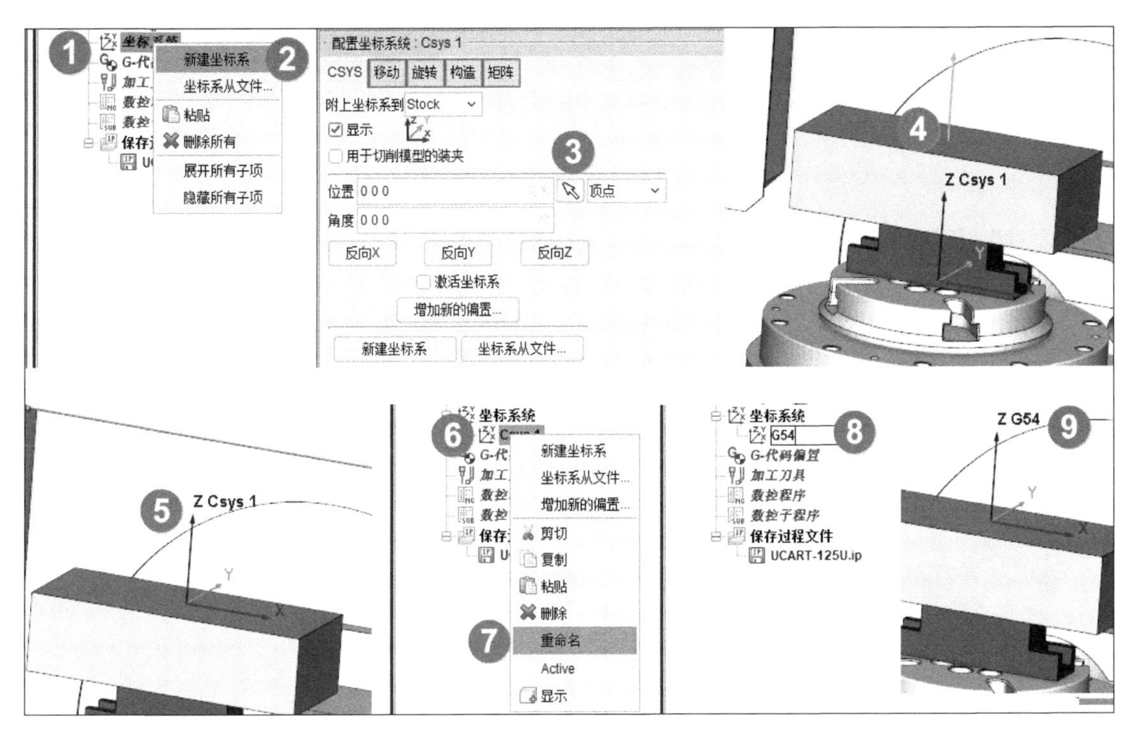

图　7-22

7. 添加 NC 程序和定义工作偏置

如图 7-23 所示，①单击“G- 代码偏置”→②在“配置 G- 代码偏置”里单击“添加”→③单击“1: 工作偏置”→④寄存器“54”→⑤在“从”后选“组件”“Spindle”→⑥在“到”后选“坐标原点”“G54”。

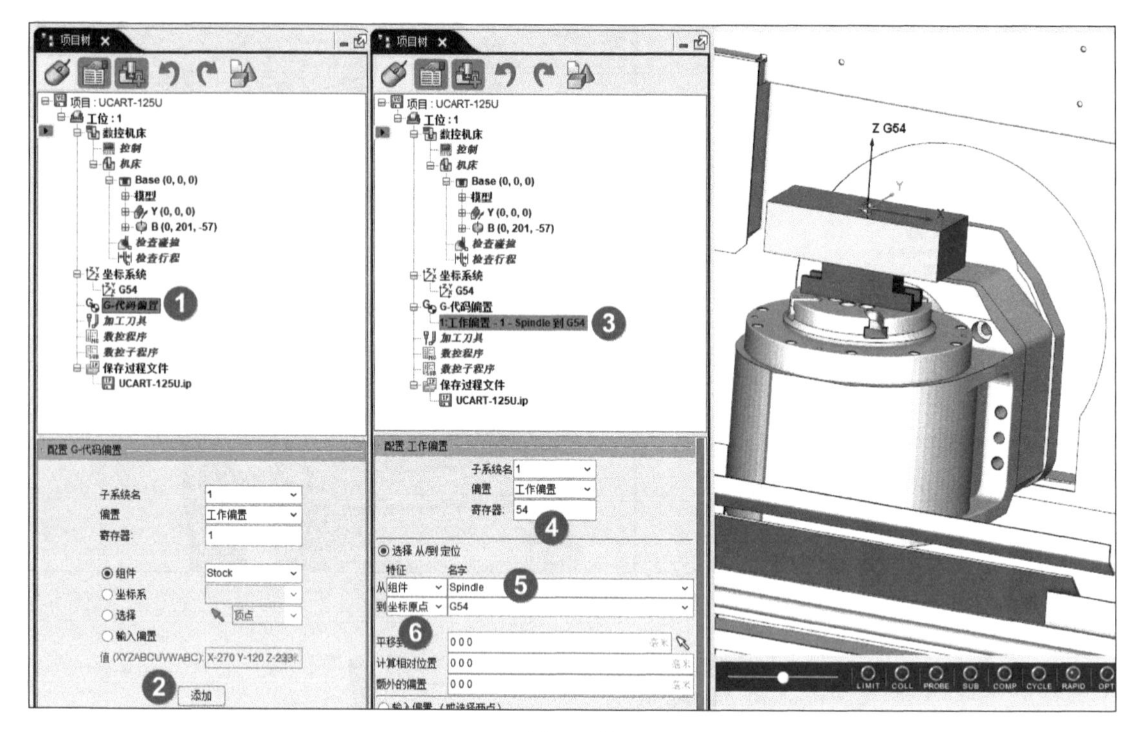

图 7-23

7.3　机床控制系统设置

如图 7-24 所示，①右击“控制”→②单击“打开”→③选择“GSK25iMb-H.ctl”→④单击“打开”。

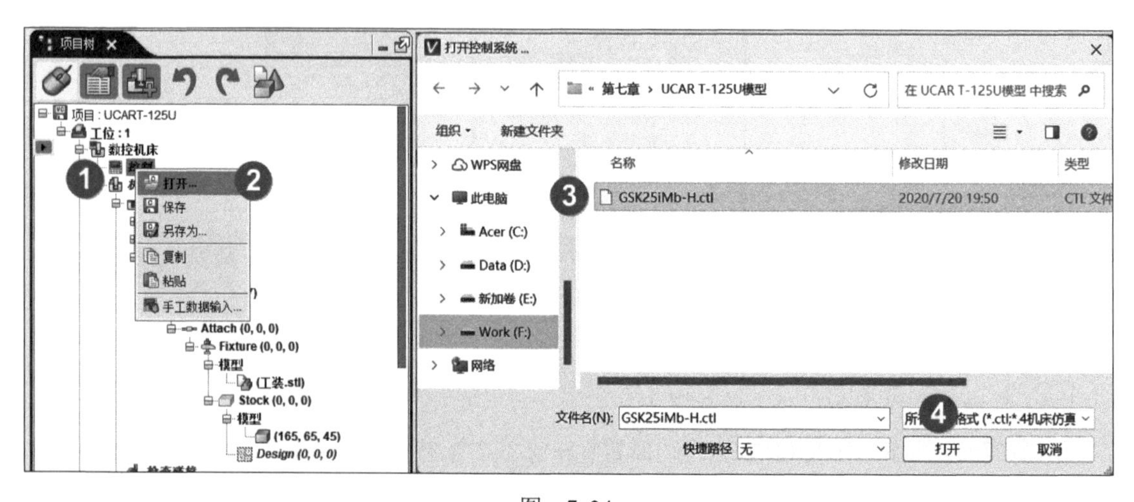

图 7-24

7.4　机床设置

单击菜单中“机床 / 控制系统”→单击“机床设定”，弹出“机床设定”对话框，如图 7-25 所示。

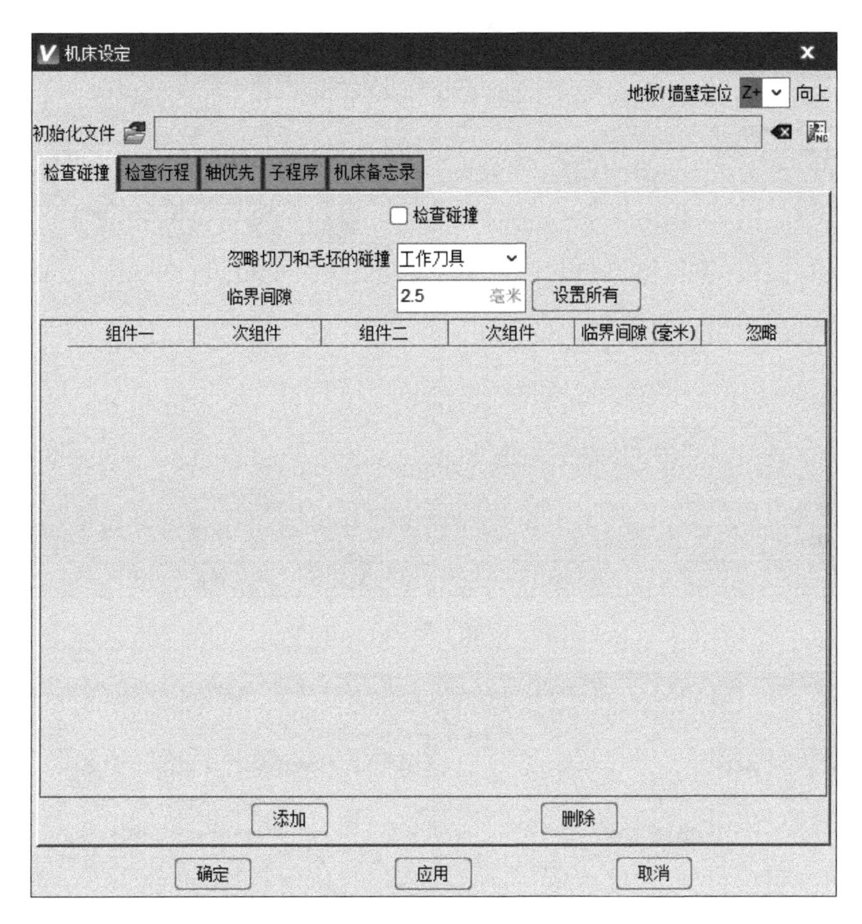

图　7-25

1. 检查碰撞

检查碰撞用于设置该组件之间的碰撞关系。

如图 7-26 所示，①单击“添加”→②勾选“检查碰撞”→③将组件一选“Z”→④勾选组件一的次组件→⑤将组件二选“B”→⑥勾选组件二的次组件→⑦单击“应用”→⑧单击“确定”，检查碰撞就设置完成。

2. 检查行程

检查行程用于设定机床各运动轴的极限超程问题。

如图 7-27 所示，①单击“检查行程”选项卡→②单击“添加组”→③勾选“检查超程”→④勾选“允许运动超出行程”→⑤出现 Y 组件、X 组件、Z 组件、B 旋转及 C 旋转行程设置表格→⑥在 Y 组件、X 组件、Z 组件、B 旋转及 C 旋转行程设置表格中依照图上数值填写→⑦单击“应用”→⑧单击“确定”，检查行程就设置完成。参照机床 X 轴行程 490mm、Y 轴行程 280mm、Z 轴行程 220mm、B 轴行程 −110° ～ +10°、C 轴行程 n×360°。

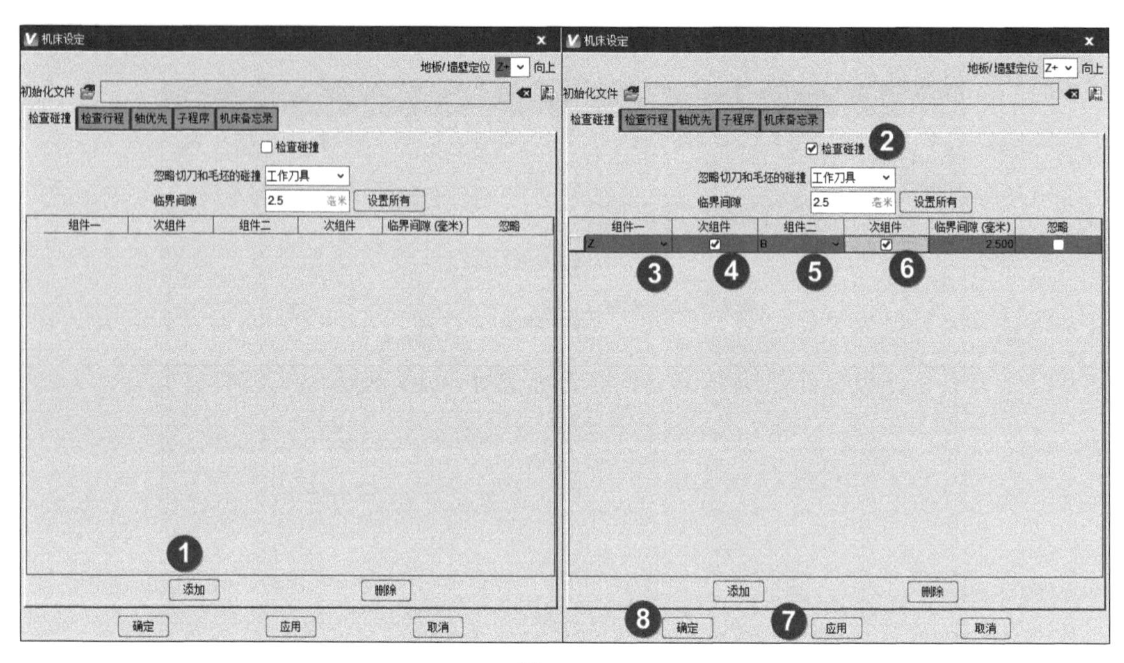

图 7-26

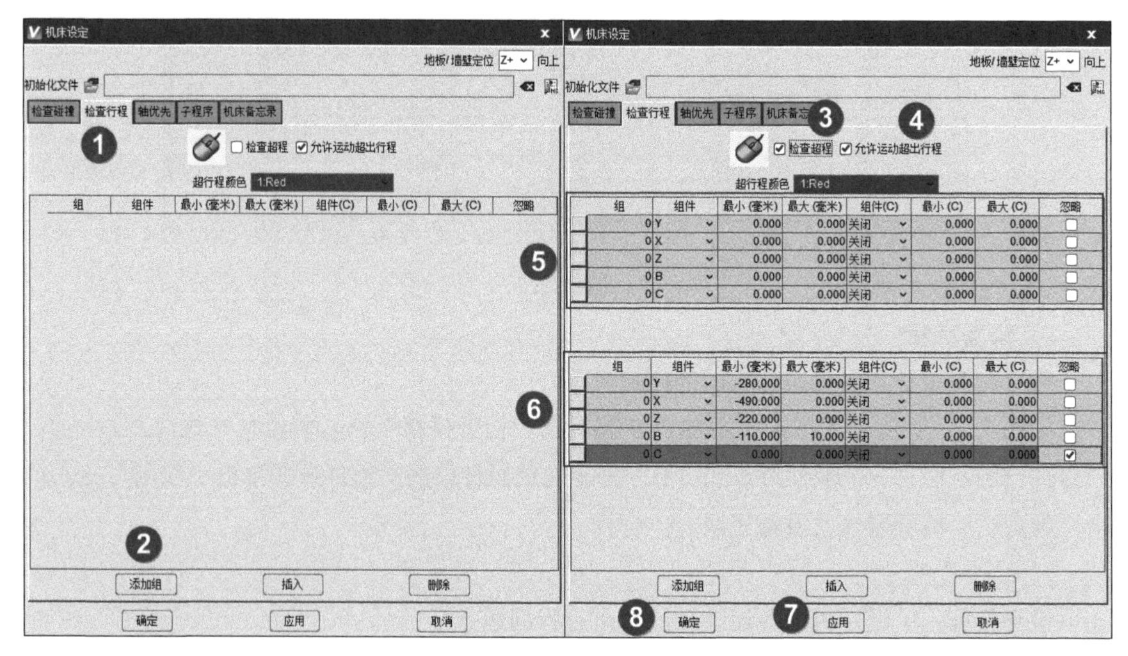

图 7-27

3. 轴优先

轴优先可设定快速模式下各运动轴的优先顺序，如图 7-28 所示。

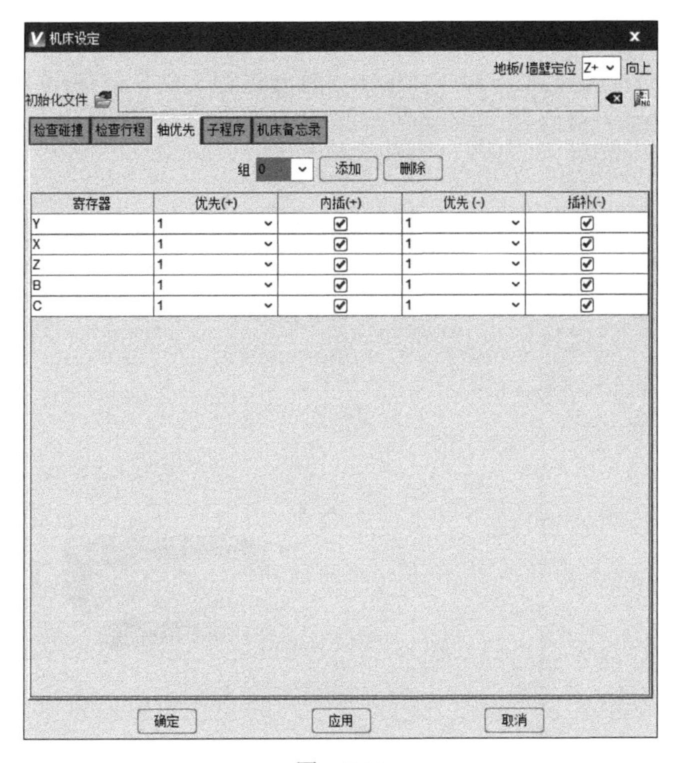

图　7-28

注意事项：关闭项目之前要将文件汇总一次并保存过程文件。

7.5　案例仿真

1. 打开项目文件

单击“文件”→单击“打开项目”→弹出“打开项目”对话框→选择“UCART-125U.vcproject”→单击“打开”，如图 7-29 所示。

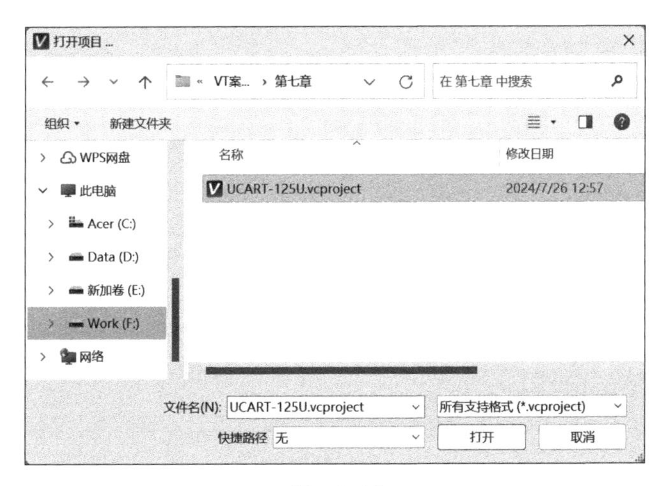

图　7-29

出现丢失模型的状况（图 7-30），单击“打开过程文件”→弹出“打开过程文件”对话框→选择“UCART-125U.ip”→单击“打开”（图 7-31），这样遗失的模型就找回来了（图 7-32）。

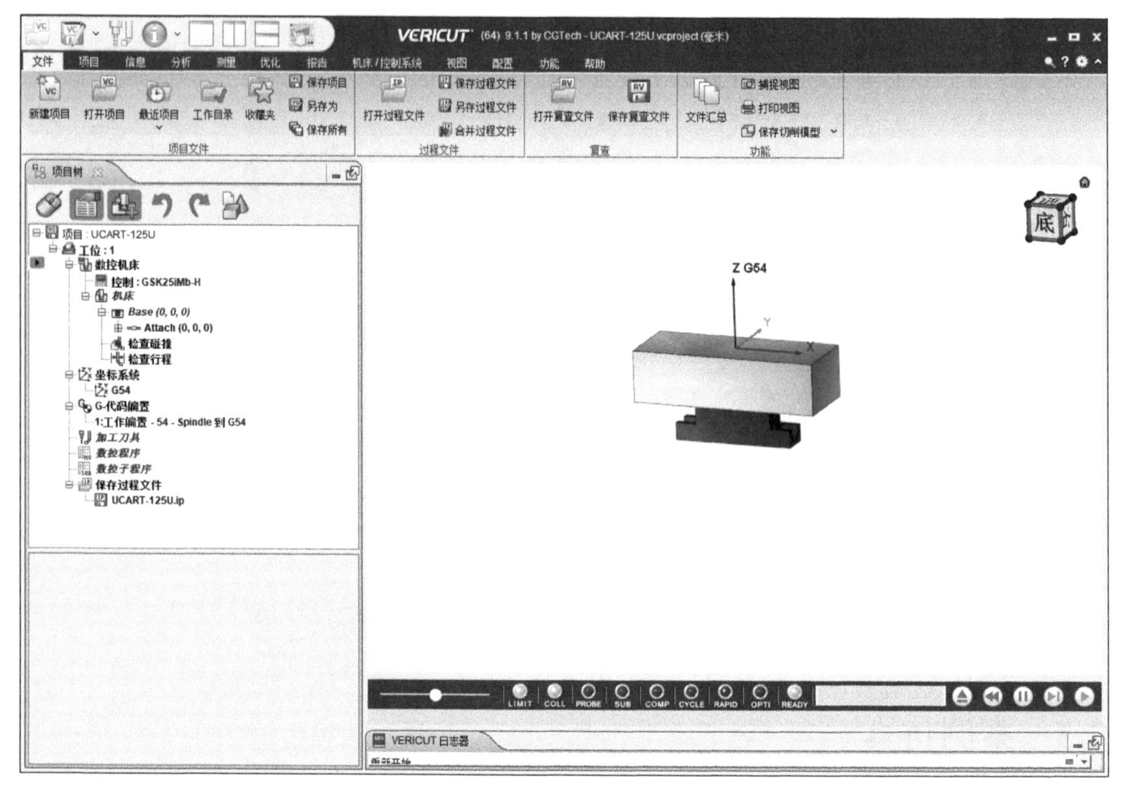

图 7-30

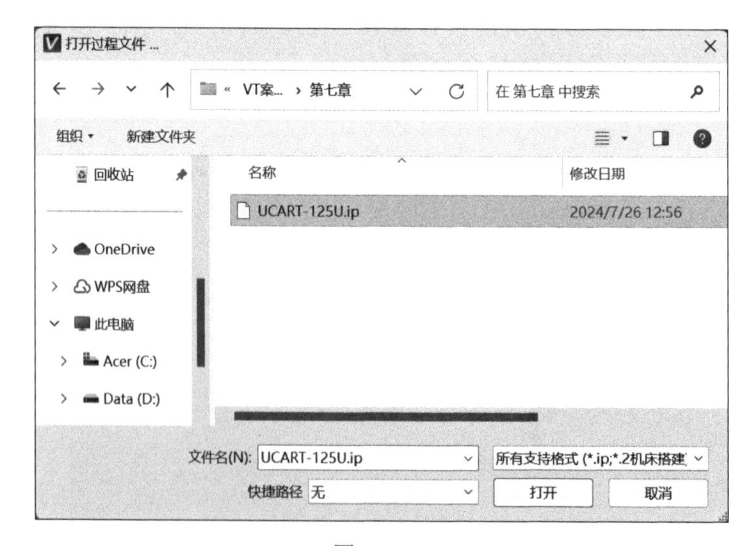

图 7-31

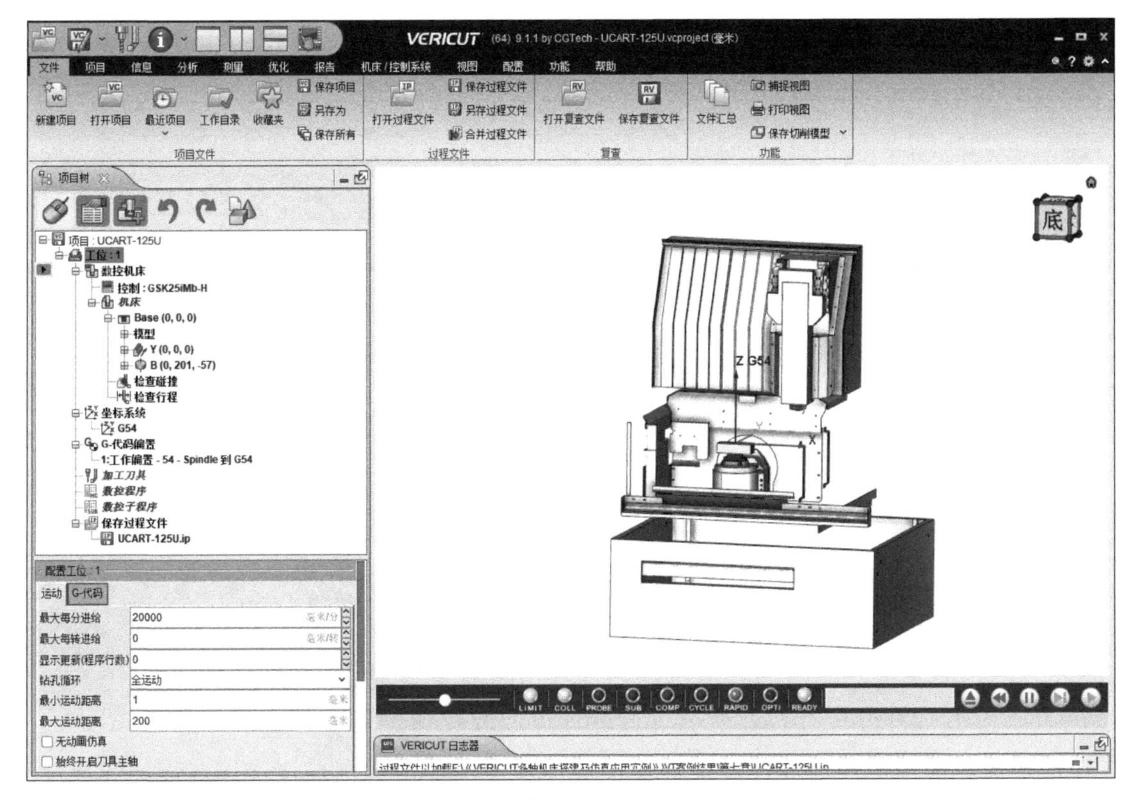

图　7-32

2. 创建刀具

如图 7-33 所示，在软件内项目树区域：①右击项目树上的“加工刀具”项→②单击“刀具管理器”命令。弹出“刀具管理器”对话框。

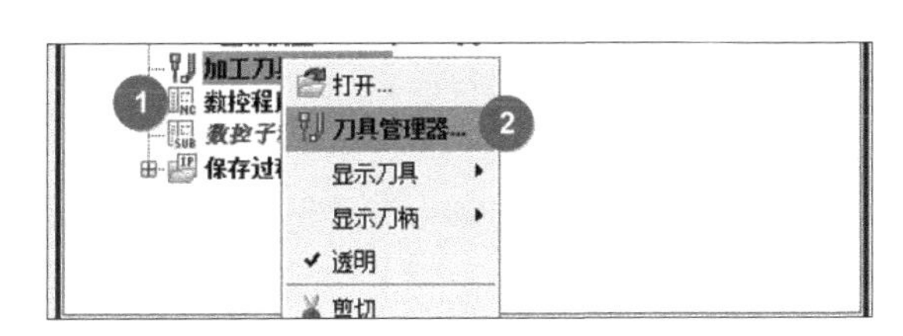

图　7-33

在“刀具管理器”对话框中按图 7-34 所示，单击“打开文件”。

弹出“打开”对话框→选择文件“刀具 .tls”→单击“打开”，如图 7-35 所示。

在“刀具管理器”对话框中按图 7-36 所示，单击“关闭”即可。

如图 7-37 所示，把刚刚新建的刀具作为主轴初始刀具：①单击“加工刀具”→②勾选“初始刀具”→③选择“1”号刀具→④单击“重置模型”→⑤刀具装到主轴上。

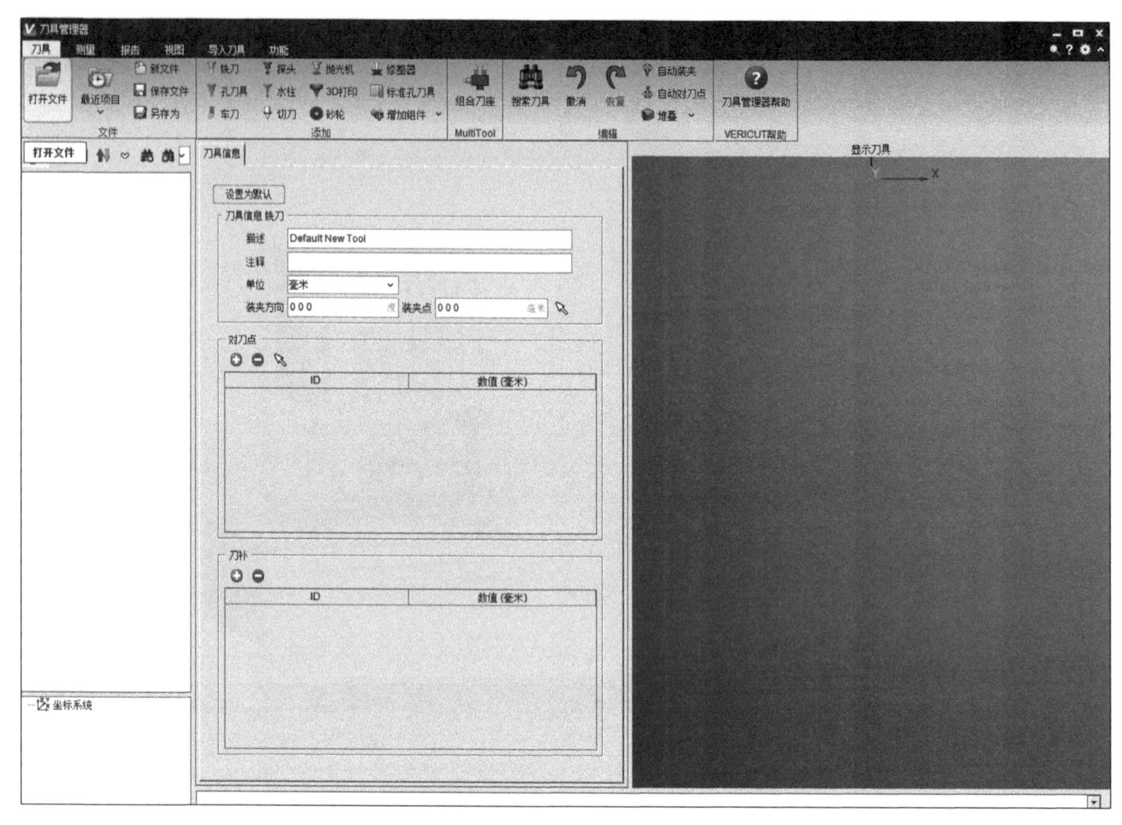

图 7-34

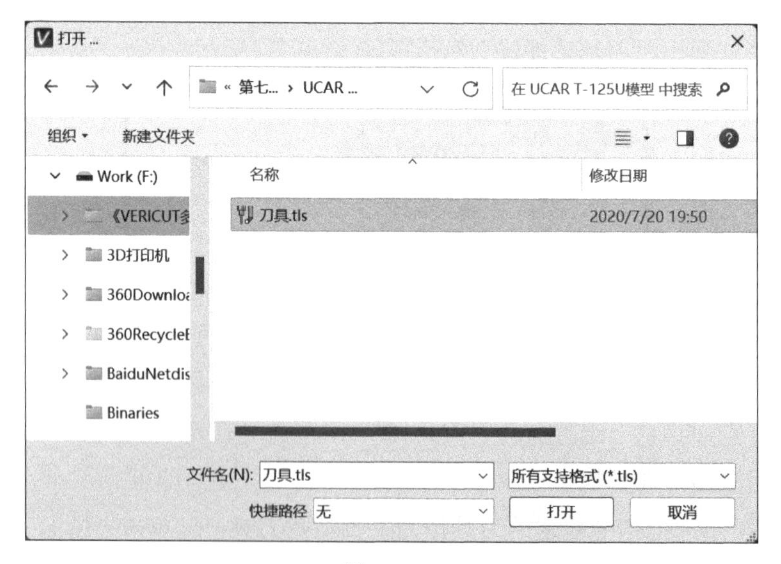
打开 ...
第七... › UCAR ...
在 UCAR T-125U模型 中搜索
组织
新建文件夹
Work (F:)
《VERICUT多
3D打印机
360Downlo
360Recycle
BaiduNetdis
Binaries
名称
修改日期
刀具.tls
2020/7/20 19:50
文件名(N):
刀具.tls
所有支持格式 (*.tls)
快捷路径
无
打开
取消

图 7-35

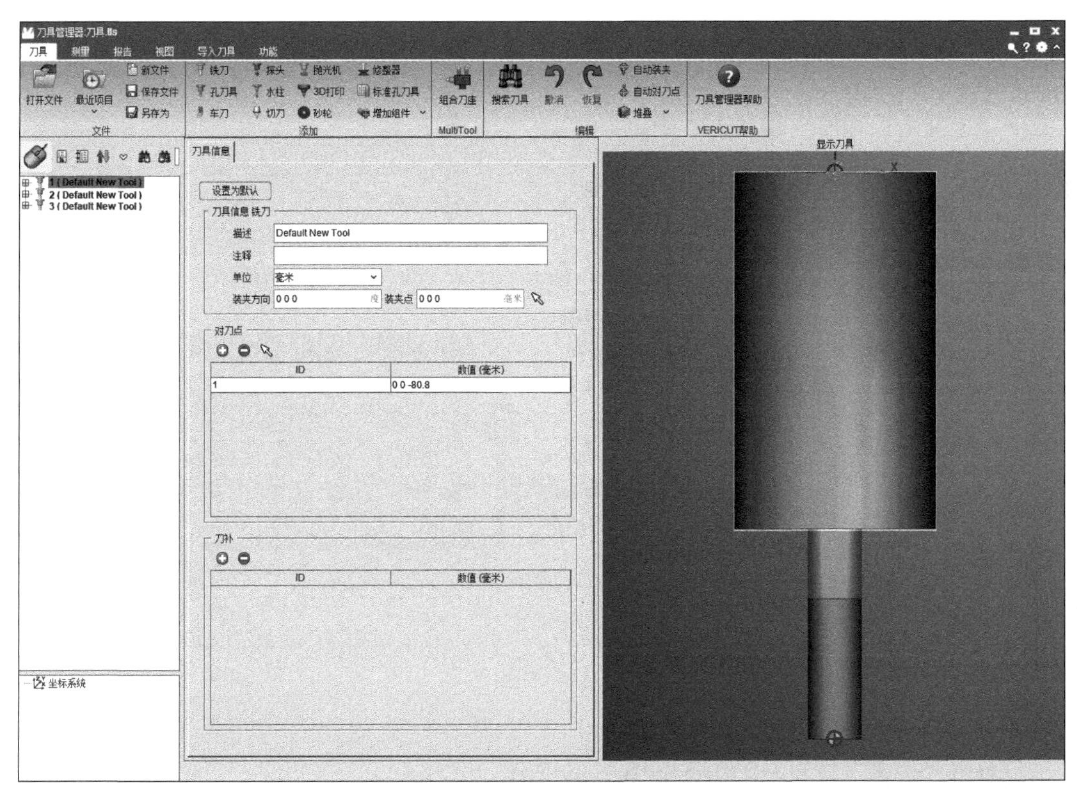
刀具管理器:刀具.tls
刀具
测量
报告
视图
导入刀具
功能
打开文件
最近项目
新文件
保存文件
另存为
文件
铣刀
孔刀具
车刀
探头
水柱
切刀
抛光机
3D打印
砂轮
修整器
标准孔刀具
增加组件
添加
组合刀座
MultiTool
搜索刀具
撤消
恢复
自动装夹
自动对刀点
堆叠
编辑
刀具管理器帮助
VERICUT帮助
1 (Default New Tool)
2 (Default New Tool)
3 (Default New Tool)
坐标系统
刀具信息
设置为默认
刀具信息 铣刀
描述
Default New Tool
注释
单位
毫米
装夹方向
装夹点
对刀点
ID
数值 (毫米)
0 0 -80.8
刀补
显示刀具

图　7-36

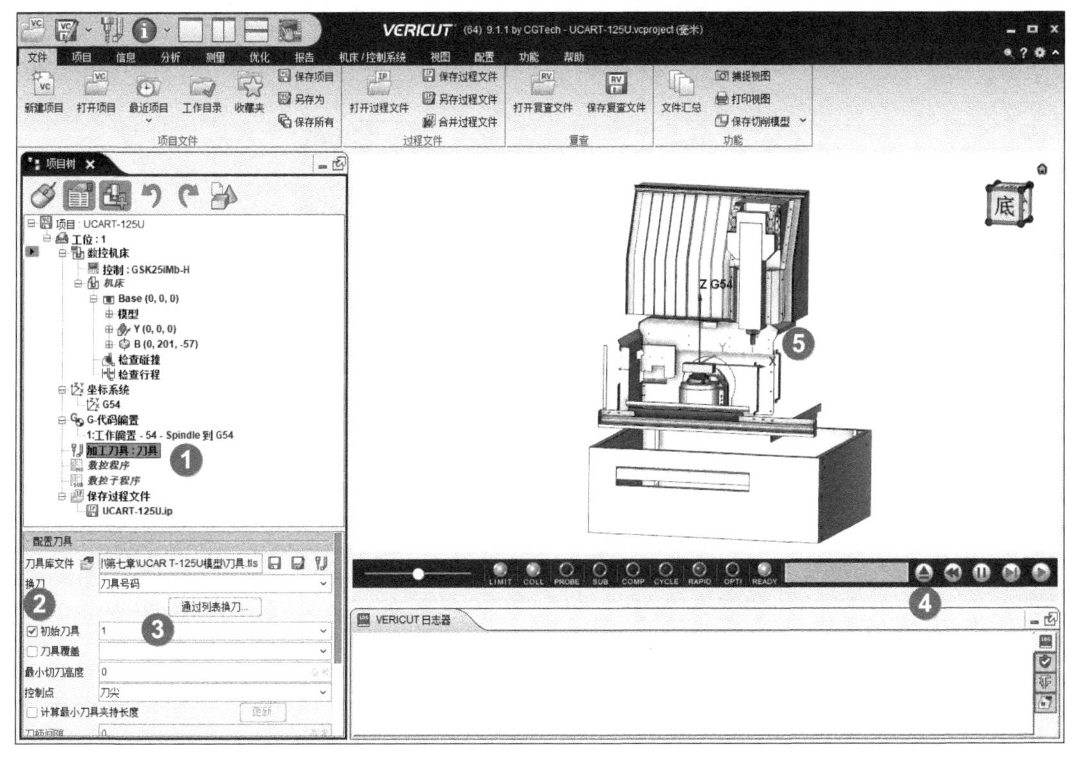
VERICUT (64) 9.1.1 by CGTech - UCART-125U.vcproject (毫米)
文件
项目
信息
分析
测量
优化
报告
机床/控制系统
视图
配置
功能
帮助
新建项目
打开项目
最近项目
工作目录
收藏夹
保存项目
另存为
保存所有
项目文件
打开过程文件
保存过程文件
另存过程文件
合并过程文件
过程文件
打开复查文件
保存复查文件
复查
文件汇总
捕捉视图
打印视图
保存切削模型
功能
项目树
项目 : UCART-125U
工位 : 1
数控机床
控制 : GSK25iMb-H
机床
Base (0, 0, 0)
模型
Y (0, 0, 0)
B (0, 201, -57)
检查碰撞
检查行程
坐标系统
G54
G-代码偏置
1:工作偏置 - 54 - Spindle 到 G54
加工刀具 : 刀具
数控程序
数控子程序
保存过程文件
UCART-125U.ip
配置刀具
刀具库文件
换刀
刀具号码
通过列表换刀...
初始刀具
刀具覆盖
最小切刀高度
控制点
刀尖
计算最小刀具夹持长度
更新
底
Z G54
LIMIT
COLL
PROBE
SUB
COMP
CYCLE
RAPID
OPTI
READY
VERICUT 日志器
1
2
3
4
5

图　7-37

3. 添加数控程序

如图 7-38 所示，①右击“数控程序”→②单击“添加数控程序”弹出“数控程序”对话框→③选择数控程序→④单击“确定”。

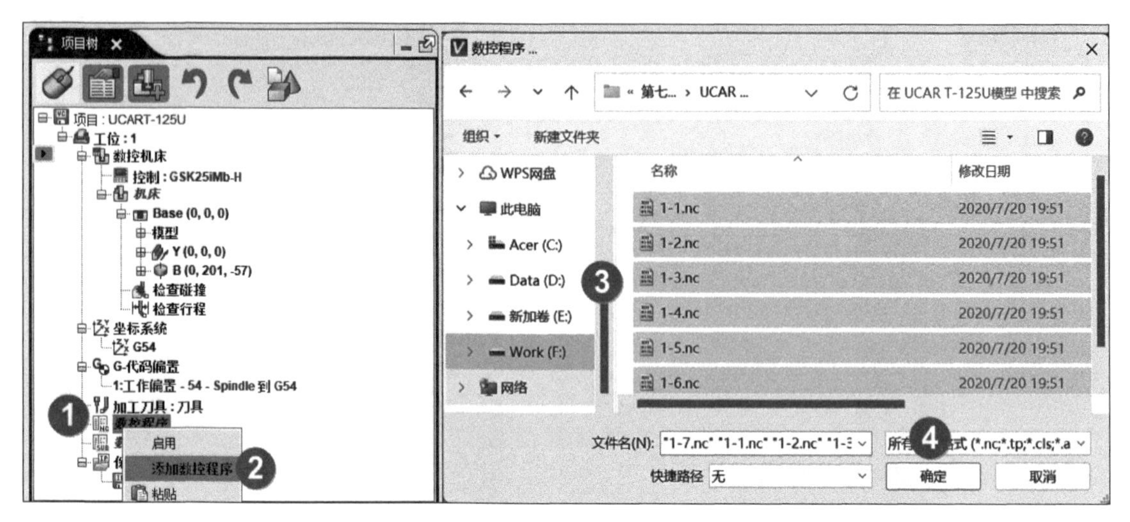

图 7-38

4. 仿真零件

①单击“仿真”按钮→②结果如图 7-39 所示。

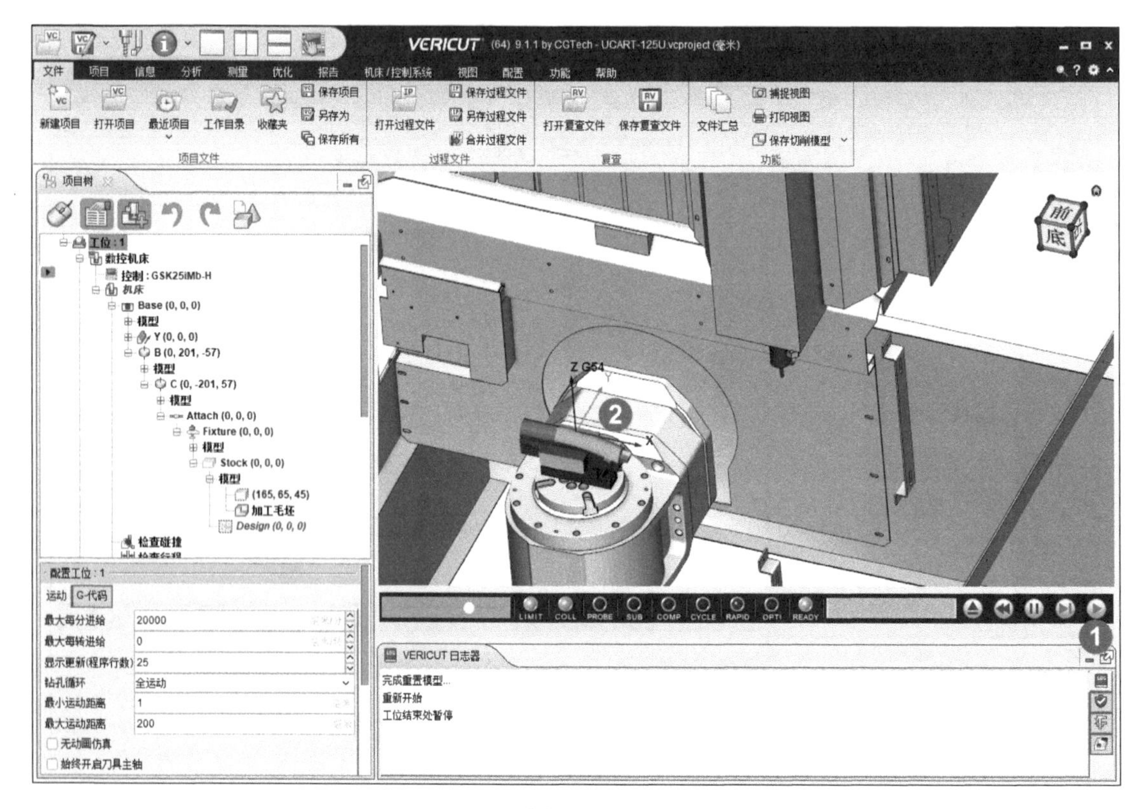

图 7-39

7.6　本章小结

仿真时会出现错误，需要检查一下“刀具有效切削刃”，“有效切削刃”设置到 25 即可。当然也可以修改粗加工程序，由于粗加工不到位，有一些残留，当铣到一定深度时残留和刀杆发生碰撞。这种切削方式需要优化，如果切削金属将极易损害刀具，建议编程时考虑进去，如图 7-40 所示。

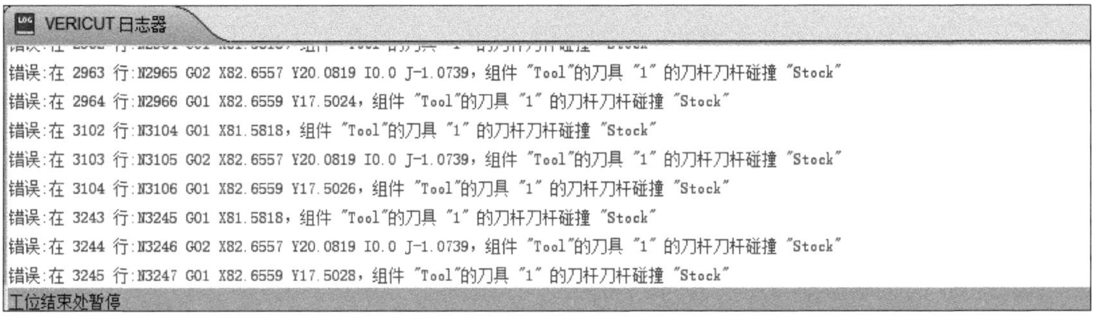

VERICUT 日志器

错误:在 2963 行:N2965 G02 X82.6557 Y20.0819 I0.0 J-1.0739，组件 "Tool"的刀具 "1" 的刀杆刀杆碰撞 "Stock"
错误:在 2964 行:N2966 G01 X82.6559 Y17.5024，组件 "Tool"的刀具 "1" 的刀杆刀杆碰撞 "Stock"
错误:在 3102 行:N3104 G01 X81.5818，组件 "Tool"的刀具 "1" 的刀杆刀杆碰撞 "Stock"
错误:在 3103 行:N3105 G02 X82.6557 Y20.0819 I0.0 J-1.0739，组件 "Tool"的刀具 "1" 的刀杆刀杆碰撞 "Stock"
错误:在 3104 行:N3106 G01 X82.6559 Y17.5026，组件 "Tool"的刀具 "1" 的刀杆刀杆碰撞 "Stock"
错误:在 3243 行:N3245 G01 X81.5818，组件 "Tool"的刀具 "1" 的刀杆刀杆碰撞 "Stock"
错误:在 3244 行:N3246 G02 X82.6557 Y20.0819 I0.0 J-1.0739，组件 "Tool"的刀具 "1" 的刀杆刀杆碰撞 "Stock"
错误:在 3245 行:N3247 G01 X82.6559 Y17.5028，组件 "Tool"的刀具 "1" 的刀杆刀杆碰撞 "Stock"
工位结束处暂停

图　7-40

第 8 章 五轴 BC 非正交摇篮机床搭建讲解

8.1 五轴 BC 非正交摇篮机床简介

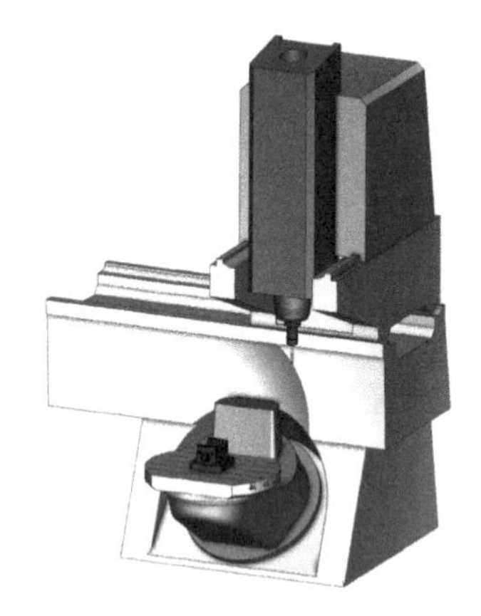

图 8-1

实例为 UG NX 软件中的模型，如图 8-1 所示。

1. 机床运动轴

机床运动轴如图 8-2 所示，具体如下：

Z 轴：传递主要切削力的主轴为 Z 轴。

X 轴：X 轴始终水平，且平行于工件装夹面。

Y 轴：Y 轴由笛卡儿直角坐标系确定。

B 轴：非正交机床的 B 轴旋转中心线与 Y 轴中心线呈 45°夹角，绕 Y 轴 45° 夹角旋转的轴，称为 B 轴；

C 轴：绕 Z 轴旋转的轴，称为 C 轴。

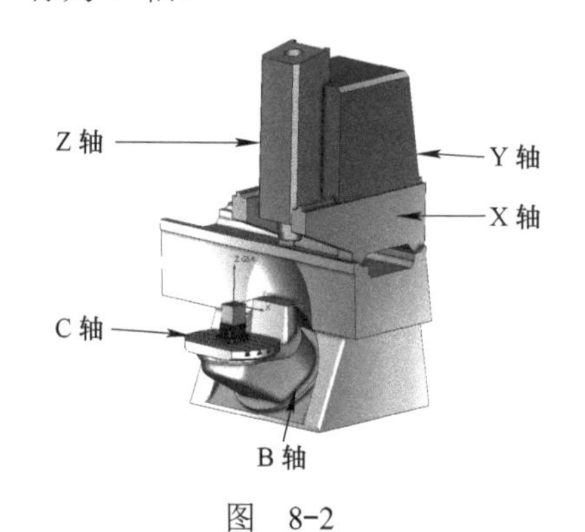

图 8-2

扫一扫，看视频

2. 机床主要技术参数

数控系统采用海德汉 hei530 机床的主要技术参数见表 8-1。

表 8-1

序　号	名　称	规　格
1	工作台尺寸	直径 500mm
2	X 轴行程	800mm
3	Y 轴行程	400mm
4	Z 轴行程	400mm
5	B 轴行程	-180° ～ +180°
6	C 轴行程	n×360°

8.2　机床搭建

1. 建立新项目文件

单击“文件”→“新建项目”，弹出“新建 VERICUT 项目”对话框，如图 8-3 所示，①选“新建项目”→②选“毫米”→③填写新建项目名称“五轴 BC 非正交机床 .vcproject”→④单击“确定”。

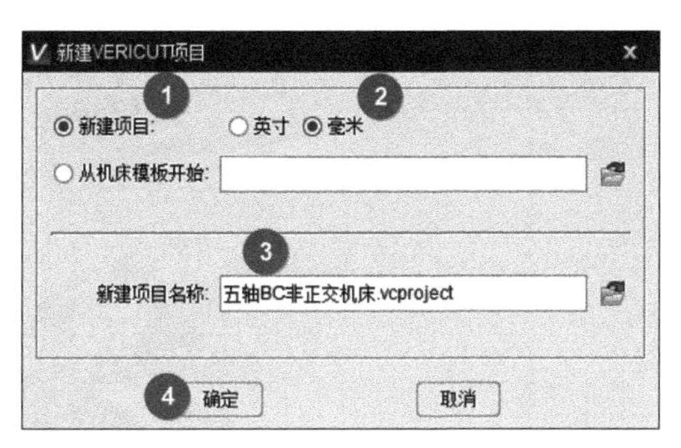

图　8-3

2. 显示机床组件

单击按钮，显示机床组件，如图 8-4 所示。

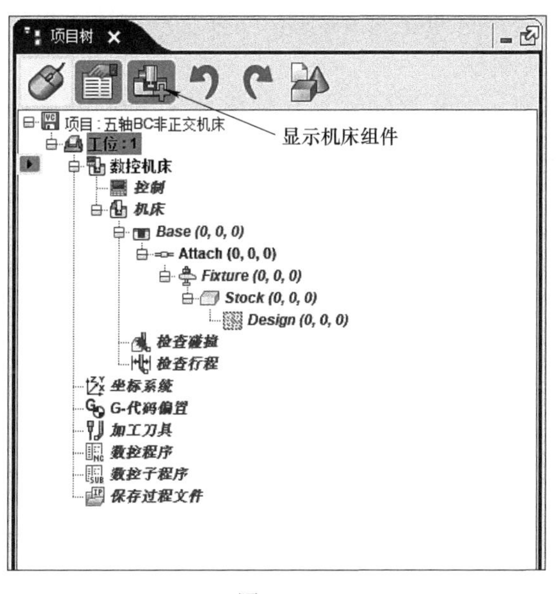

图　8-4

3. 定义机床各组件的逻辑关系

由于组件没有尺寸和形状，只反映组件各自的功能属性，所以在项目树中编号。

1）如图 8-5 所示，各组件的逻辑关系是：床身→ X 组件→ Y 组件→ Z 组件→主轴→刀具。具体为：

①床身→②床身模型→③ X 组件→④ X 轴模型→⑤ Y 组件→⑥ Y 轴模型→⑦ Z 组件→⑧ Z 轴模型→⑨主轴组件→⑩刀具组件→⑪刀具。

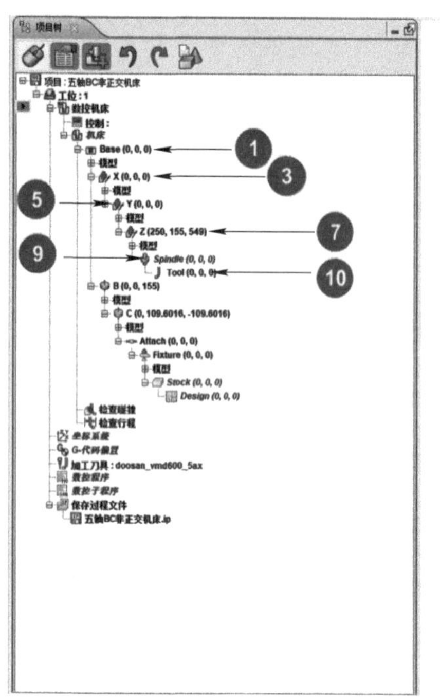

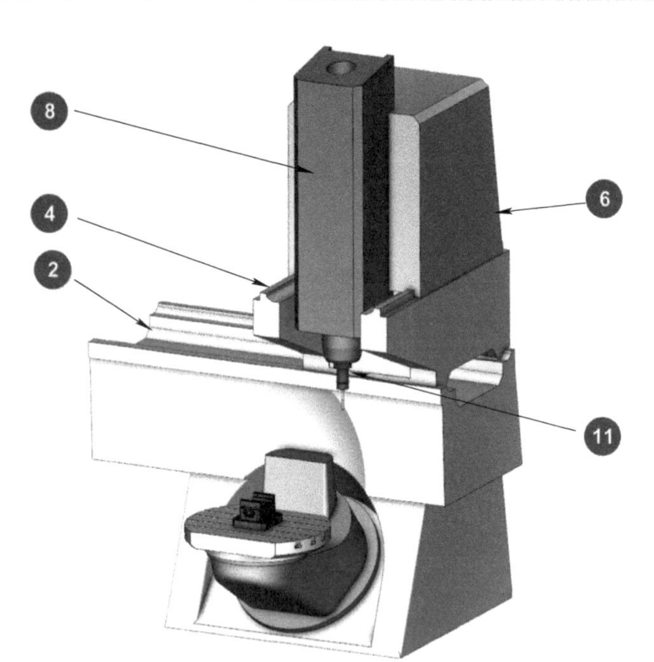

图 8-5

2）如图8-6所示，各组件的逻辑关系是：床身→B旋转→C旋转→附属→夹具组件→毛坯组件→设计组件。具体为：

①床身→②床身模型→③B旋转→④B轴模型→⑤C旋转→⑥C轴模型→⑦附属→⑧夹具组件→⑨夹具模型→⑩毛坯组件→⑪设计组件。

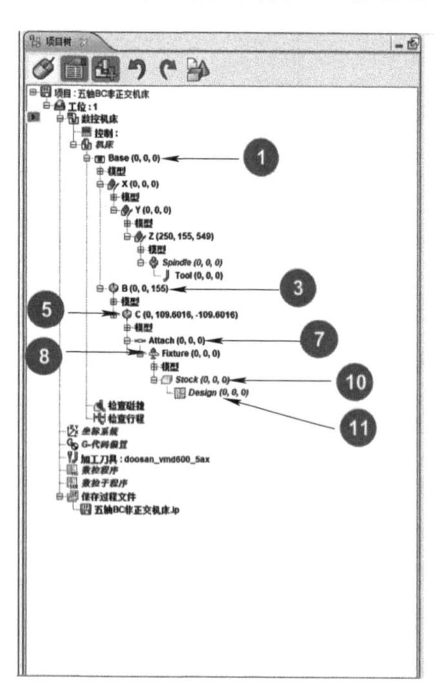

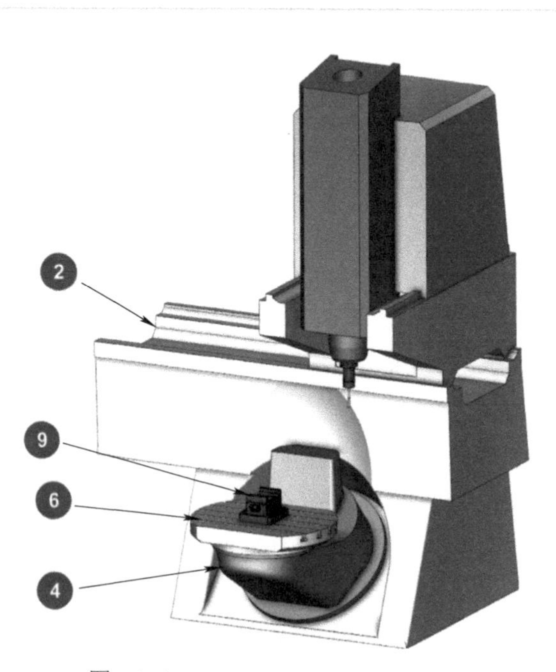

图 8-6

4. 添加各组件

在建模软件里设置工作台中心为机床零点，逐一导出各个模型。

1）如图 8-7 所示，①右击“Base”→②将光标移至“添加组件”→③选择“X 线性”→④添加好 X 组件，右击“X”组件→⑤将光标移至“添加组件”→⑥选择“Y 线性”→⑦添加好 Y 组件，右击“Y”组件→⑧将光标移至“添加组件”→⑨选择“Z 线性”→⑩添加好 Z 组件，右击“Z”组件→⑪将光标移至“添加组件”→⑫选择“主轴”→⑬添加好主轴组件，右击“Spindle”→⑭将光标移至“添加组件”→⑮选择“刀具”。

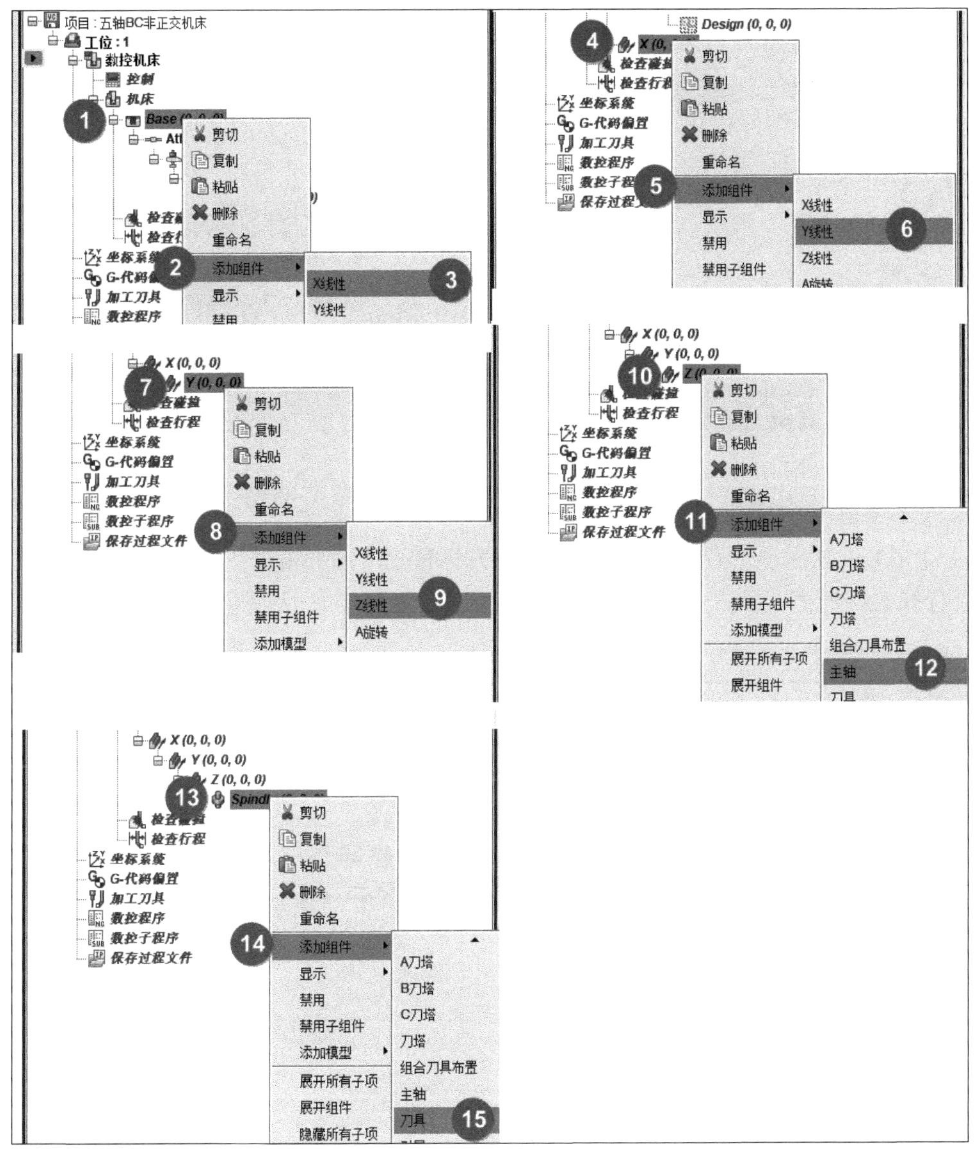

图　8-7

2）如图 8-8 所示，①右击“Base”→②将光标移至“添加组件”→③选择“B 旋转”→④添加好 B 旋转，右击“B”旋转→⑤将光标移至“添加组件”→⑥选择“C 旋转”→⑦右击“Attach”→⑧单击“剪切”→⑨右击“C”旋转→⑩单击“粘贴”。

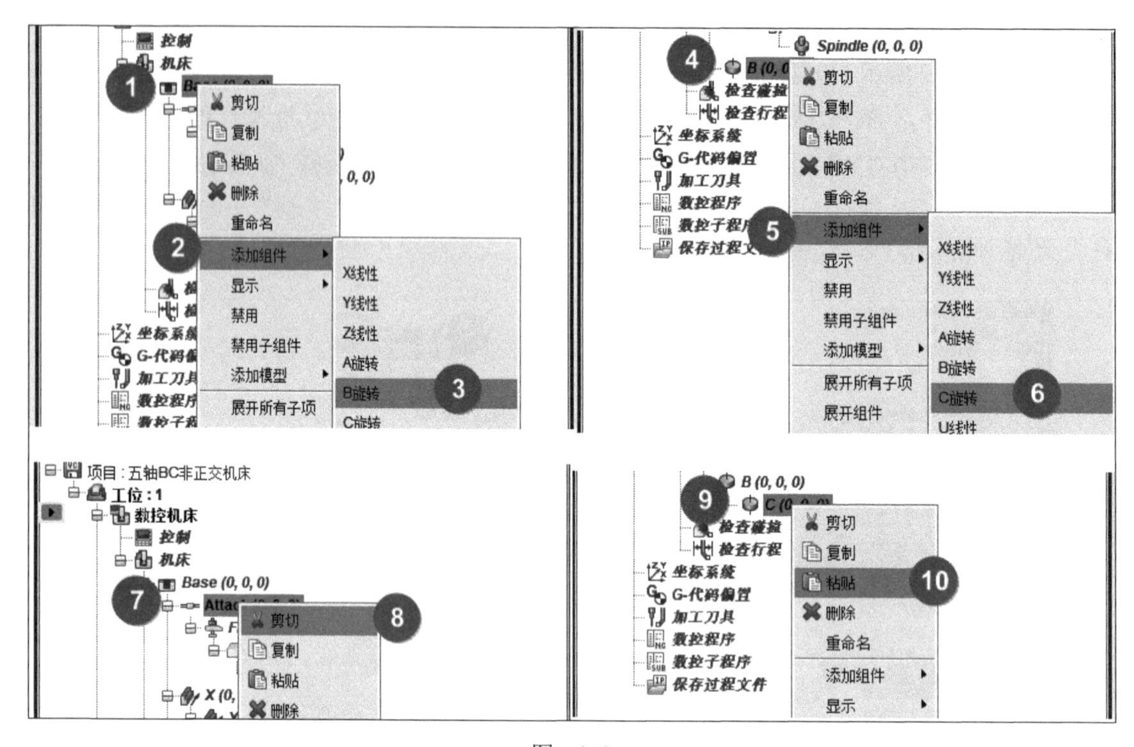

图　8-8

5. 导入各组件的模型并调整位置

1）如图 8-9 所示，①右击“Base”→②将光标移至“添加模型”→③单击“模型文件”，弹出“打开”对话框→④选择“base.stl”→⑤单击“确定”，床身的模型就输入完毕。

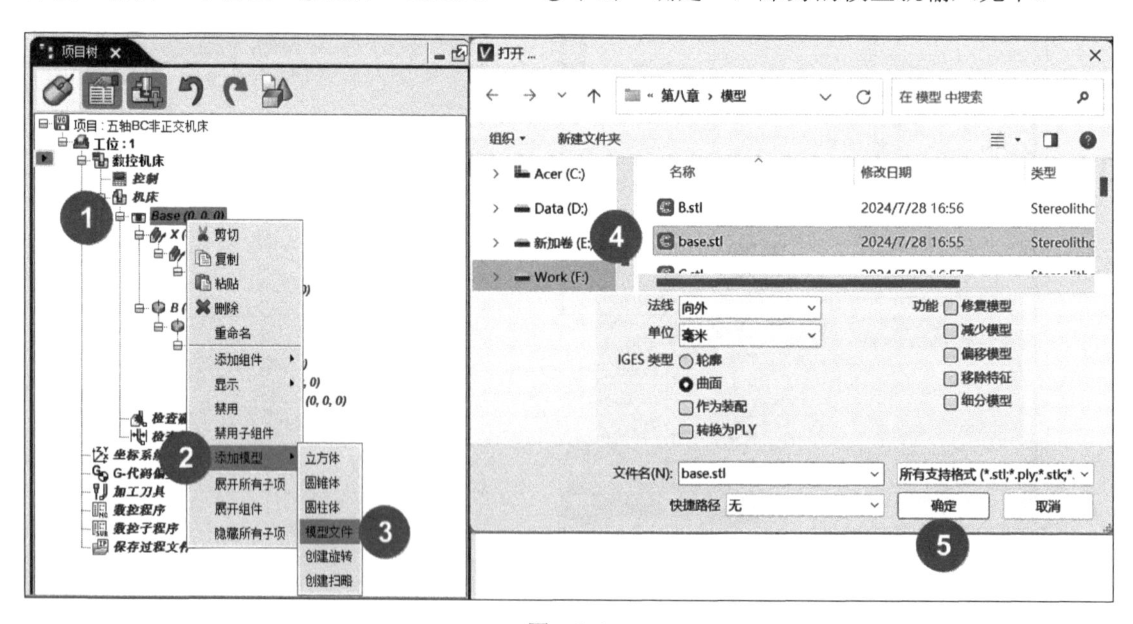

图　8-9

2）如图 8-10 所示，①右击“X”组件→②将光标移至“添加模型”→③单击“模型文件”，弹出“打开”对话框→④选择“X.stl”→⑤单击“确定”，X 轴的模型就输入完毕。

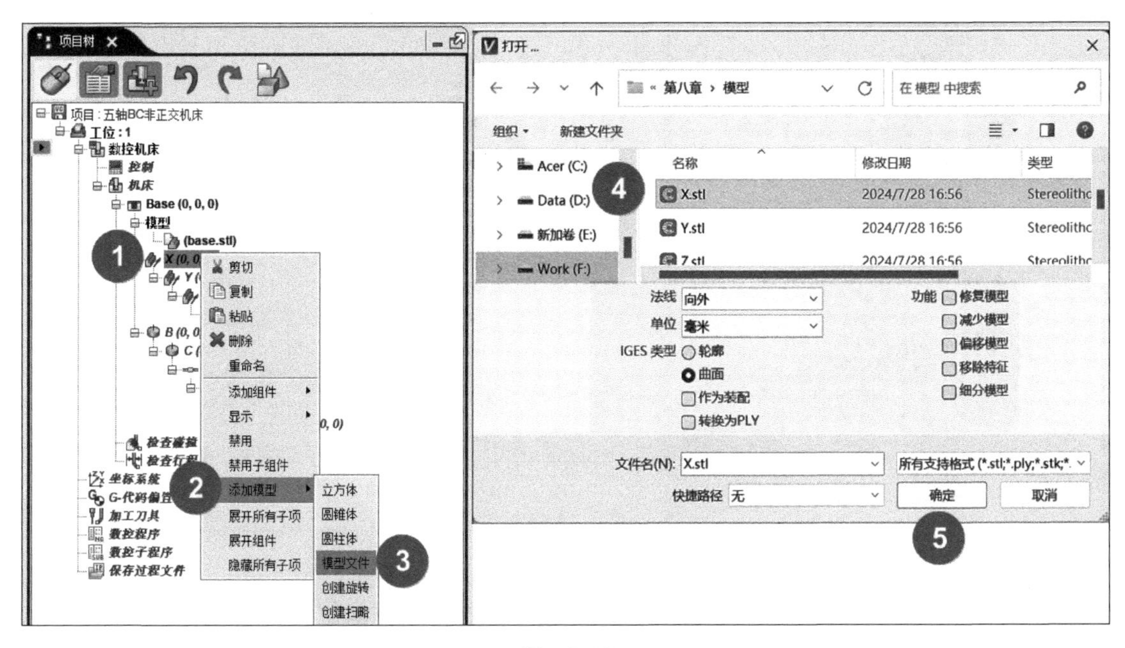

图　8-10

3）如图 8-11 所示，①右击“Y”组件→②将光标移至“添加模型”→③单击“模型文件”，弹出“打开”对话框→④选择“Y.stl”→⑤单击“确定”，Y 轴的模型就输入完毕。

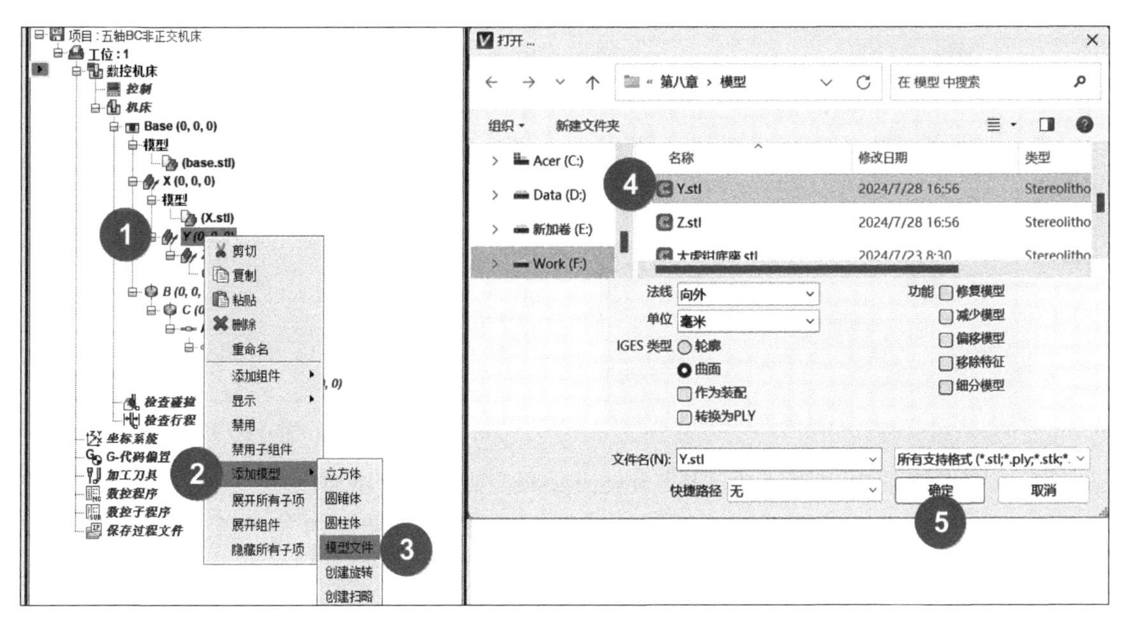

图　8-11

4）如图 8-12 所示，①右击“Z”组件→②将光标移至“添加模型”→③单击“模型文件”，弹出“打开”对话框→④选择“Z.stl”→⑤单击“确定”，Z 轴的模型就输入完毕。

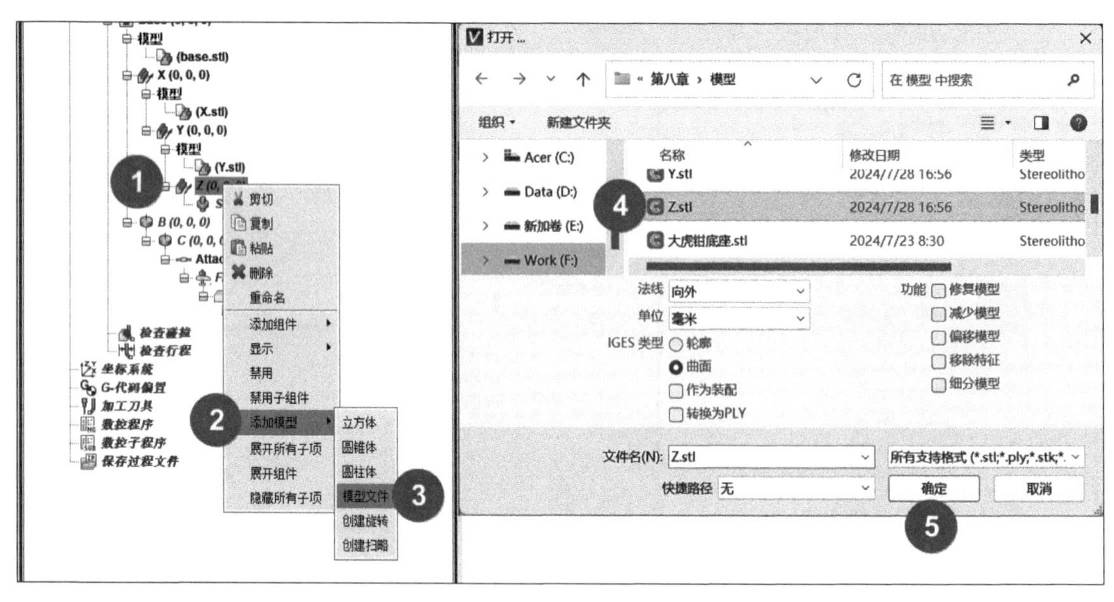

图 8-12

如图 8-13 所示，①单击“Z”组件→②单击“坐标系”→③位置“250 155 549”。

如图 8-14 所示，①单击模型“Z.stl”→②单击“坐标系”→③位置“-250 -155 -549”。

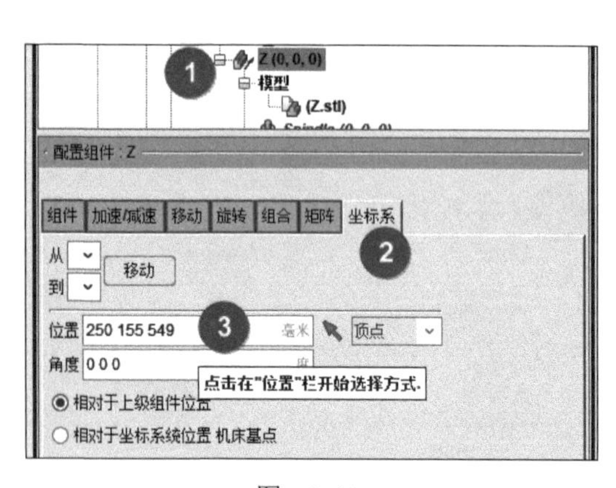

图 8-13

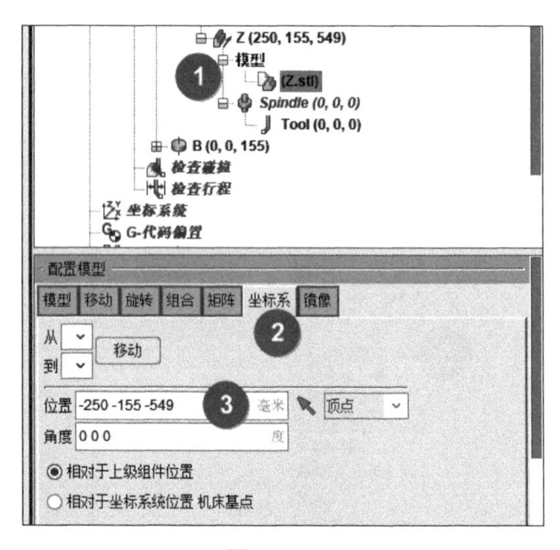

图 8-14

5）如图 8-15 所示，①右击“B”旋转→②将光标移至“添加模型”→③单击“模型文件”，弹出“打开”对话框→④选择“B.stl”→⑤单击“确定”，B 轴的模型就输入完毕。

如图 8-16 所示，①单击“B”旋转→②单击“坐标系”→③位置“0 0 155”→④角度“-45 0 0”。

如图 8-17 所示，①单击模型“B.stl”→②单击“坐标系”→③位置“0 109.6016 -109.6016”→④角度“45 0 0”。

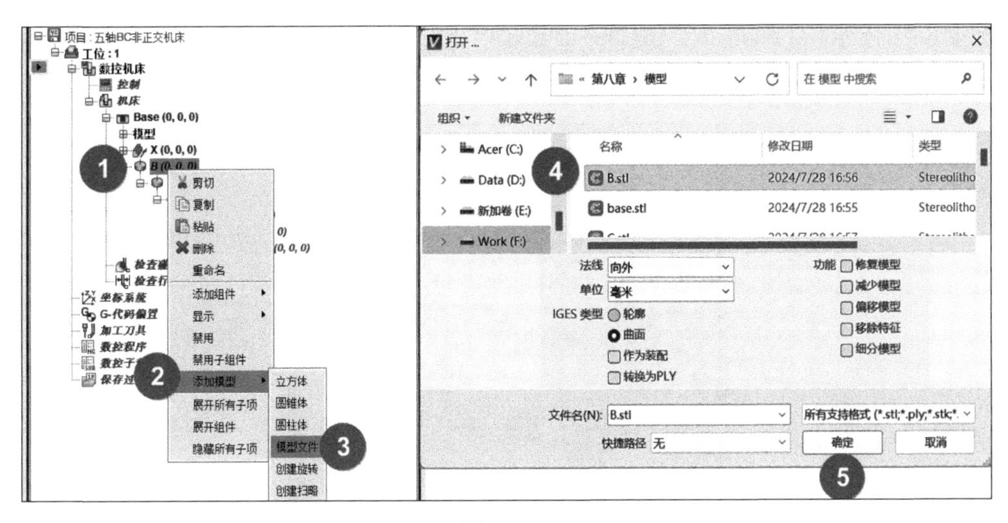

图　8-15

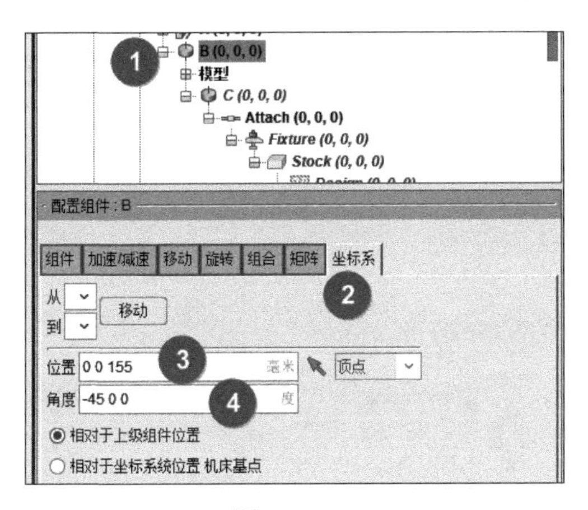

图　8-16

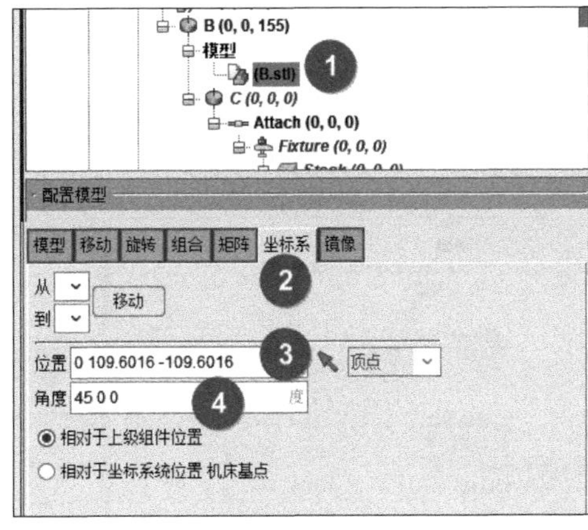

图　8-17

6）如图 8-18 所示，①右击“C”旋转→②将光标移至“添加模型”→③单击“模型文件”，弹出“打开”对话框→④选择“C.stl”→⑤单击“确定”，C 轴的模型就输入完毕。

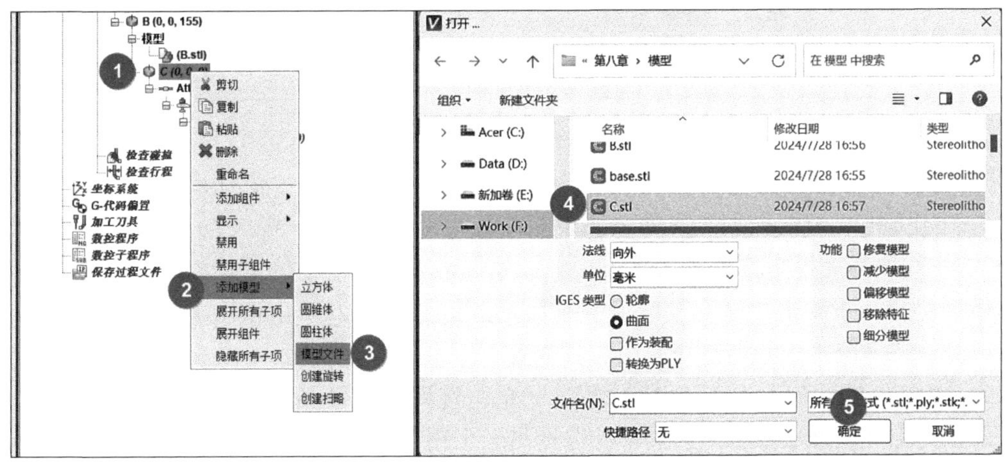

图　8-18

如图 8-19 所示，①单击“C”旋转→②单击“坐标系”→③位置“0 109.6016 -109.6016”→④角度“45 0 0”。

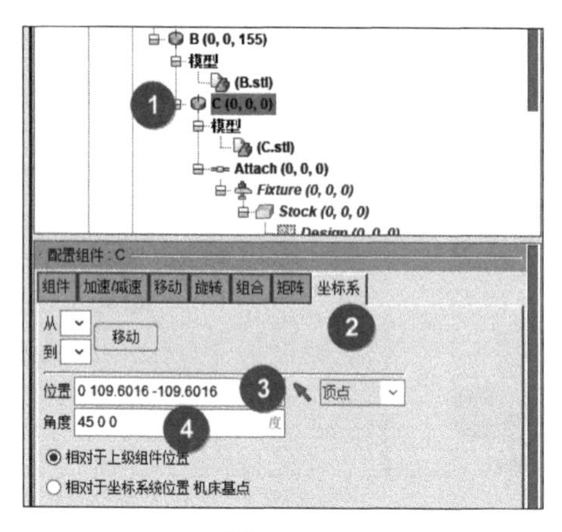

图 8-19

7）如图 8-20 所示，右击“Fixture 组件”→②将光标移至“添加模型”→③单击“模型文件”，弹出“打开”对话框→④选择“大虎钳底座 .stl”“大虎钳口 1.stl”“大虎钳口 2.stl”→⑤单击“确定”，夹具的模型就输入完毕。

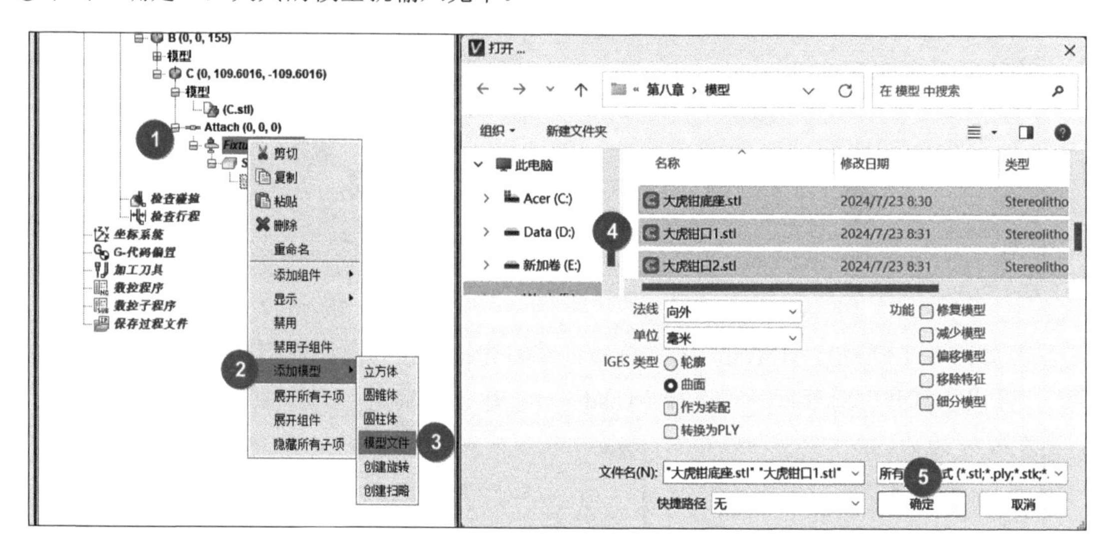

图 8-20

8）如图 8-21 所示，①右击“Stock”组件→②将光标移至“添加模型”→③单击“立方体”→④弹出“配置模型”界面→⑤填写：长（X）“80”、宽（Y）“100”、高（Z）“100”→⑥填写完模型位置→⑦单击“坐标系”选项卡→⑧在位置输入“0 0 100”→⑨填写完模型位置→⑩单击“组合”选项卡→⑪单击 按钮→⑫单击视图毛坯位置→⑬单击视图钳口侧边装夹位置→⑭调整好毛坯前后位置。

9）如图 8-22 所示，①单击 按钮→②单击视图毛坯箭头位置→③单击视图钳口底部装夹位置→④调整好毛坯上下位置→⑤选择另一个钳口→⑥弹出“配置模型”界面→⑦单击 按钮→⑧单击视图毛坯箭头位置→⑨单击视图钳口侧边装夹位置→⑩调整好钳口前后位置→⑪单击毛坯模型→⑫单击“坐标系”选项卡→⑬在位置输入“−40 −46.0451 88.98”→⑭调整好毛坯左右位置。

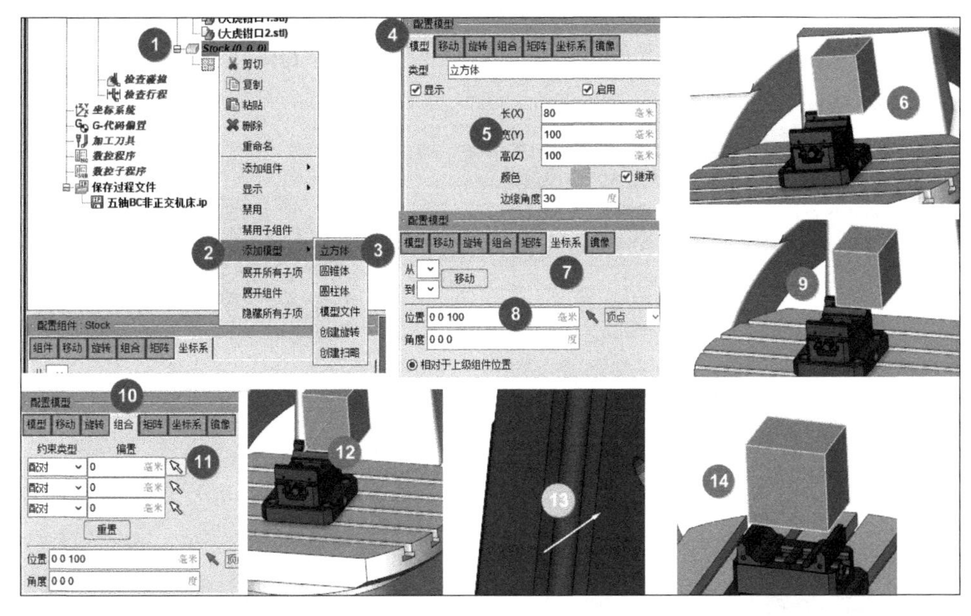

图　8-21

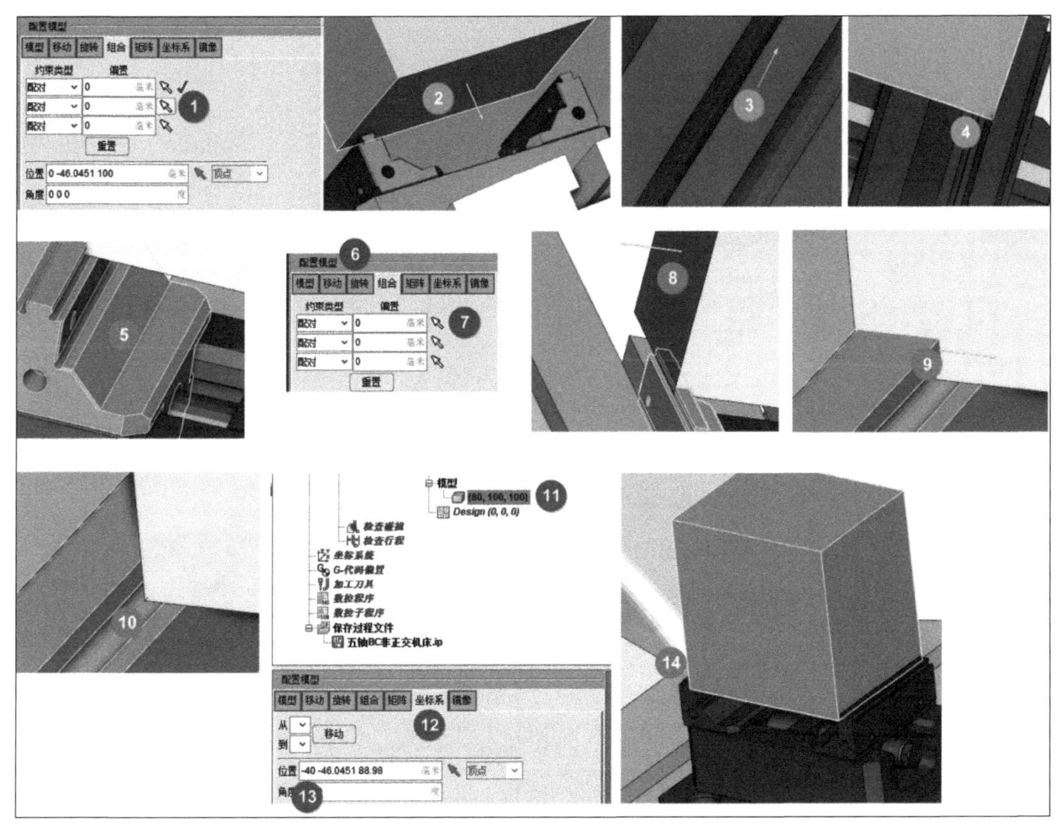

图　8-22

6. 创建坐标系

如图 8-23 所示，①右击“坐标系统”→②弹出右键快捷菜单，单击“新建坐标系”→③在“配置坐标系统”中单击按钮→④将光标移到毛坯顶部箭头位置单击→⑤创建后的坐标系效果→⑥右击“Csys1”→⑦单击“重命名”→⑧输入“G54”→⑨确定后毛坯上的坐标系名称变成 G54。

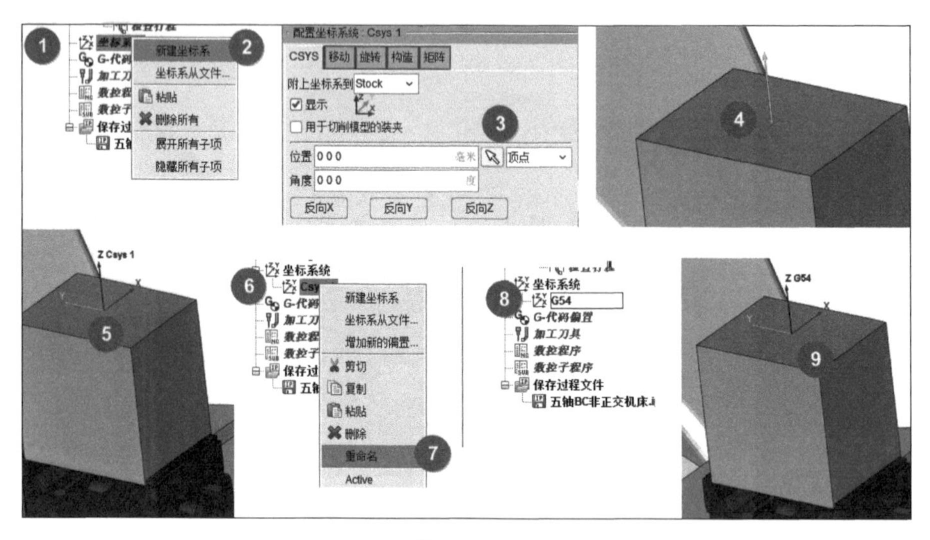

图 8-23

7. 添加 NC 程序和定义工作偏置

如图 8-24 所示，①单击“G- 代码偏置”→②在“配置 G- 代码偏置”里单击“添加”→③单击“1: 工作偏置”→④寄存器“1”→⑤在“从”后选“组件”“Spindle”→⑥在“到”后选“坐标原点”“G54”。

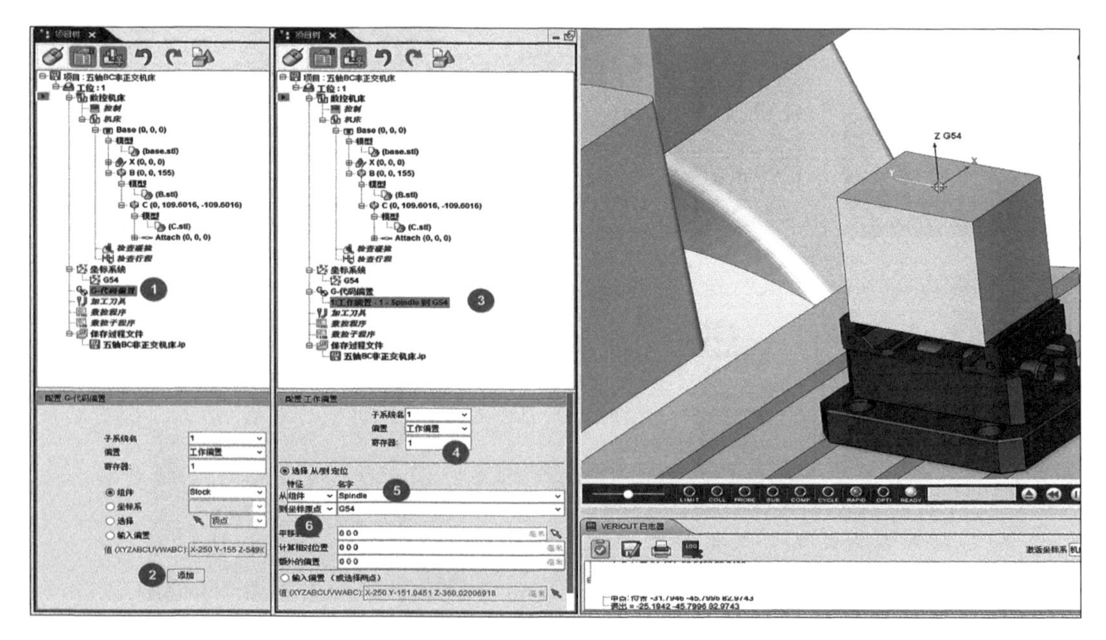

图 8-24

8.3　机床控制系统设置

如图 8-25 所示，①右击“控制”→②单击“打开”→③选择“hei530.ctl”→④单击“打开”。

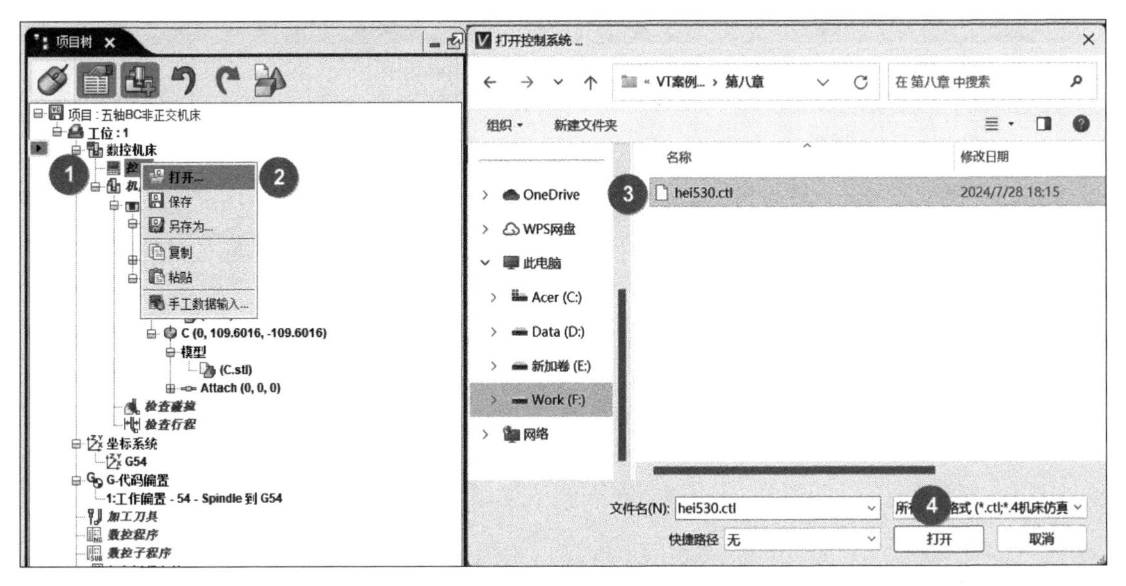

图　8-25

8.4　机床设置

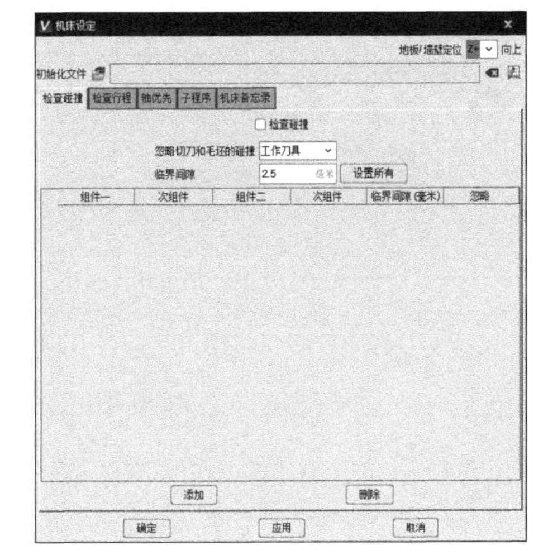

图　8-26

单击菜单中“机床 / 控制系统”→单击“机床设定”，弹出“机床设定”对话框，如图 8-26 所示。

1. 检查碰撞

检查碰撞用于设置该组件之间的碰撞关系。

如图 8-27 所示，①单击“添加”→②勾选“检查碰撞”→③将组件一选“Z”→④将组件二选“B”→⑤勾选组件二的次组件→⑥单击“应用”→⑦单击“确定”，检查碰撞就设置完成。

2. 检查行程

检查行程用于设定机床各运动轴的极限超程问题。

如图 8-28 所示，①单击“检查行程”选项卡→②单击“添加组”→③勾选“检查超程”→④勾选“允许运动超出行程”→⑤出现 X 组件、Y 组件、Z 组件、B 旋转及 C 旋转行程设置表格→⑥在 X 组件、Y 组件、Z 组件、B 旋转及 C 旋转行程设置表格中依照图上数值填写→⑦单击“应用”→⑧单击“确定”，检查行程就设置完成。参照机床 X 轴行程 800mm、Y 轴行程 400mm、Z 轴行程 400mm、B 轴行程 −180° ～ +180° 、C 轴行程 n×360° 。

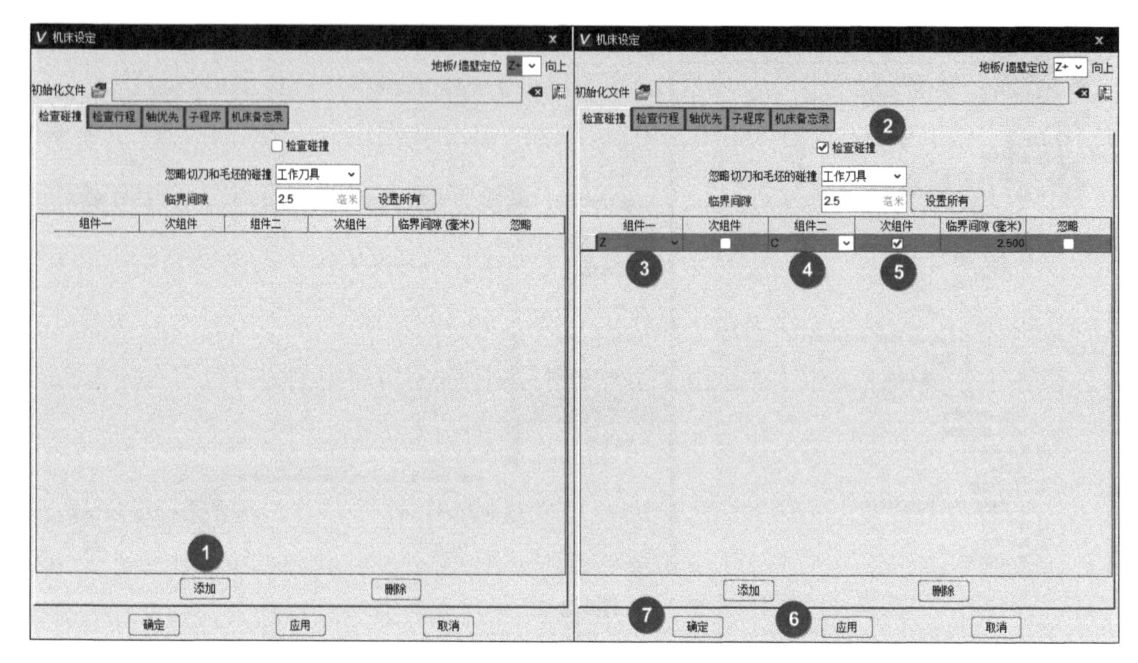

图 8-27

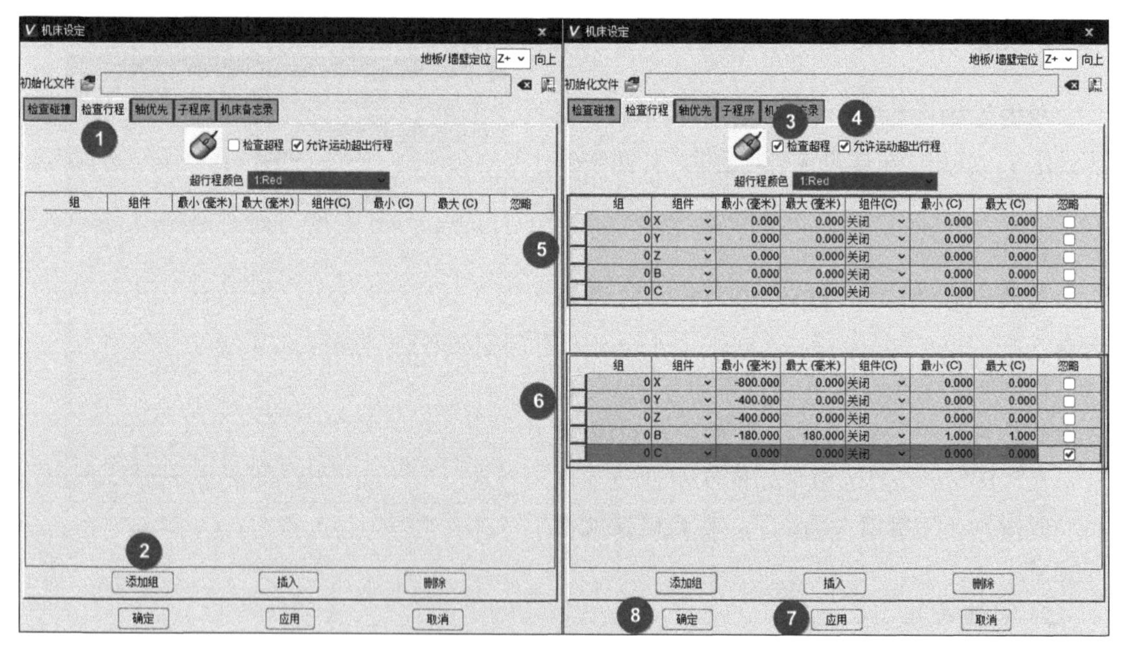

图 8-28

3. 轴优先

轴优先可设定快速模式下各运动轴的优先顺序，如图 8-29 所示。

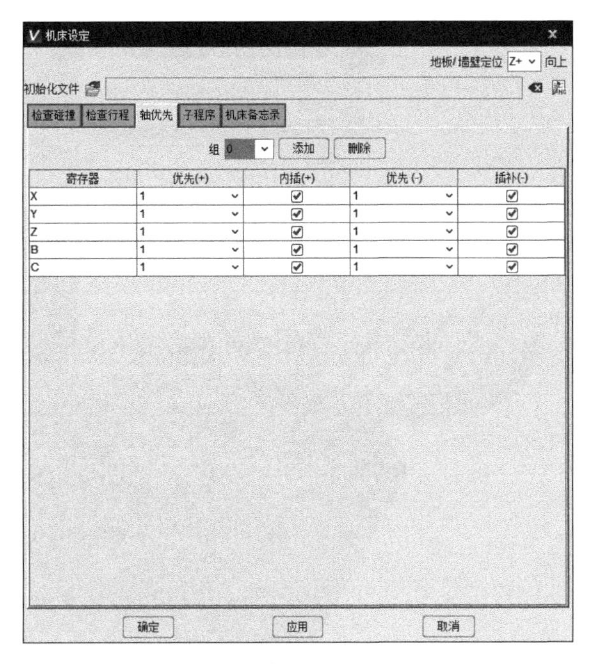

图　8-29

注意事项：关闭项目之前要将文件汇总一次并保存过程文件。

8.5　本章小结

Z 组件移动的距离须在 UG NX 中测量，如图 8-30 所示，Z 轴模型移动的位置正面跟组件位置坐标相反。

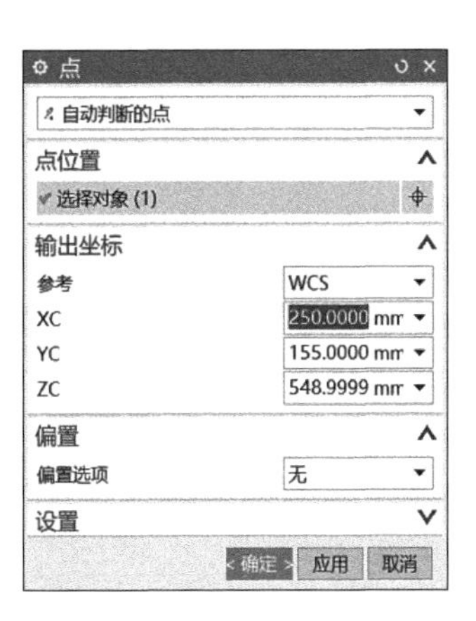

图　8-30

B 组件移动的距离须在 UG NX 中测量，如图 8-31 所示。

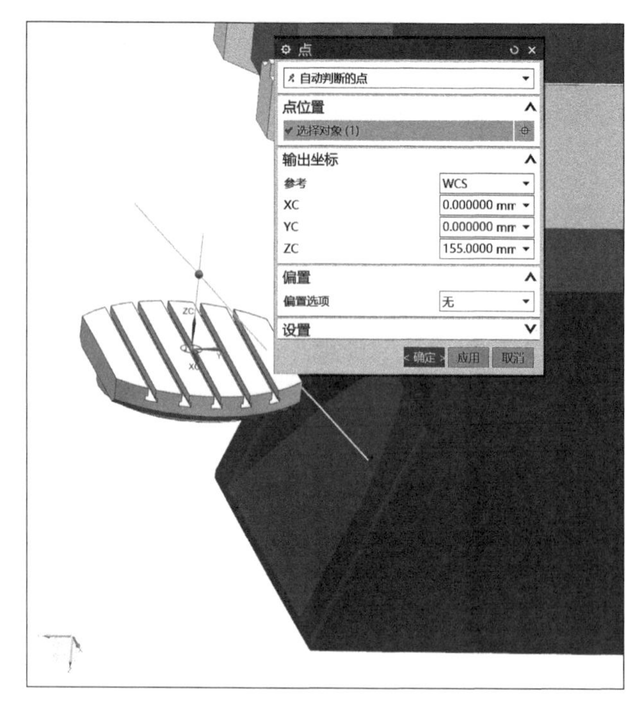

图　8-31

B 轴模型移动的距离须在 UG NX 中测量，如图 8-32 所示。

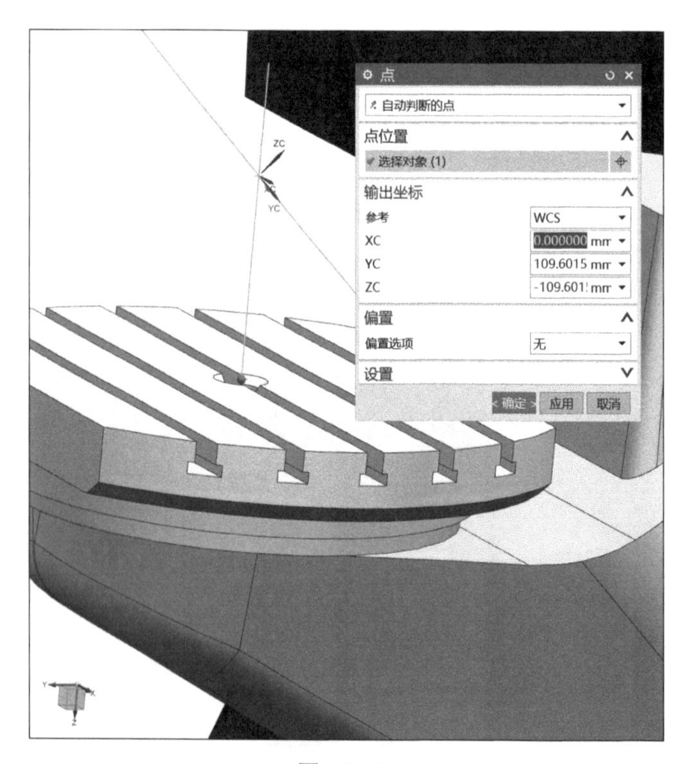

图　8-32

C 组件移动的位置和 B 轴模型的位置数值相同。

第 9 章 五轴 BC 非正交一转头一转台机床搭建讲解

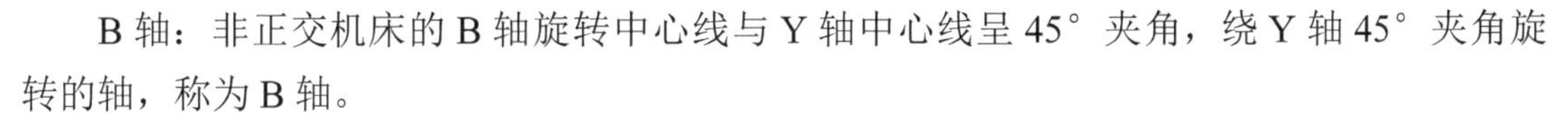

9.1 五轴 BC 非正交一转头一转台机床简介

实例为 UG NX 软件中的模型，如图 9-1 所示。

扫一扫，看视频

1. 机床运动轴

机床运动轴如图 9-2 所示，具体如下：

Z 轴：传递主要切削力的主轴为 Z 轴。

X 轴：X 轴始终水平，且平行于工件装夹面。

Y 轴：Y 轴由笛卡儿直角坐标系确定。

B 轴：非正交机床的 B 轴旋转中心线与 Y 轴中心线呈 45° 夹角，绕 Y 轴 45° 夹角旋转的轴，称为 B 轴。

C 轴：绕 Z 轴旋转的轴，称为 C 轴。

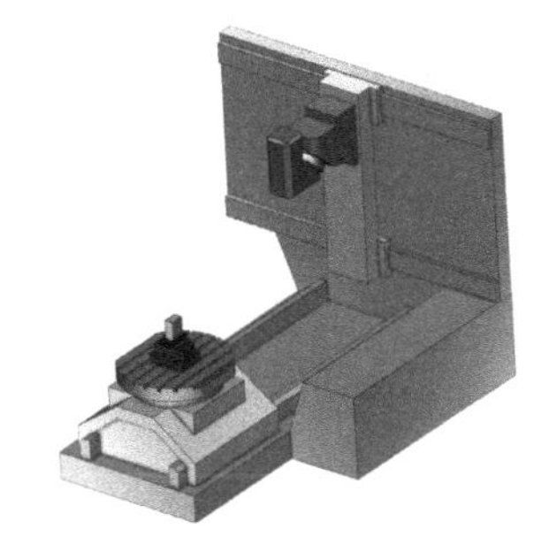

图 9-1

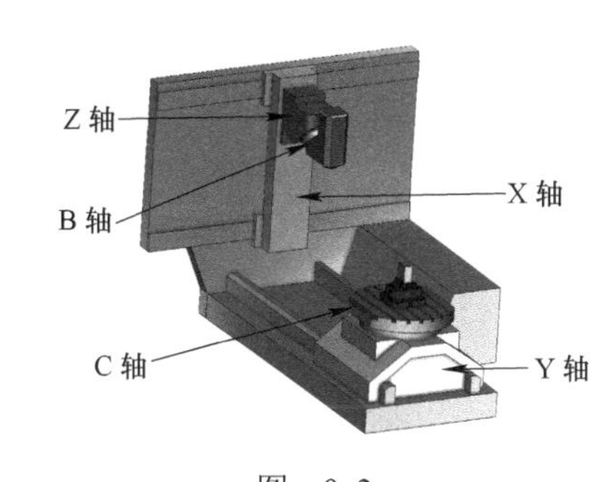

图 9-2

2. 机床主要技术参数

数控系统采用海德汉 hei530 机床的主要技术参数见表 9-1。

表 9-1

序 号	名 称	规 格
1	工作台尺寸	直径 1240mm
2	X 轴行程	1800mm
3	Y 轴行程	2100mm
4	Z 轴行程	900mm
5	B 轴行程	-30° ～ +180°
6	C 轴行程	n×360°

9.2 机床搭建

1. 建立新项目文件

单击“文件”→“新建项目”，弹出“新建 VERICUT 项目”对话框，如图 9-3 所示，①选“新建项目”→②选“毫米”→③填写新建项目名称“五轴 BC 非正交一转头一转台 .vcproject”→④单击“确定”。

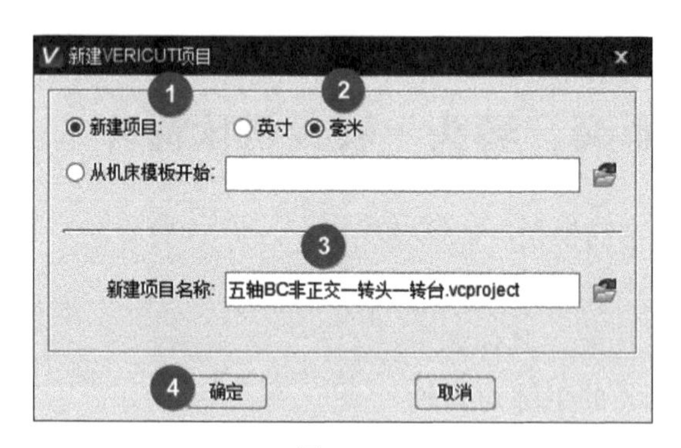

图 9-3

2. 显示机床组件

单击按钮，显示机床组件，如图 9-4 所示。

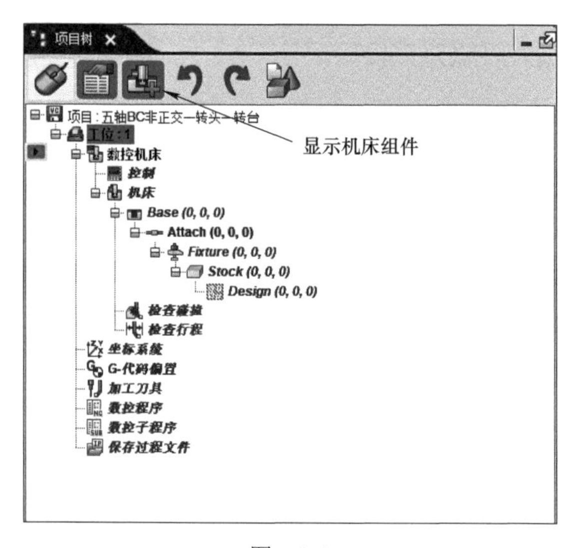

图 9-4

3. 定义机床各组件的逻辑关系

由于组件没有尺寸和形状，只反映组件各自的功能属性，所以在项目树中编号。

1）如图 9-5 所示，各组件的逻辑关系是：床身→ X 组件→ Z 组件→ B 旋转→主轴→刀具。具体为：

①床身→②床身模型→③ X 组件→④ X 轴模型→⑤ Z 组件→⑥ Z 轴模型→⑦ B 旋转→⑧ B 轴模型→⑨主轴组件→⑩刀具组件→⑪刀具。

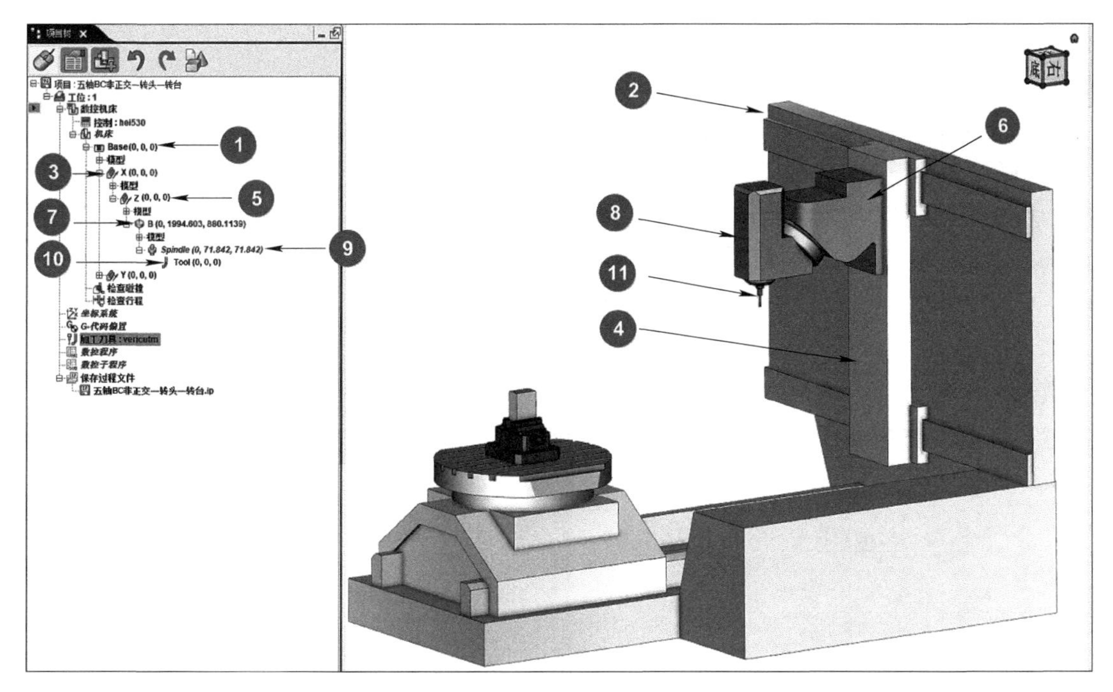

图　9-5

2）如图 9-6 所示，各组件的逻辑关系是：床身→ Y 组件→ C 旋转→附属→夹具组件→毛坯组件→设计组件。具体为：

①床身→②床身模型→③ Y 组件→④ Y 轴模型→⑤ C 旋转→⑥ C 轴模型→⑦附属→⑧夹具组件→⑨夹具模型→⑩毛坯组件→⑪毛坯模型→⑫设计组件。

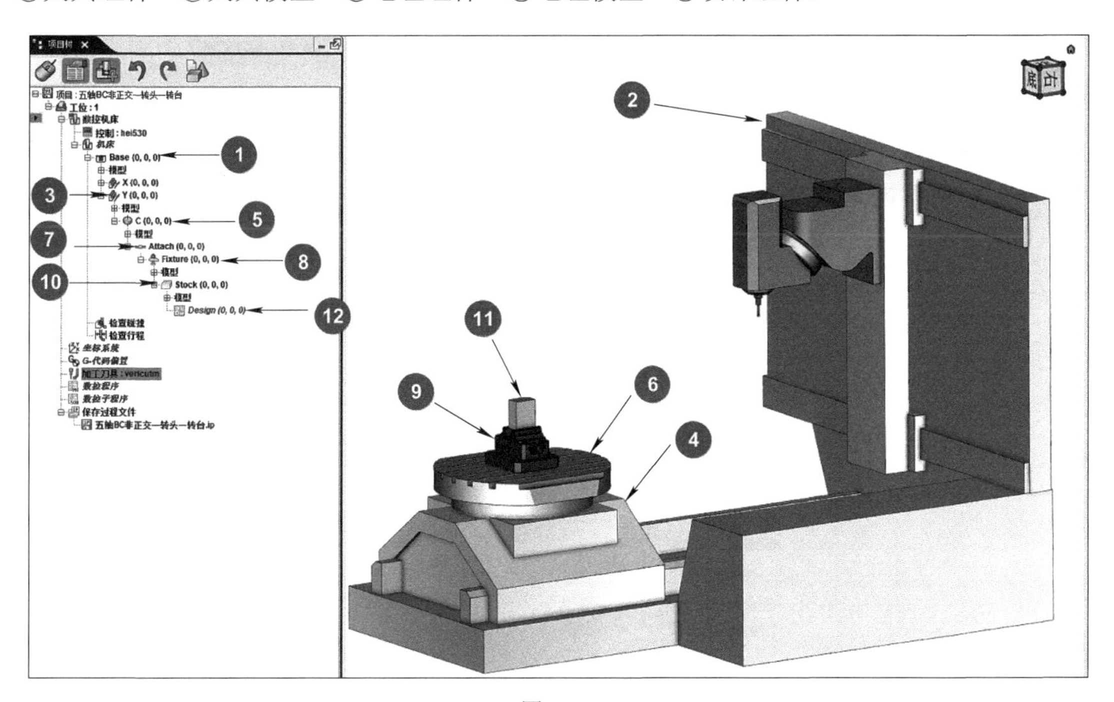

图　9-6

4. 添加各组件

在建模软件里设置工作台中心为机床零点，逐一导出各个模型。

1）如图 9-7 所示，①右击“Base”→②将光标移至“添加组件”→③选择“X 线性”→④添加好 X 组件，右击“X”组件→⑤将光标移至“添加组件”→⑥选择“Z 线性”→⑦添加好 Z 组件，右击“Z”组件→⑧将光标移至“添加组件”→⑨选择“B 旋转”→⑩添加好 B 旋转，右击“B”旋转→⑪将光标移至“添加组件”→⑫选择“主轴”→⑬添加好主轴组件，右击“Spindle”→⑭将光标移至“添加组件”→⑮选择“刀具”。

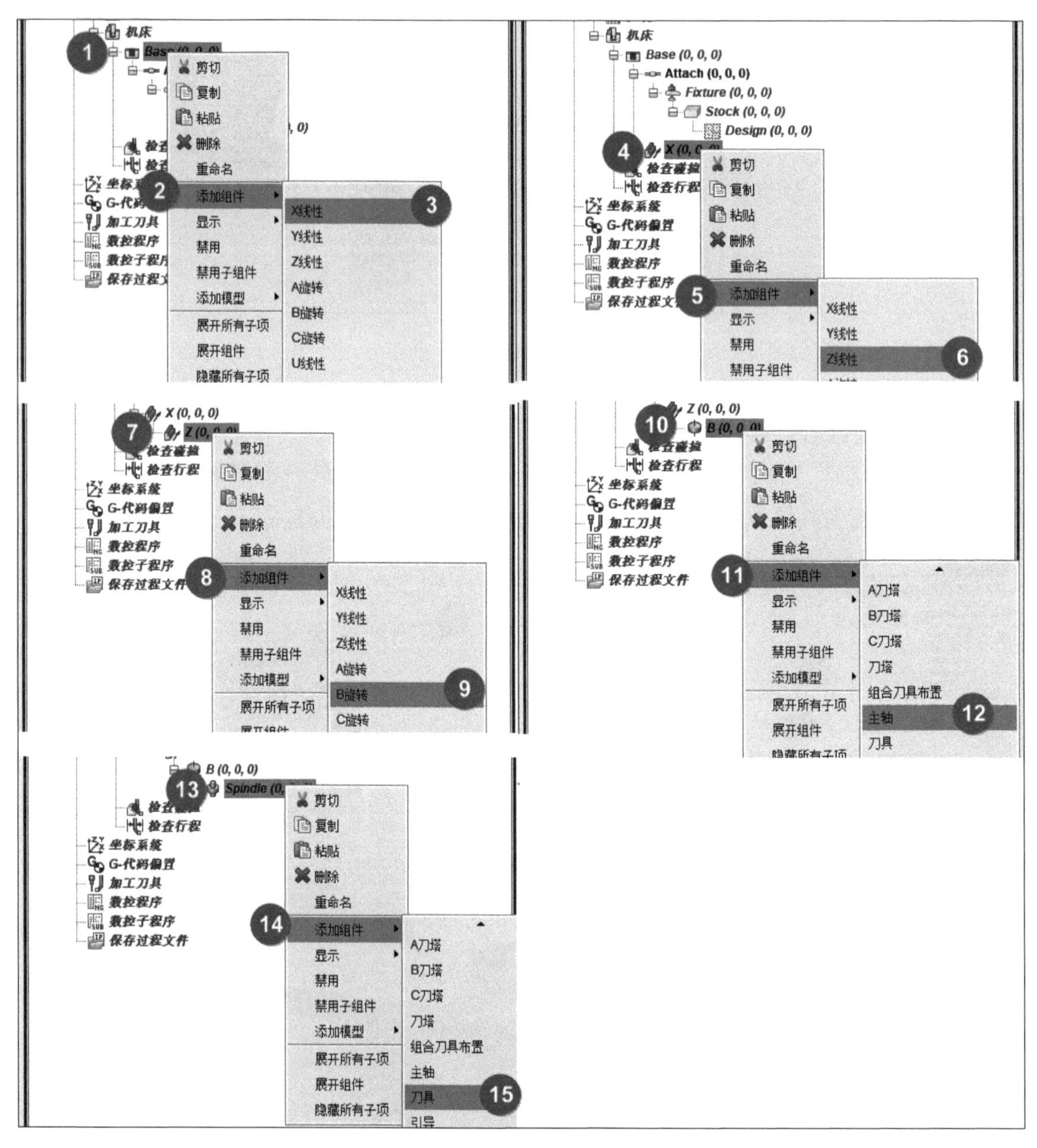

图 9-7

2）如图 9-8 所示，①右击“Base”→②将光标移至“添加组件”→③选择“Y 线性”→④添加好 Y 线性，右击“Y”线性→⑤将光标移至“添加组件”→⑥选择“C 旋转”→⑦右击“Attach”→⑧单击“剪切”→⑨右击“C”旋转→⑩单击“粘贴”。

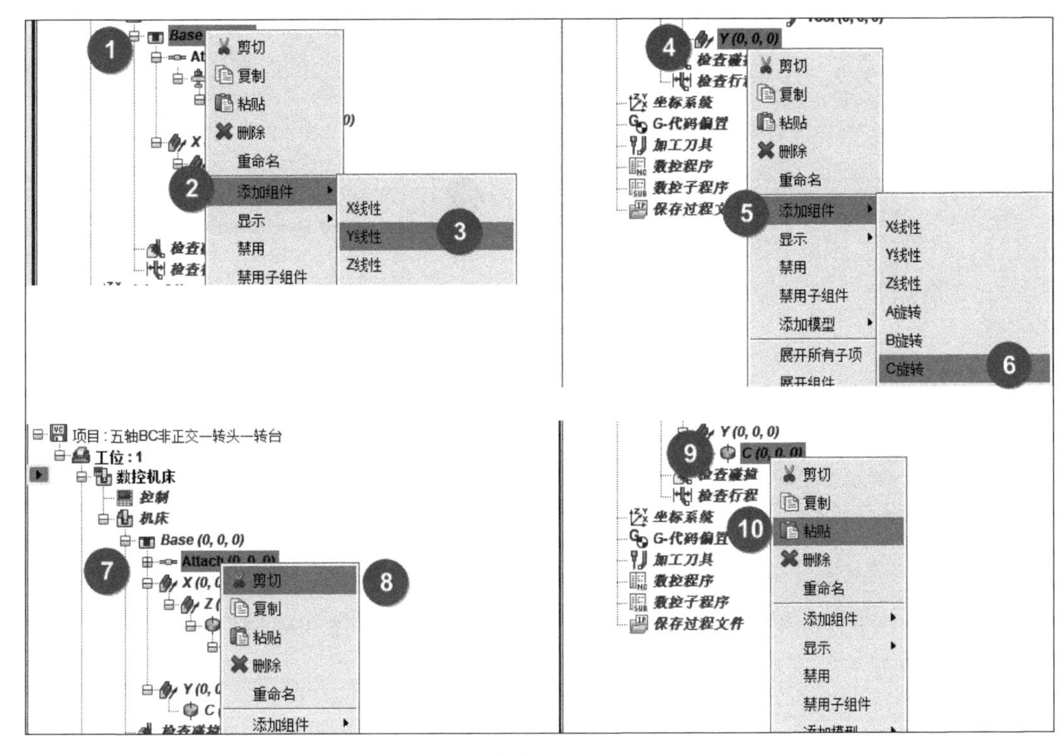

图　9-8

5. 导入各组件的模型并调整位置

1）如图 9-9 所示，①右击“Base”→②将光标移至“添加模型”→③单击“模型文件”，弹出“打开”对话框→④选择“base.stl”→⑤单击“确定”，床身的模型就输入完毕。

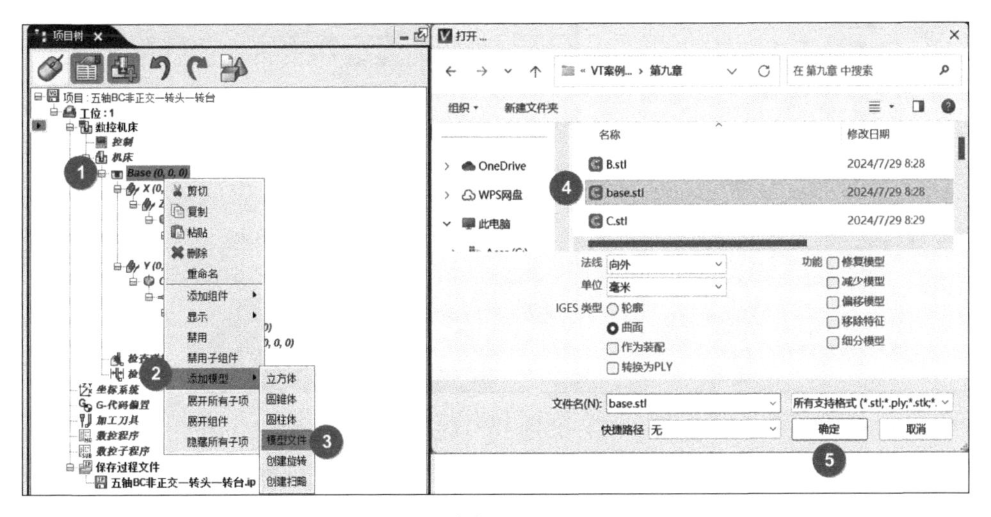

图　9-9

2）如图 9-10 所示，①右击“X”组件→②将光标移至“添加模型”→③单击“模型文件”，弹出“打开”对话框→④选择“X.stl”→⑤单击“确定”，X 轴的模型就输入完毕。

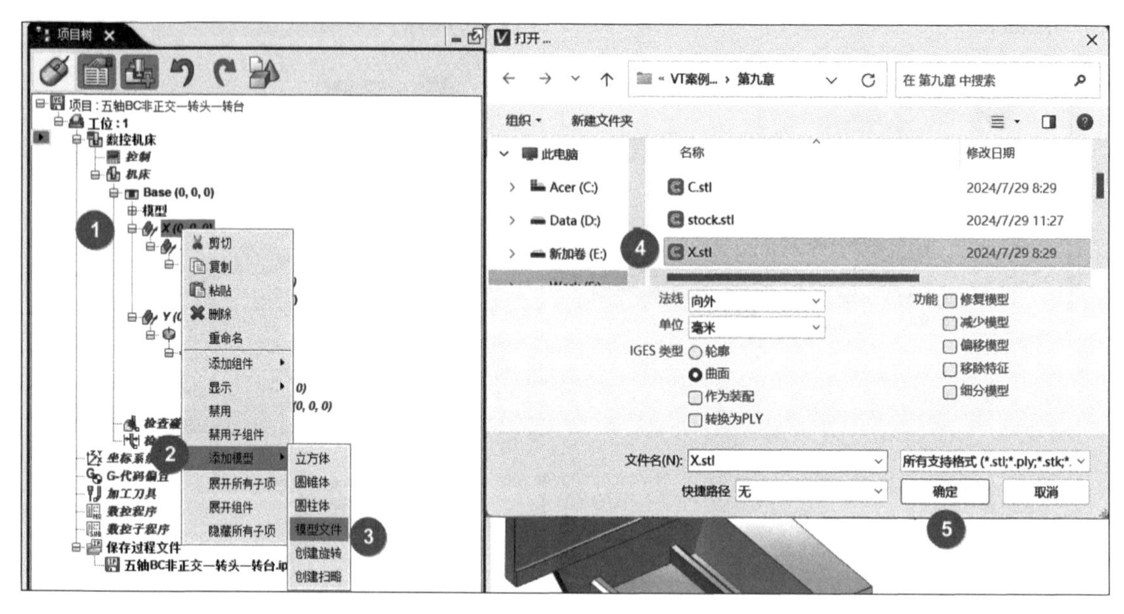

图　9-10

3）如图 9-11 所示，①右击“Z”组件→②将光标移至“添加模型”→③单击“模型文件”，弹出“打开”对话框→④选择“Z.stl”→⑤单击“确定”，Z 轴的模型就输入完毕。

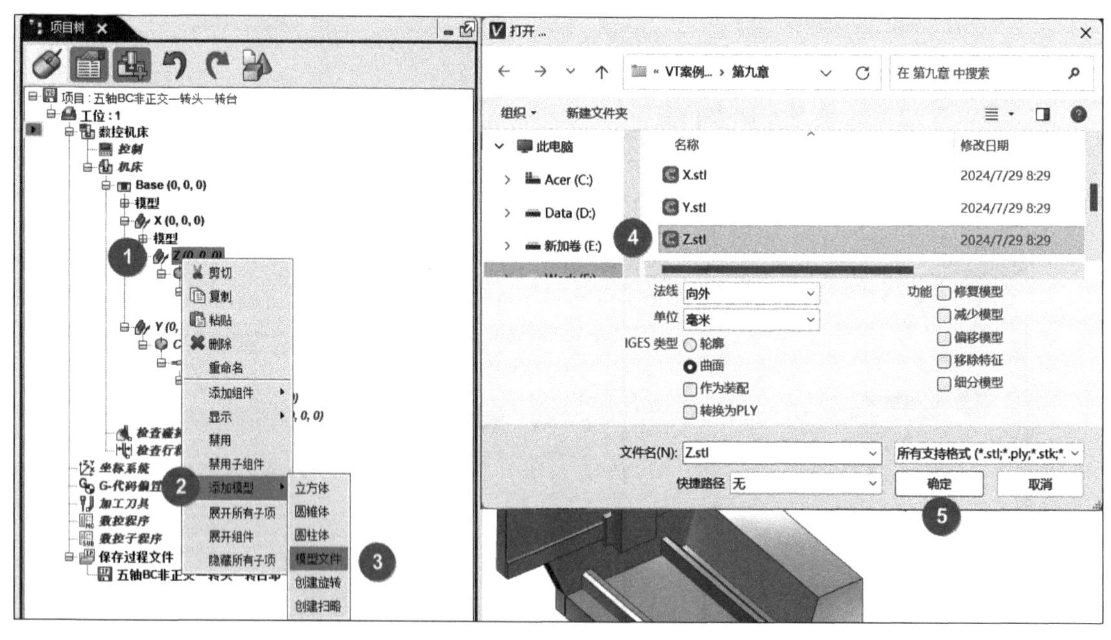

图　9-11

4）如图 9-12 所示，①右击“B”旋转→②将光标移至“添加模型”→③单击“模型文件”，弹出“打开”对话框→④选择“B.stl”→⑤单击“确定”，B 轴的模型就输入完毕。

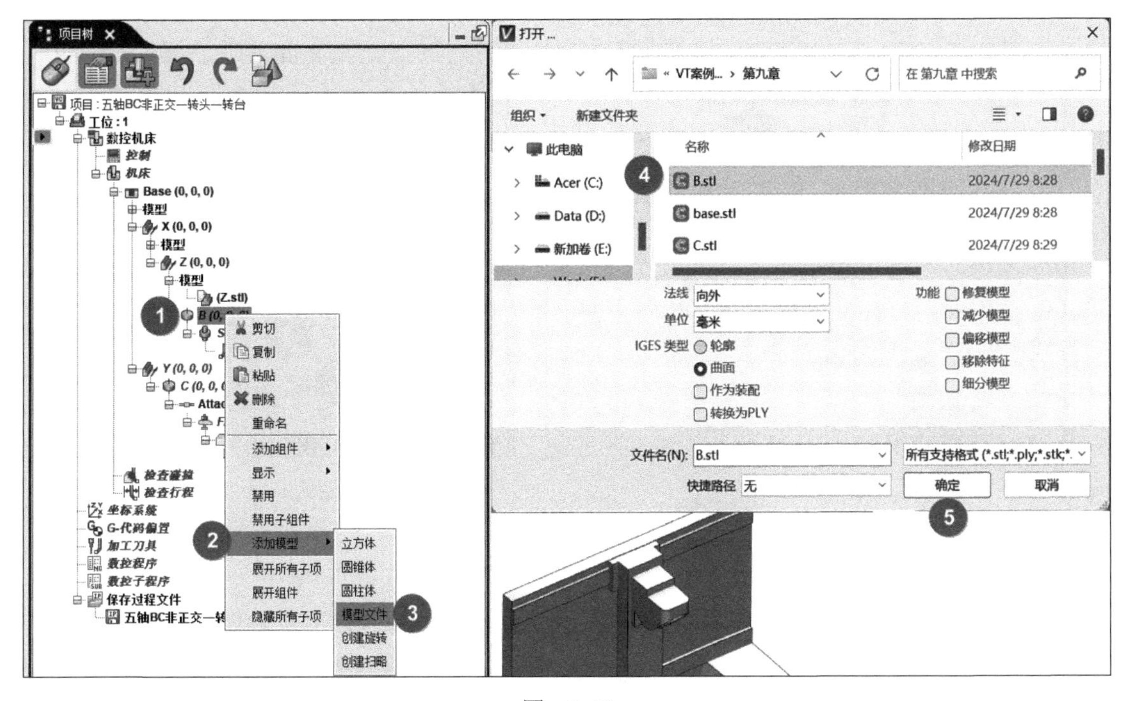

图　9-12

如图 9-13 所示，①单击“B”旋转→②单击“坐标系”→③位置“0 1994.603 880.1139”→④角度“45 0 0”。

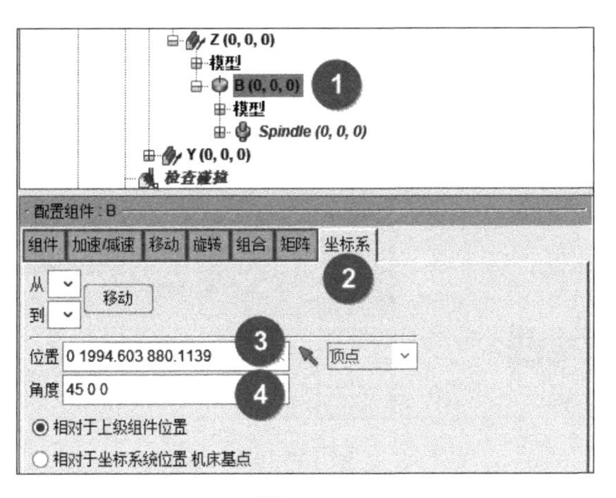

图　9-13

如图 9-14 所示，①单击模型“B.stl”→②单击“坐标系”→③位置“0 -2032.7318 788.0627”→④角度“-45 0 0”。

如图 9-15 所示，①单击“Spindle”→②单击“坐标系”→③位置“0 71.842 71.842”→④角度“-45 0 0”。

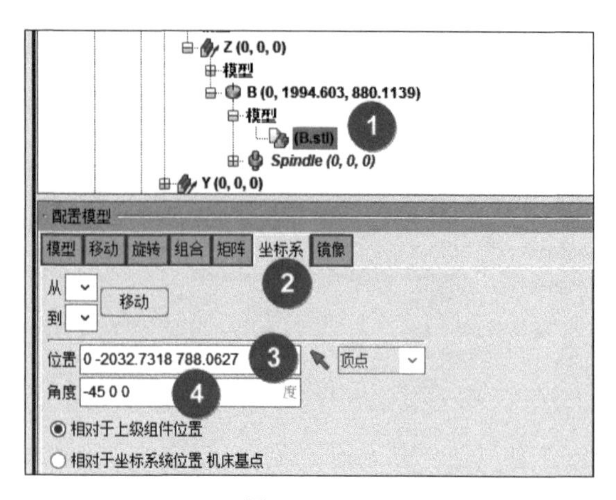

图 9-14

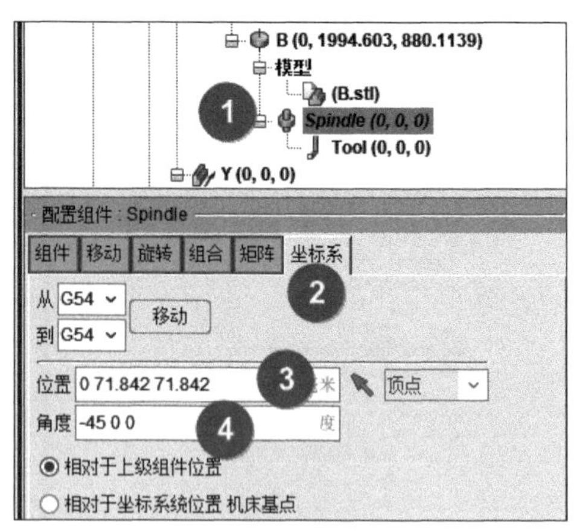

图 9-15

5）如图9-16所示，①右击“Y”组件→②将光标移至“添加模型”→③单击“模型文件”，弹出“打开”对话框→④选择“Y.stl”→⑤单击“确定”，Y轴的模型就输入完毕。

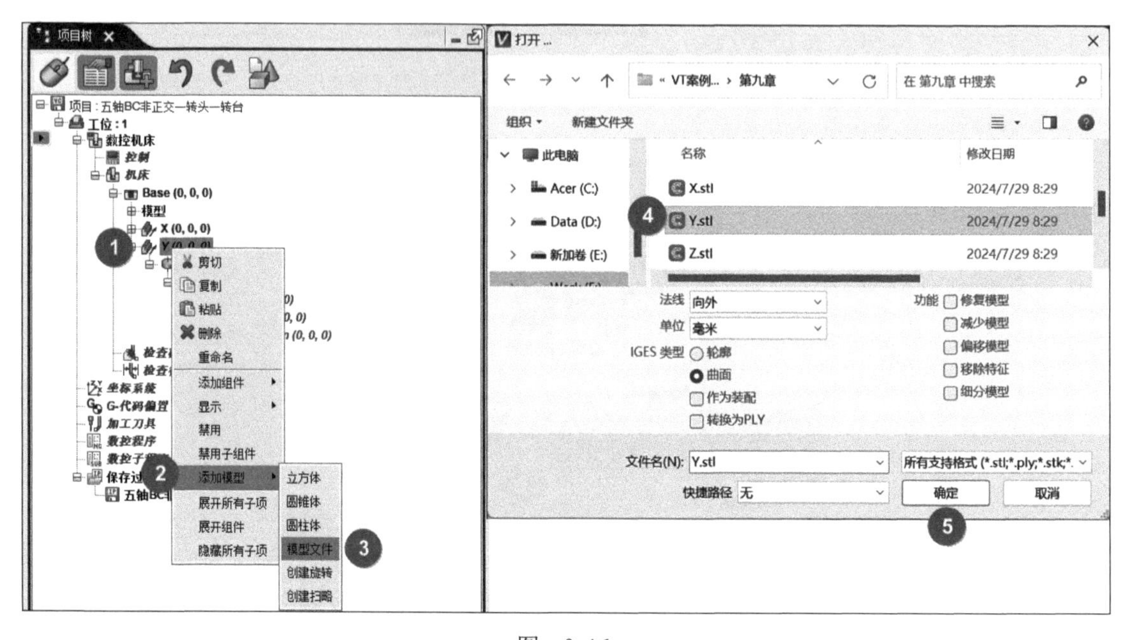

图 9-16

6）如图9-17所示，①右击“C”旋转→②将光标移至“添加模型”→③单击“模型文件”，弹出“打开”对话框→④选择“C.stl”→⑤单击“确定”，C轴的模型就输入完毕。

7）如图9-18所示，右击“Fixture”组件→②将光标移至“添加模型”→③单击“模型文件”，弹出“打开”对话框→④选择“大虎钳底座.stl”“大虎钳口1.stl”“大虎钳口2.stl”→⑤单击“确定”，夹具的模型就输入完毕。

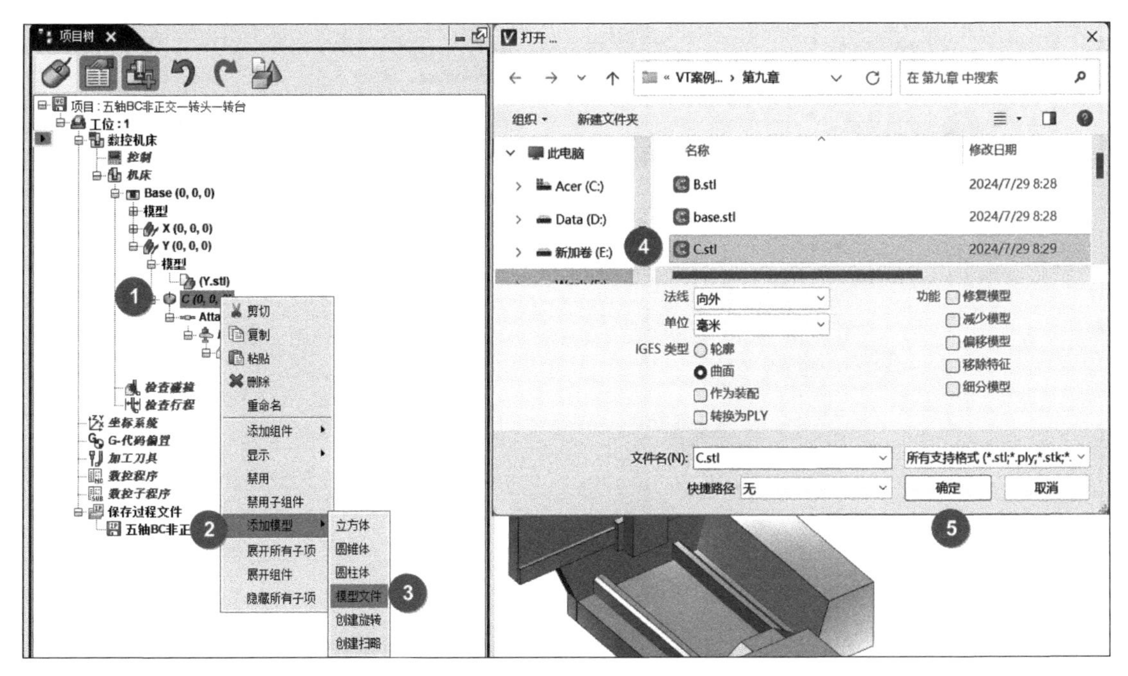

图　9-17

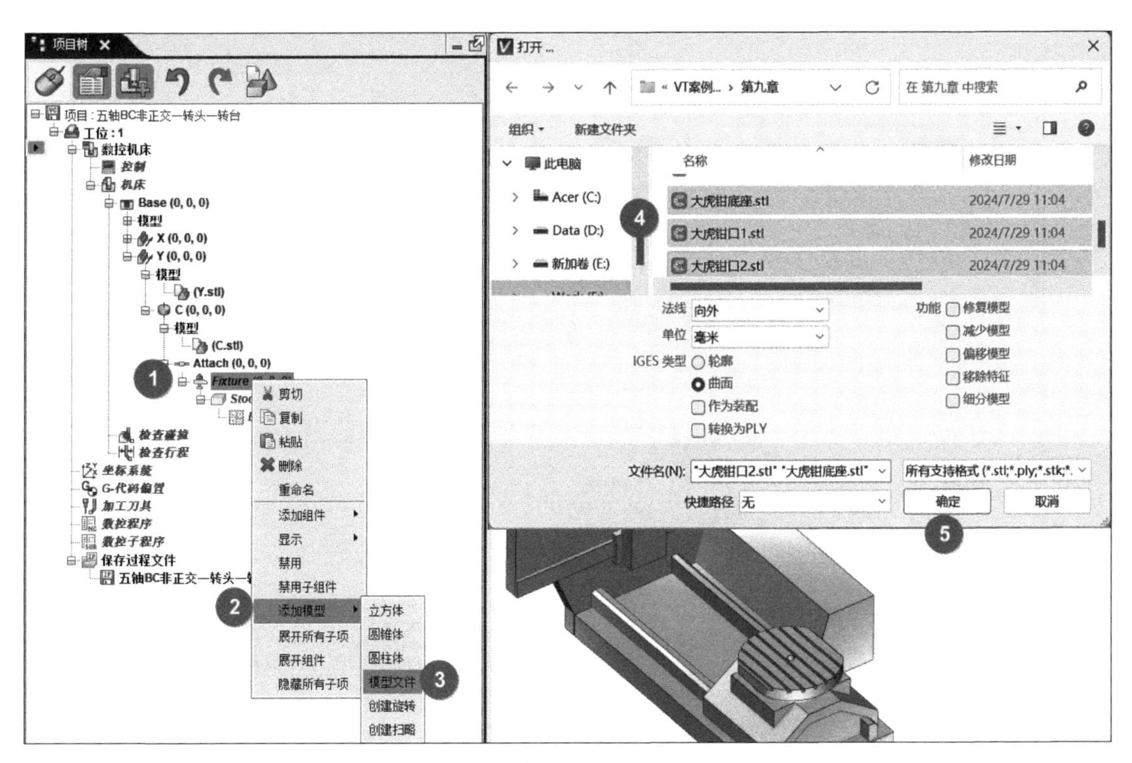

图　9-18

8）如图 9-19 所示，右击“Stock”组件→②将光标移至“添加模型”→③单击“模型文件”，弹出“打开”对话框→④选择“stock.stl”→⑤单击“确定”，毛坯的模型就输入完毕。

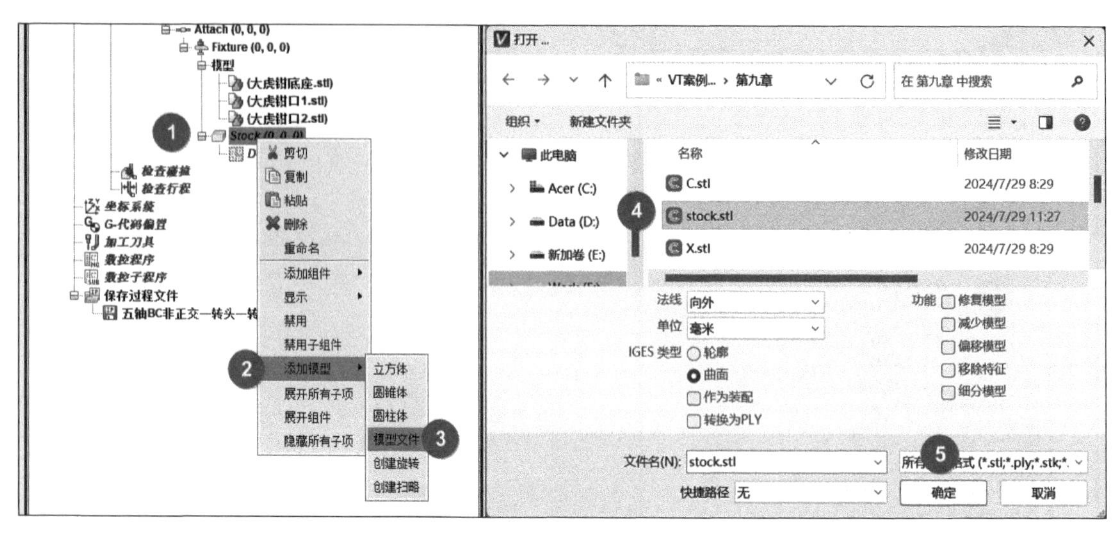

图 9-19

6. 创建坐标系

如图 9-20 所示，①右击“坐标系统”→②弹出右键快捷菜单，单击“新建坐标系”→③在“配置坐标系统”中单击按钮→④将光标移到毛坯顶部箭头位置单击→⑤创建后的坐标系效果→⑥右击“Csys1”→⑦单击“重命名”→⑧输入“G54”→⑨确定后毛坯上的坐标系名称变成 G54。

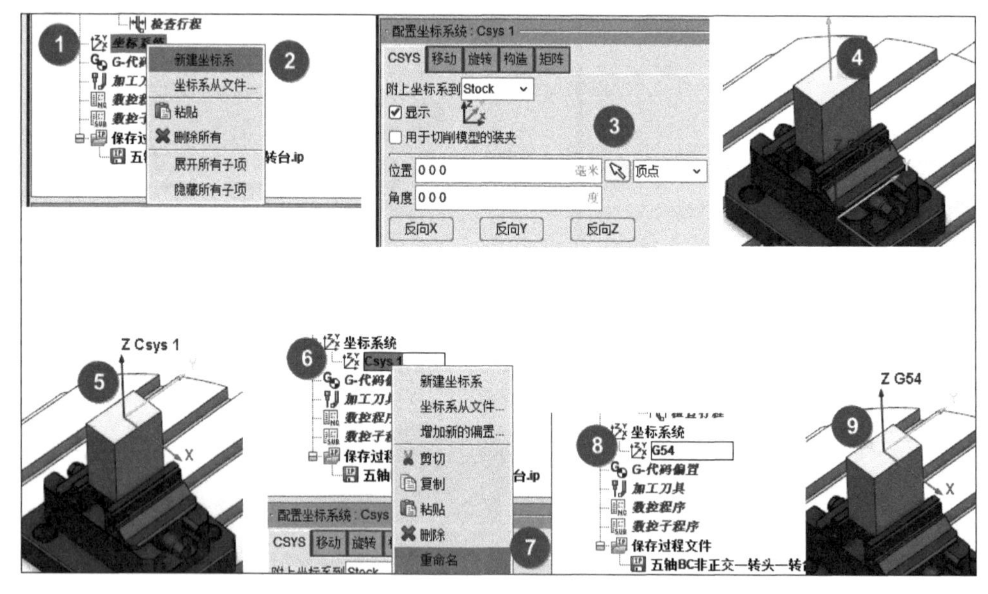

图 9-20

7. 添加 NC 程序和定义工作偏置

如图 9-21 所示，①单击“G- 代码偏置”→②在“配置 G- 代码偏置”里单击“添加”→③单击“1: 工作偏置”→④寄存器“1”→⑤在“从”后选“组件”“Spindle”→⑥在“到”后选“坐标原点”“G54”。

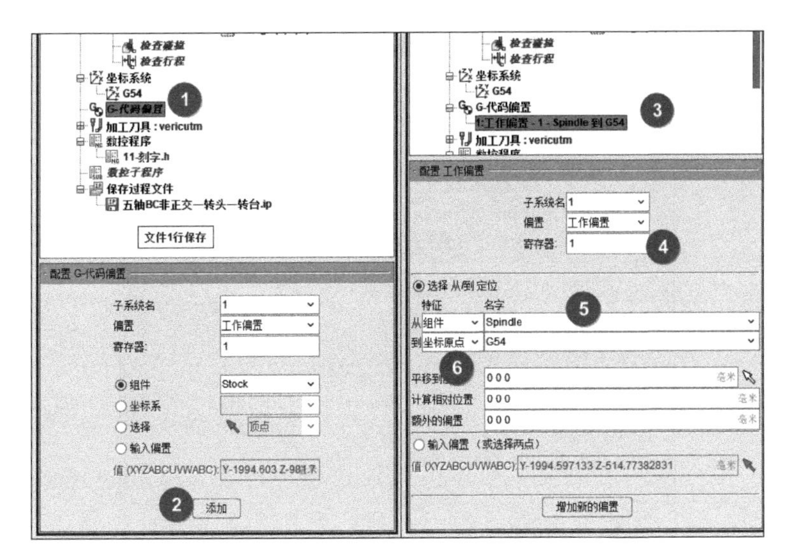

图　9-21

9.3　机床控制系统设置

如图 9-22 所示，①右击“控制”→②单击“打开”→③选择“hei530.ctl”→④单击“打开”。

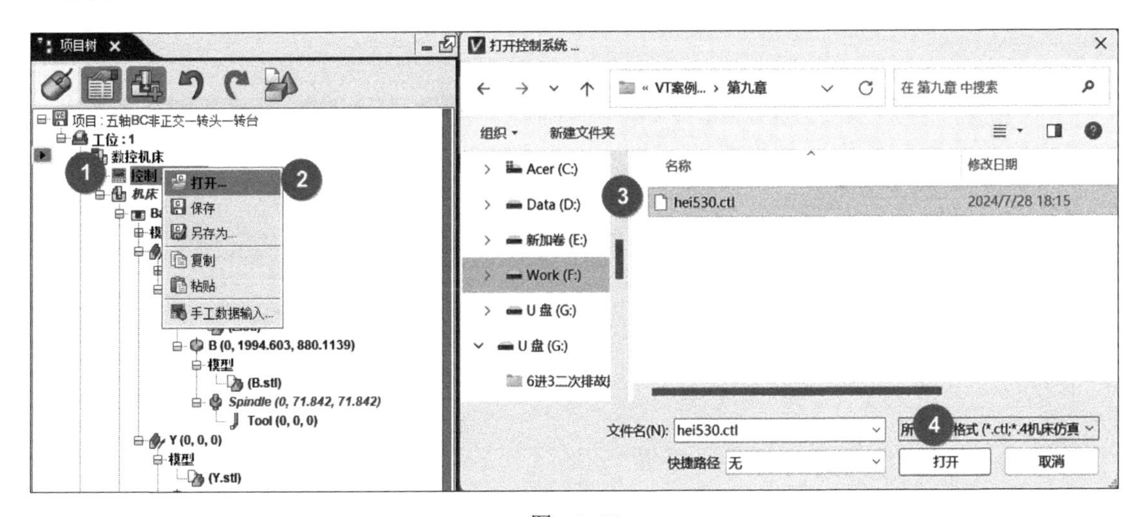

图　9-22

9.4　机床设置

单击菜单中“机床 / 控制系统”→单击“机床设定”，弹出“机床设定”对话框，如图 9-23 所示。

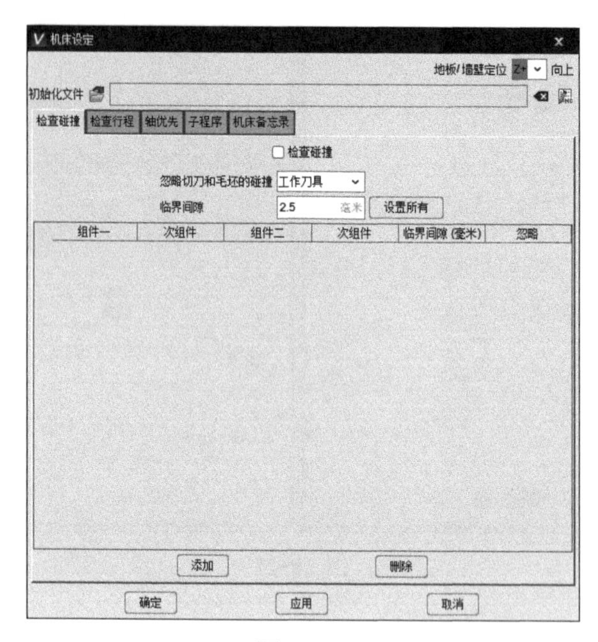

图 9-23

1. 检查碰撞

检查碰撞用于设置该组件之间的碰撞关系。

如图 9-24 所示，①单击“添加”→②勾选“检查碰撞”→③将组件一选“B”→④将组件二选“C”→⑤勾选组件二的次组件→⑥单击“应用”→⑦单击“确定”，检查碰撞就设置完成。

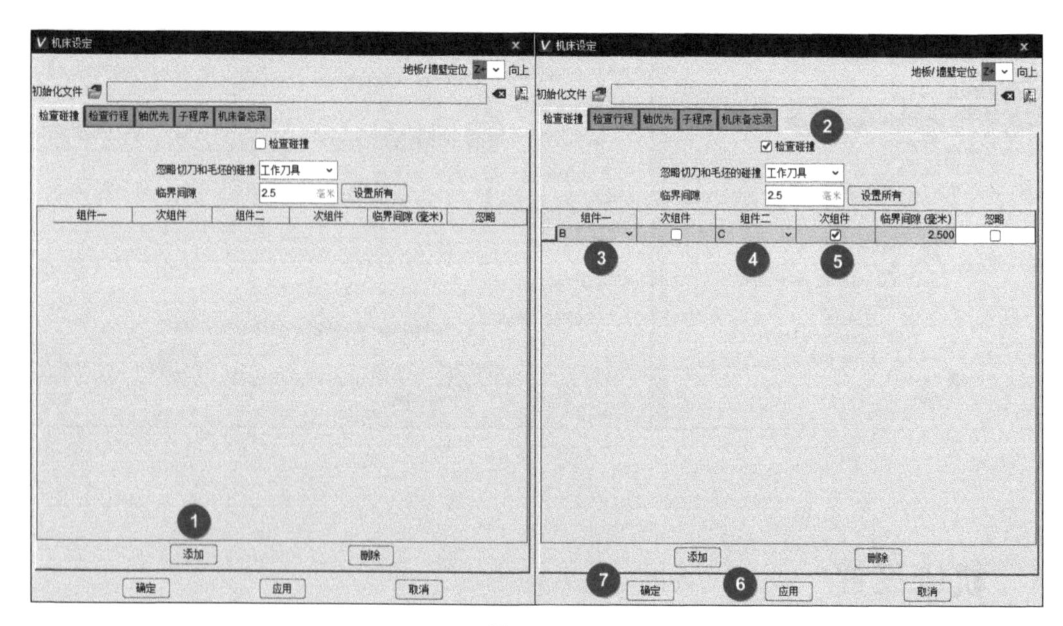

图 9-24

2. 检查行程

检查行程用于设定机床各运动轴的极限超程问题。

如图 9-25 所示，①单击“检查行程”选项卡→②单击“添加组”→③勾选“检查超程”→④勾选“允许运动超出行程”→⑤出现 X 组件、Z 组件、B 旋转 Y 组件、及 C 旋转行程设置表格→⑥在 X 组件、Z 组件、B 旋转 Y 组件、及 C 旋转行程设置表格中依照图上数值填写→⑦单击“应用”→⑧单击“确定”，检查行程就设置完成。参照机床 X 轴行程 1800mm、Y 轴行程 2100mm、Z 轴行程 900mm、B 轴行程 −30° ～ +180° 、C 轴行程 n×360° 。

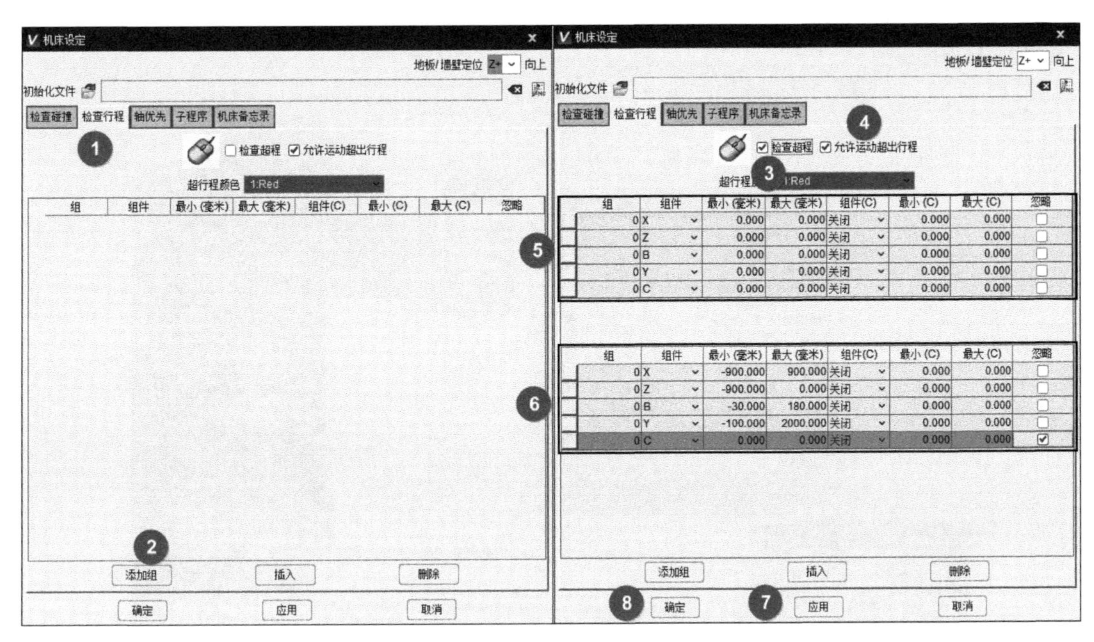

图　9-25

3. 轴优先

轴优先可设定快速模式下各运动轴的优先顺序，如图 9-26 所示。

机床设定

地板/墙壁定位 Z+ 向上

初始化文件

检查碰撞 检查行程 轴优先 子程序 机床备忘录

组 0 添加 删除

寄存器	优先(+)	内插(+)	优先(-)	插补(-)
X	1	☑	1	☑
Z	1	☑	1	☑
B	1	☑	1	☑
Y	1	☑	1	☑
C	1	☑	1	☑

确定 应用 取消

图　9-26

注意事项：关闭项目之前要将文件汇总一次并保存过程文件。

9.5 本章小结

B 组件移动的距离须在 UG NX 中测量，如图 9-27 所示，Z 轴模型移动的位置正面跟组件位置坐标相反。

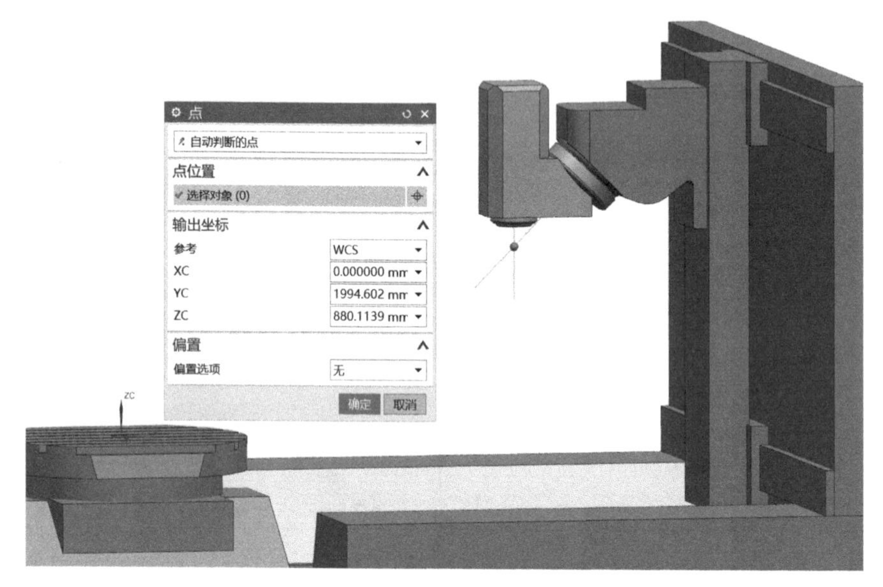

图 9-27

B 轴模型移动的距离须在 UG NX 中测量，如图 9-28 所示。

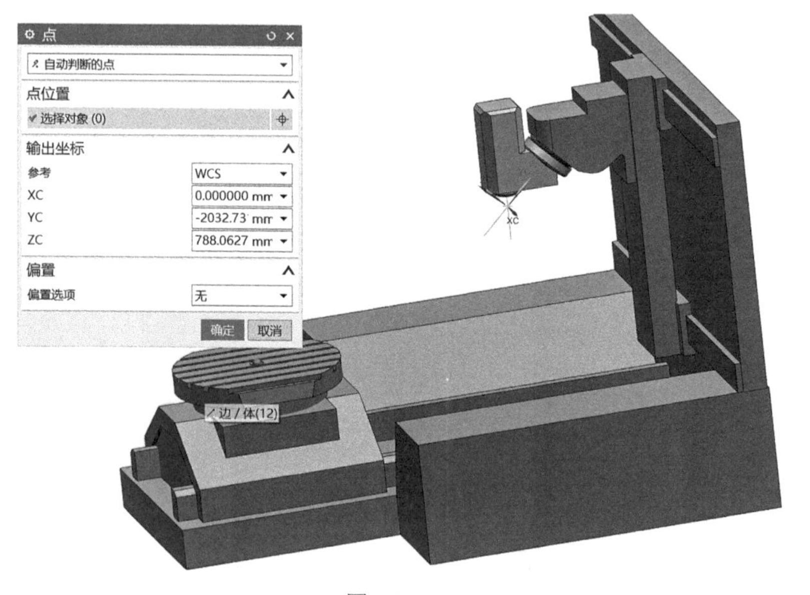

图 9-28

主轴组件移动的距离须在 UG NX 中测量，如图 9-29 所示。

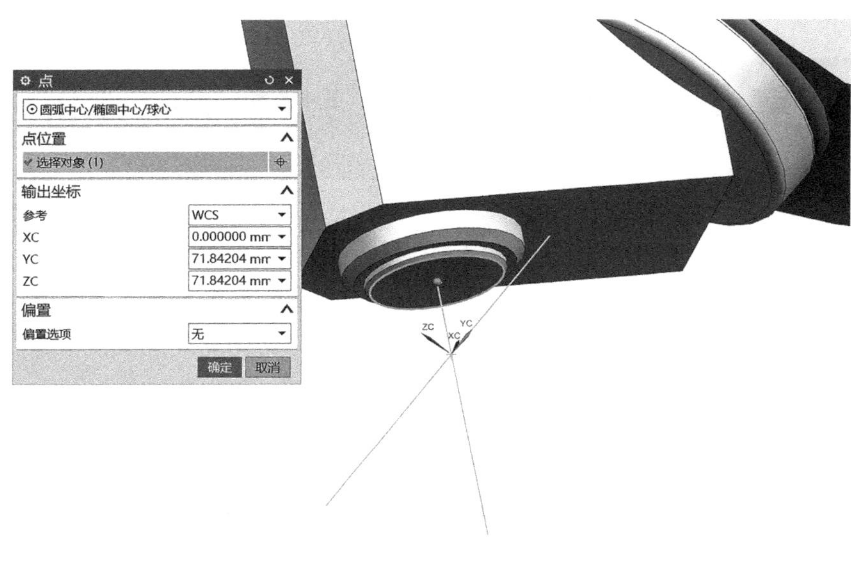

图　9-29

第10章 五轴BC一转头一转台机床搭建讲解

10.1 五轴BC一转头一转台机床简介

实例为UG NX软件中的模型，如图10-1所示。

扫一扫，看视频

1. 机床运动轴

机床运动轴如图10-2所示，具体如下：

Z轴：传递主要切削力的主轴为Z轴。

X轴：X轴始终水平，且平行于工件装夹面。

Y轴：Y轴由笛卡儿直角坐标系确定。

B轴：绕Y轴旋转的轴，称为B轴。

C轴：绕Z轴旋转的轴，称为C轴。

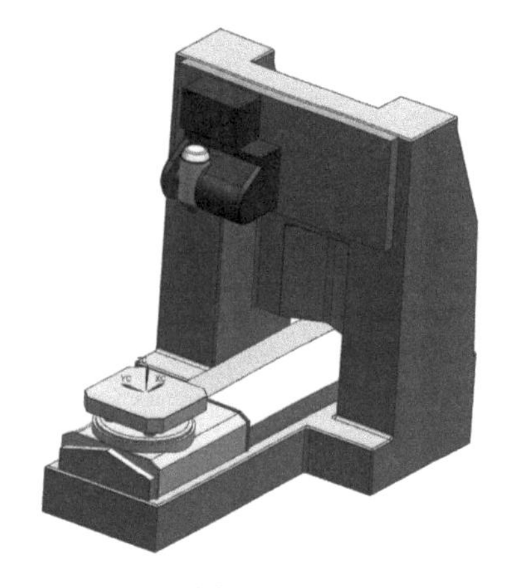

图 10-1

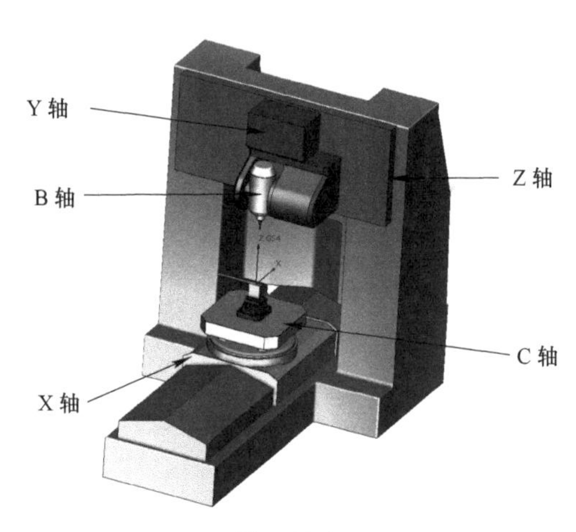

图 10-2

2. 机床主要技术参数

数控系统采用海德汉hei530的机床主要技术参数见表10-1。

表 10-1

序号	名称	规格
1	工作台尺寸	1240mm×1240mm
2	X轴行程	2400mm
3	Y轴行程	1600mm
4	Z轴行程	1400mm
5	B轴行程	−10°～+110°
6	C轴行程	n×360°

10.2　机床搭建

1. 建立新项目文件

单击“文件”→“新建项目”，弹出“新建VERICUT 项目”对话框，如图 10-3 所示，①选“新建项目”→②选“毫米”→③填写新建项目名称“五轴 BC 一转头一转台机床 .vcproject”→④单击“确定”。

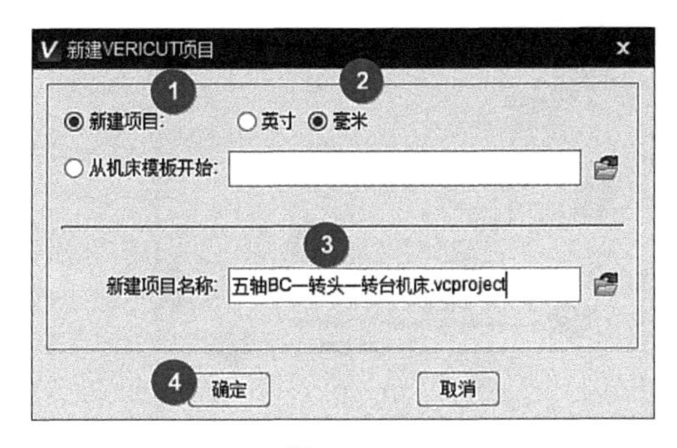

图　10-3

2. 显示机床组件

单击按钮，显示机床组件，如图 10-4 所示。

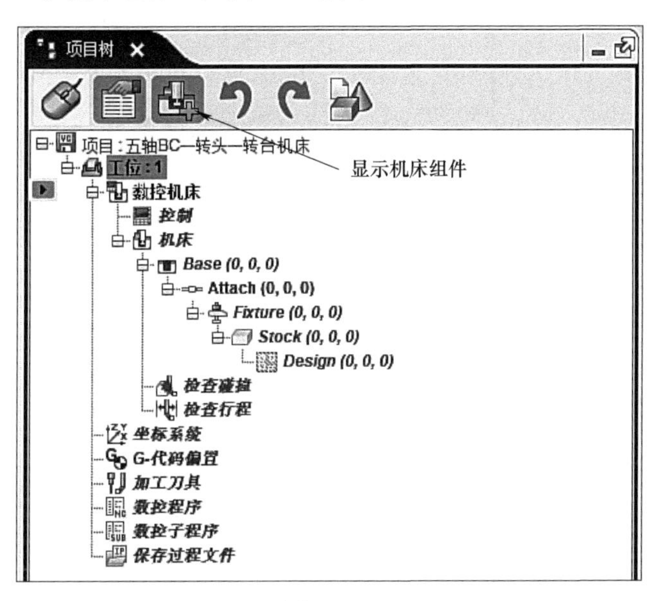

图　10-4

3. 定义机床各组件的逻辑关系

由于组件没有尺寸和形状，只反映组件各自的功能属性，所以在项目树中编号。

1）如图 10-5 所示，各组件的逻辑关系是：床身→ Z 组件→ Y 组件→ B 旋转→主轴→刀具。具体为：

①床身→②床身模型→③ Z 组件→④ Z 轴模型→⑤ Y 组件→⑥ Y 轴模型→⑦ B 旋转→⑧ B 轴模型→⑨主轴组件→⑩刀具组件→⑪刀具。

2）如图 10-6 所示，各组件的逻辑关系是：床身→ X 组件→ C 旋转→附属→夹具组件→毛坯组件→设计组件。具体为：

①床身→②床身模型→③ X 组件→④ X 轴模型→⑤ C 旋转→⑥ C 轴模型→⑦附属→⑧夹具组件→⑨夹具模型→⑩毛坯组件→⑪毛坯模型→⑫设计组件。

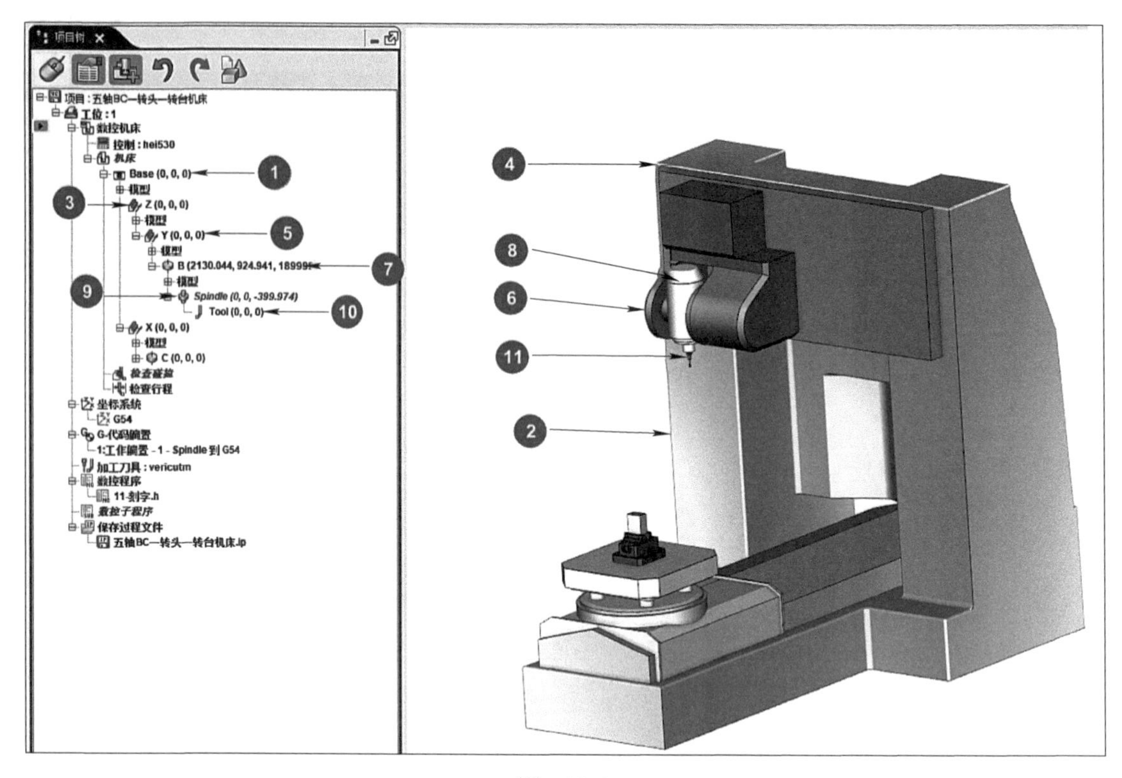
项目树
项目：五轴BC—转头—转台机床
工位：1
数控机床
控制：hei530
机床
Base (0, 0, 0)
模型
Z (0, 0, 0)
模型
Y (0, 0, 0)
模型
B (2130.044, 924.941, 18999
模型
Spindle (0, 0, -399.974)
Tool (0, 0, 0)
X (0, 0, 0)
模型
C (0, 0, 0)
检查碰撞
检查行程
坐标系统
G54
G-代码偏置
1:工作偏置 - 1 - Spindle 到 G54
加工刀具：vericutm
数控程序
11-刻字.h
数控子程序
保存过程文件
五轴BC—转头—转台机床.ip
1
2
3
4
5
6
7
8
9
10
11

图 10-5

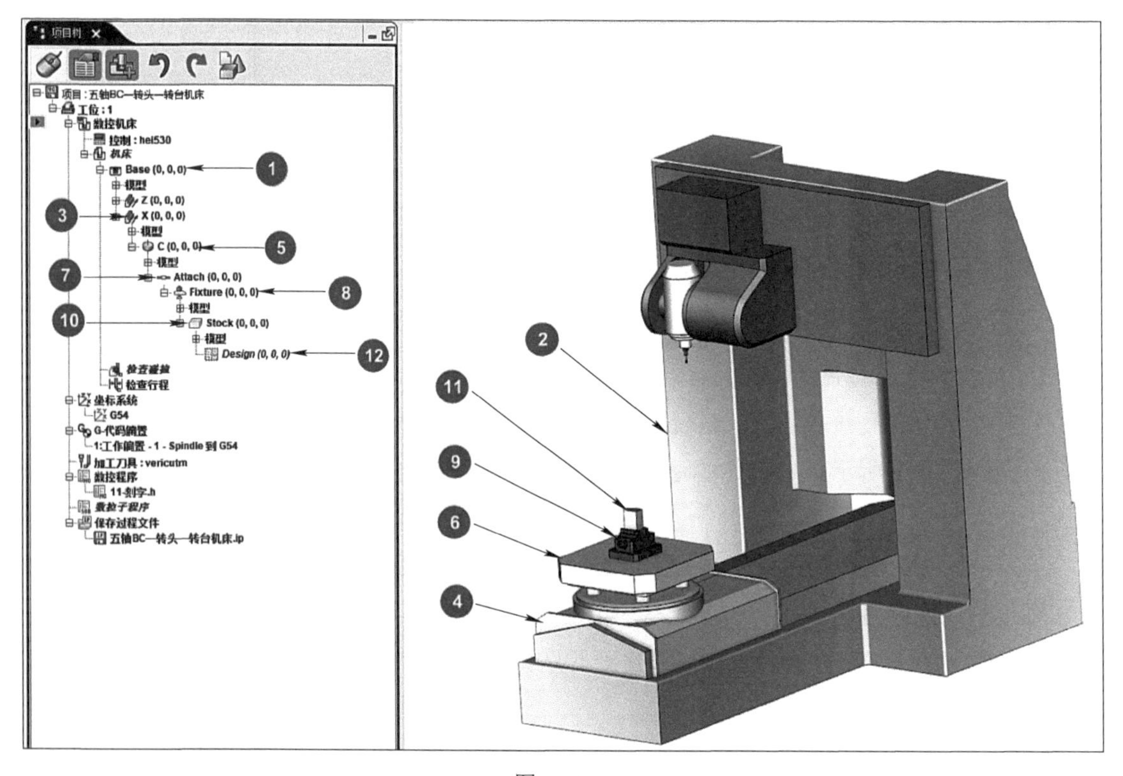
项目树
项目：五轴BC—转头—转台机床
工位：1
数控机床
控制：hei530
机床
Base (0, 0, 0)
模型
Z (0, 0, 0)
X (0, 0, 0)
模型
C (0, 0, 0)
模型
Attach (0, 0, 0)
Fixture (0, 0, 0)
模型
Stock (0, 0, 0)
模型
Design (0, 0, 0)
检查碰撞
检查行程
坐标系统
G54
G-代码偏置
1:工作偏置 - 1 - Spindle 到 G54
加工刀具：vericutm
数控程序
11-刻字.h
数控子程序
保存过程文件
五轴BC—转头—转台机床.ip
1
2
3
4
5
6
7
8
9
10
11
12

图 10-6

4. 添加各组件

在建模软件里设置工作台中心为机床零点，逐一导出各个模型。

1）如图 10-7 所示，①右击“Base”→②将光标移至“添加组件”→③选择“Z 线性”→④添加好 Z 组件，右击“Z”组件→⑤将光标移至“添加组件”→⑥选择“Y 线性”→⑦添加好 Y 组件，右击“Y”组件→⑧将光标移至“添加组件”→⑨选择“B 旋转”→⑩添加好 B 旋转，右击“B”旋转→⑪将光标移至“添加组件”→⑫选择“主轴”→⑬添加好主轴组件，右击“Spindle”→⑭将光标移至“添加组件”→⑮选择“刀具”。

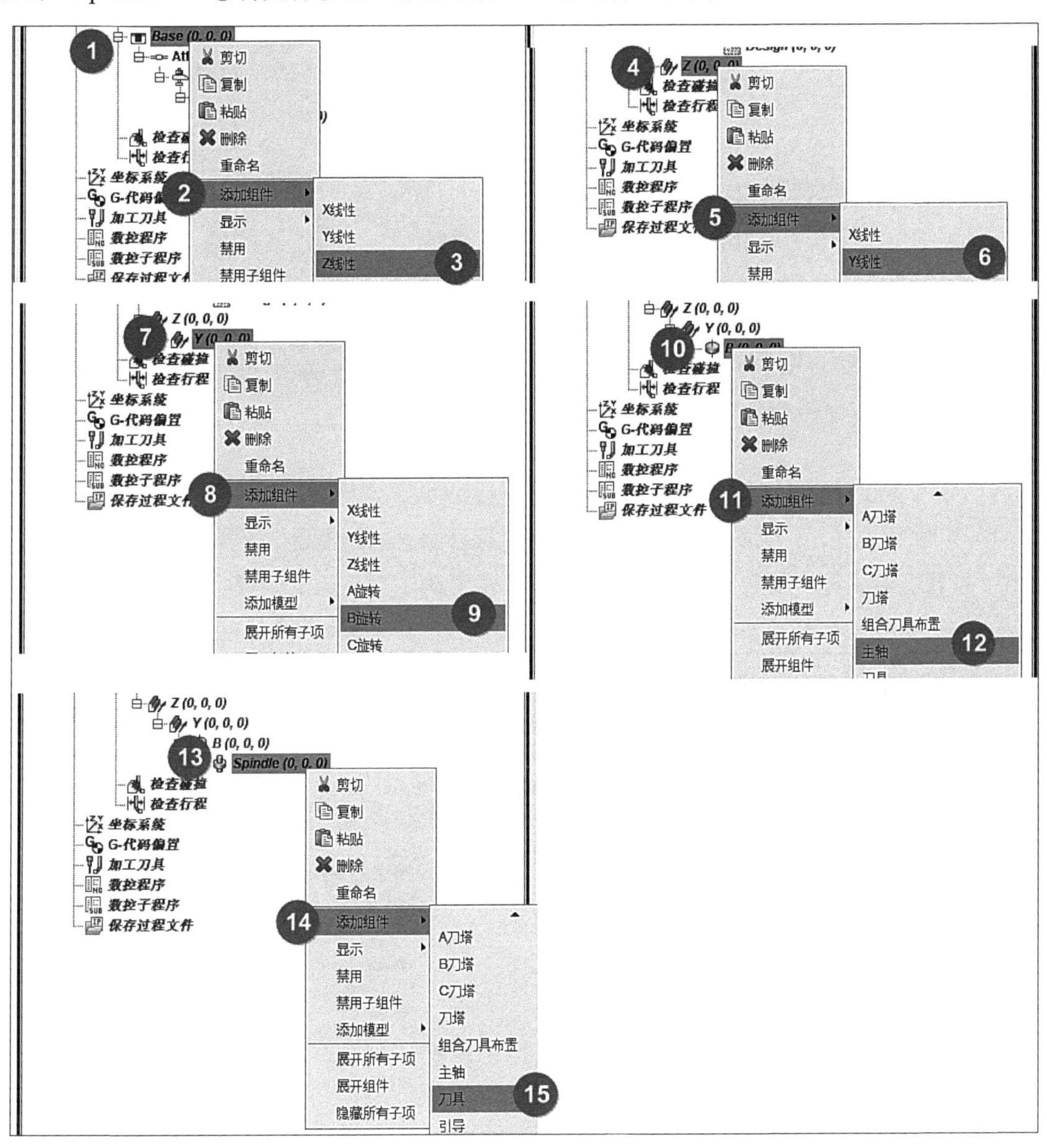

图 10-7

2）如图 10-8 所示，①右击“Base”→②将光标移至“添加组件”→③选择“X 线性”→④添加好 X 线性，右击“X”线性→⑤将光标移至“添加组件”→⑥选择“C 旋转”→⑦右击“Attach”→⑧单击“剪切”→⑨右击“C”旋转→⑩单击“粘贴”。

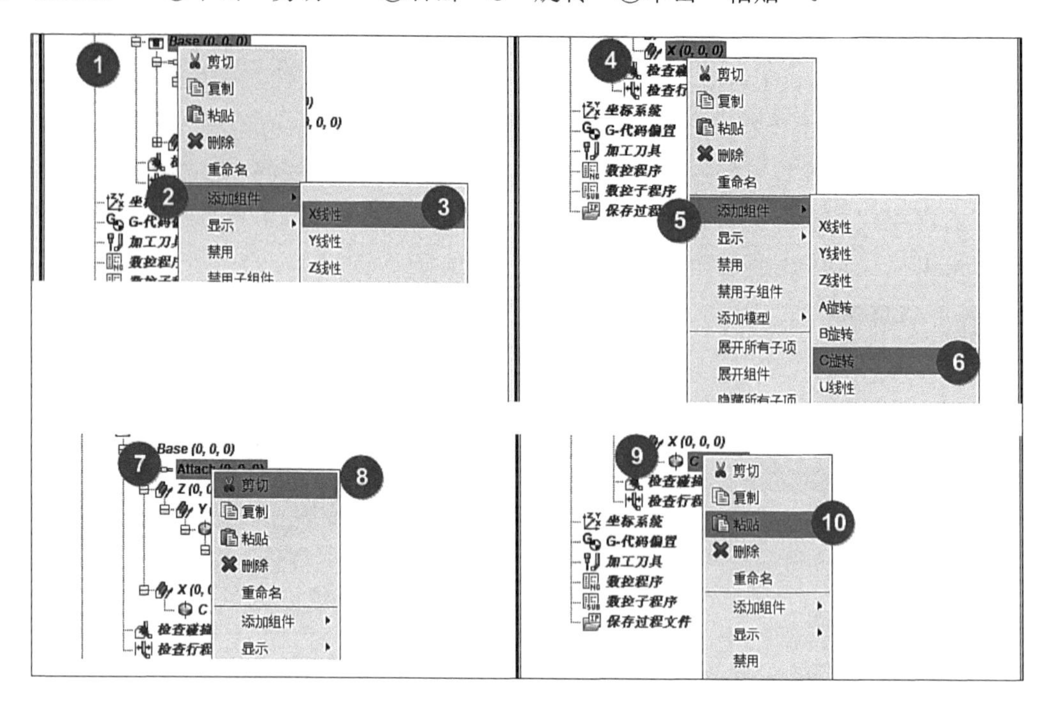

图 10-8

5. 导入各组件的模型并调整位置

1）如图 10-9 所示，①右击“Base”→②将光标移至“添加模型”→③单击“模型文件”，弹出“打开”对话框→④选择“base.stl”→⑤单击“确定”，床身的模型就输入完毕。

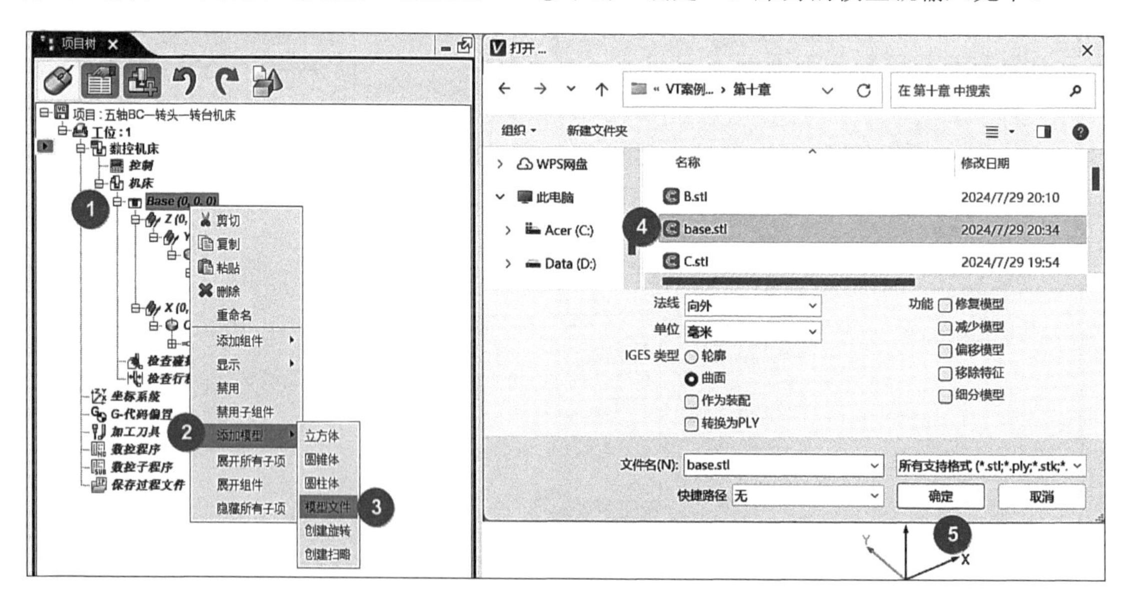

图 10-9

2）如图 10-10 所示，①右击“Z”组件→②将光标移至“添加模型”→③单击“模型文件”，弹出“打开”对话框→④选择“Z.stl”→⑤单击“确定”，Z 轴的模型就输入完毕。

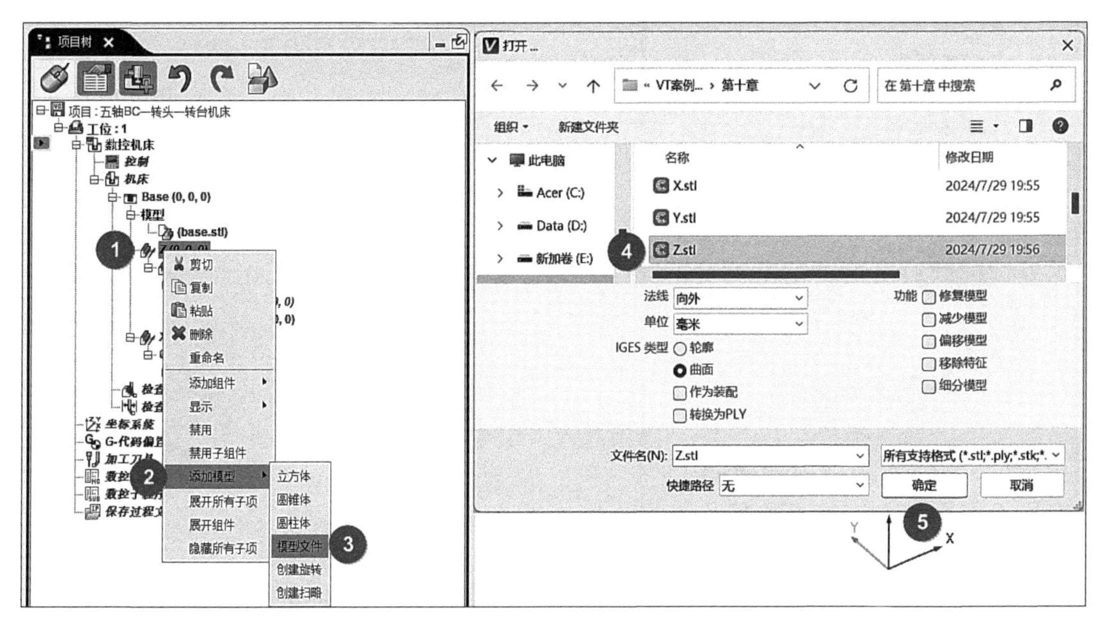

图　10-10

3）如图 10-11 所示，①右击“Y”组件→②将光标移至“添加模型”→③单击“模型文件”，弹出“打开”对话框→④选择“Y.stl”→⑤单击“确定”，Y 轴的模型就输入完毕。

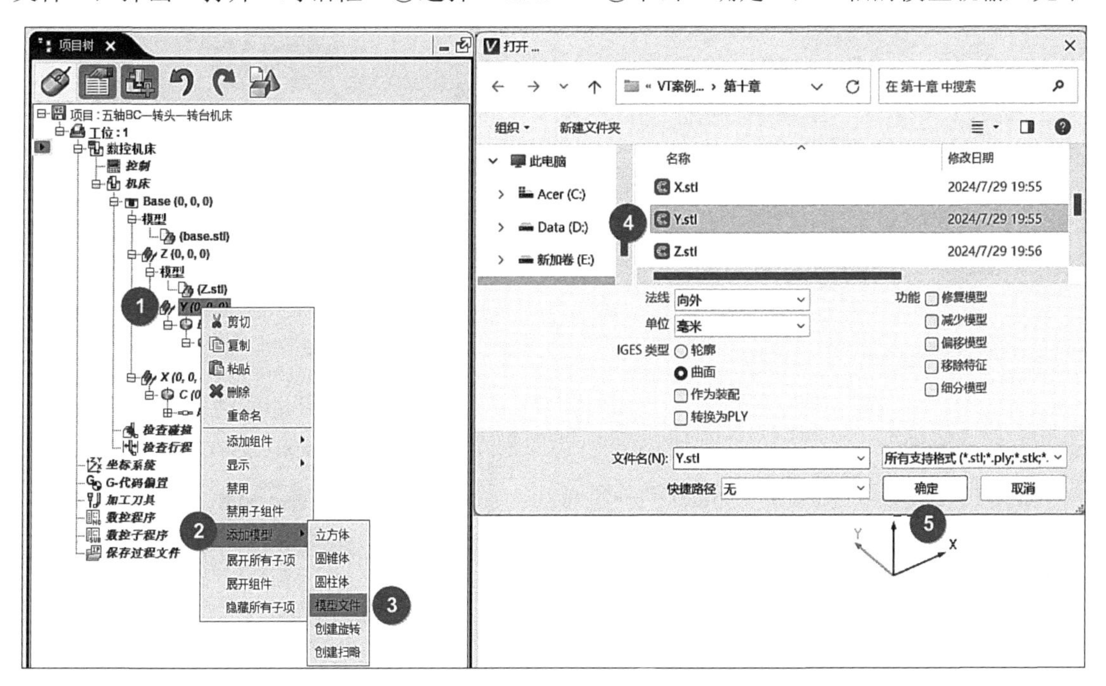

图　10-11

4）如图 10-12 所示，①右击“B”旋转→②将光标移至“添加模型”→③单击“模型文件”，弹出“打开”对话框→④选择“B.stl”→⑤单击“确定”，B 轴的模型就输入完毕。

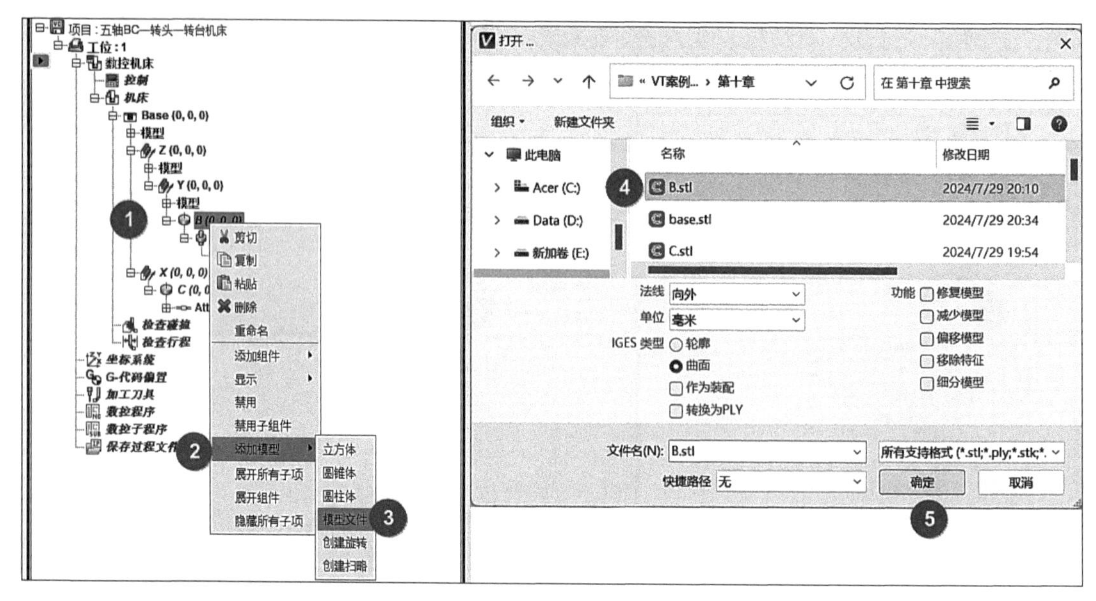

图 10-12

如图 10-13 所示，①单击“B”旋转→②单击“坐标系”→③位置“2130.044 924.941 1899.92”。

如图 10-14 所示，①单击模型“B.stl”→②单击“坐标系”→③位置“-2130.044 -924.941 -1899.92”。

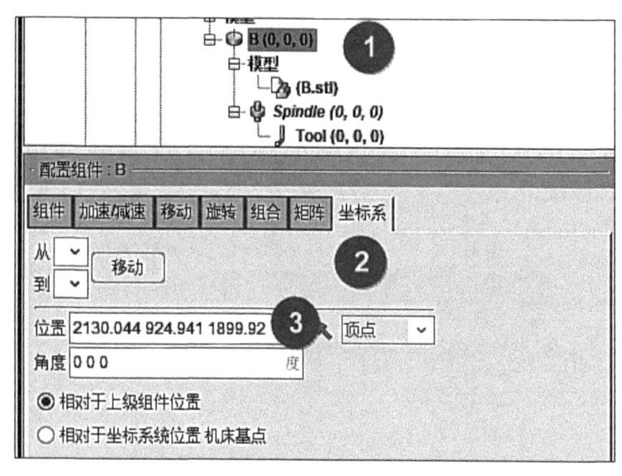

图 10-13

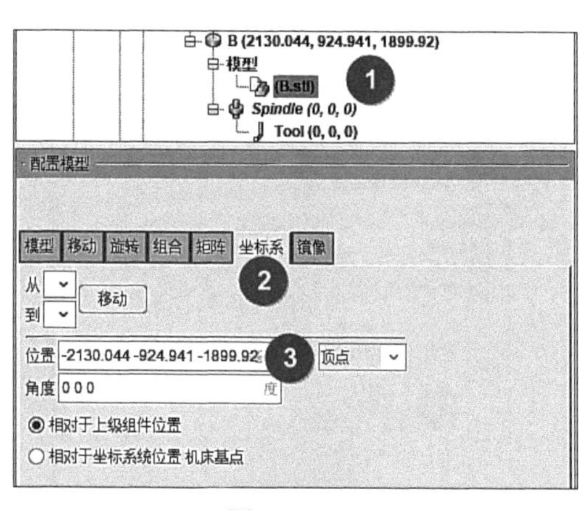

图 10-14

如图 10-15 所示，①单击“Spindle”→②单击“坐标系”→③位置“0 0 -399.974”。

5）如图 10-16 所示，①右击“X”组件→②将光标移至“添加模型”→③单击“模型文件”，弹出“打开”对话框→④选择“X.stl”→⑤单击“确定”，X 轴的模型就输入完毕。

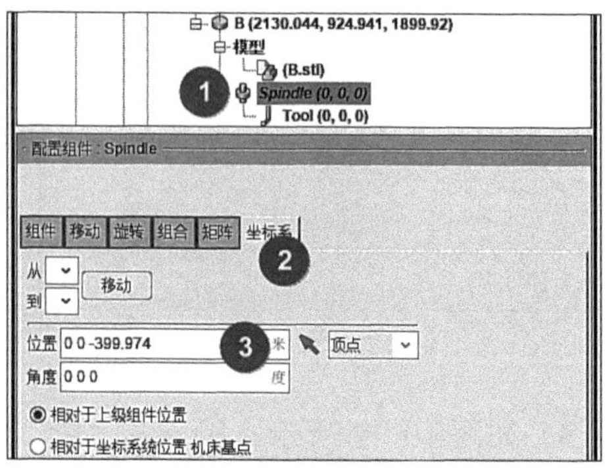

图 10-15

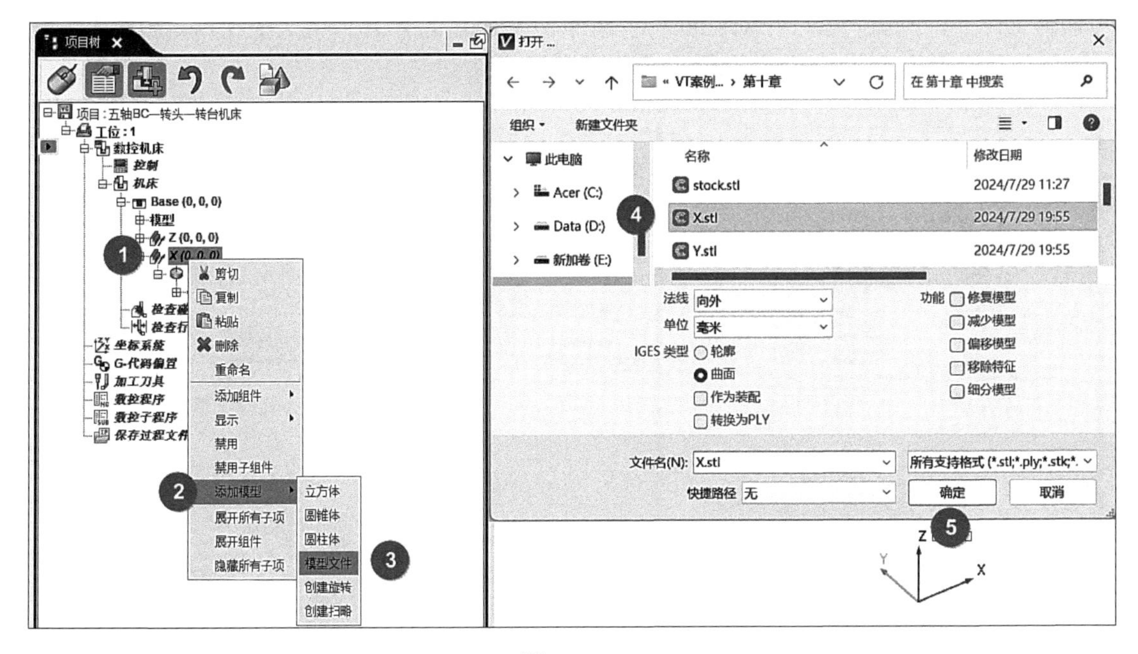

图　10-16

6）如图 10-17 所示，①右击“C”旋转→②将光标移至“添加模型”→③单击“模型文件”，弹出“打开”对话框→④选择“C.stl”→⑤单击“确定”，C 轴的模型就输入完毕。

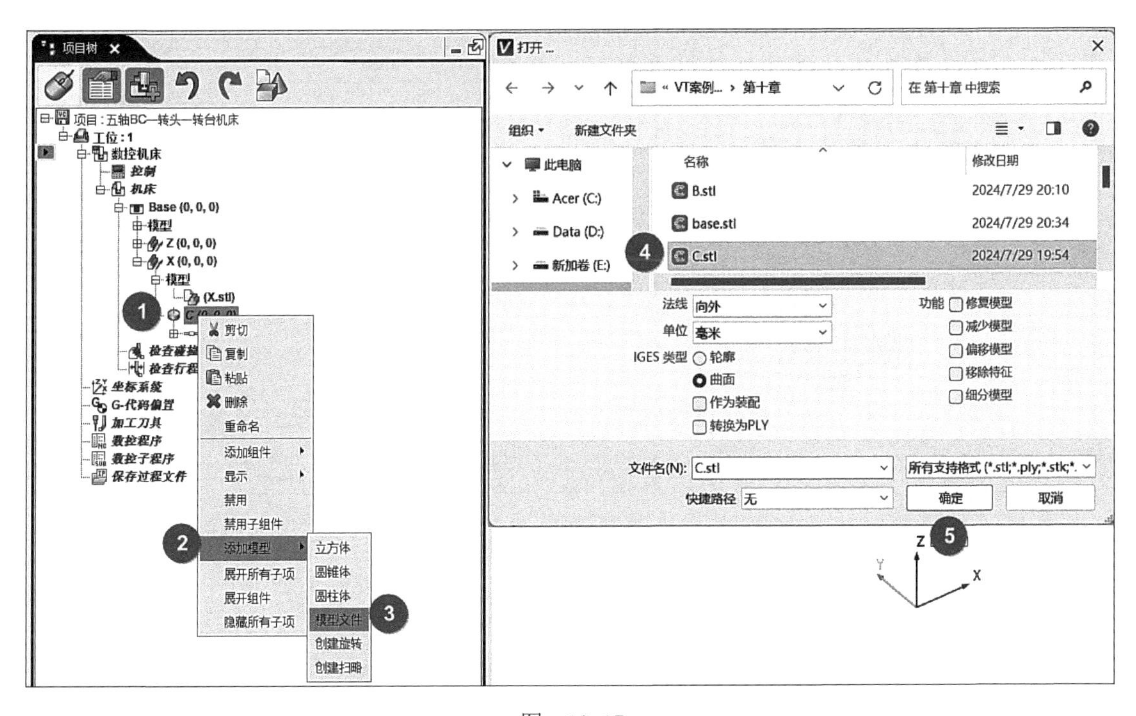

图　10-17

7）如图 10-18 所示，①右击“Fixture”组件→②将光标移至“添加模型”→③单击“模型文件”，弹出“打开”对话框→④选择“大虎钳底座 .stl”“大虎钳口 1.stl”“大虎钳口 2.stl”→⑤单击“确定”，夹具的模型就输入完毕。

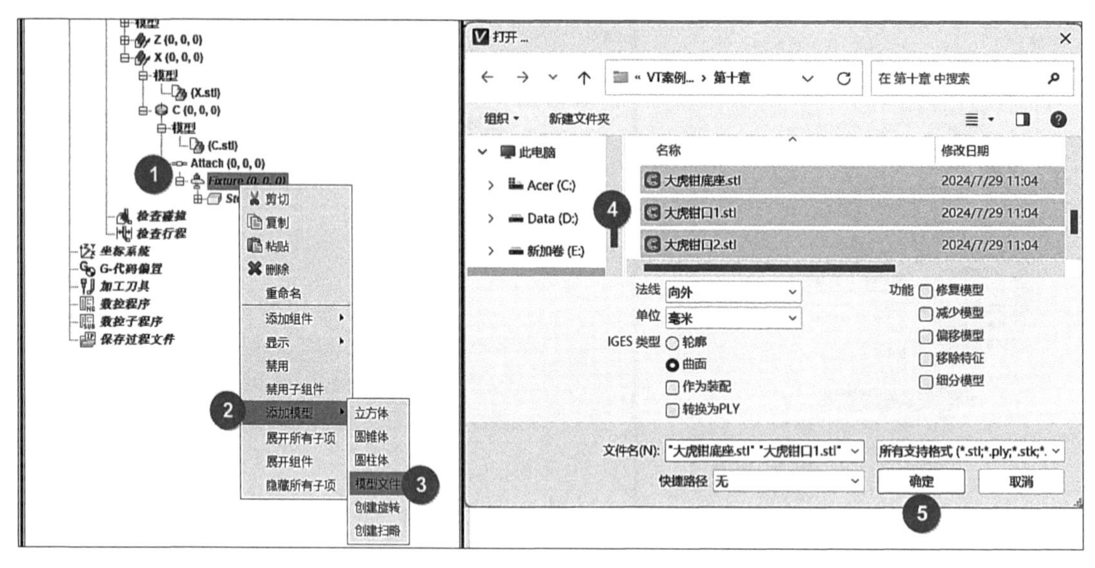

图 10-18

8）如图 10-19 所示，①右击“Stock”组件→②将光标移至“添加模型”→③单击“模型文件”，弹出“打开”对话框→④选择“stock.stl”→⑤单击“确定”，毛坯的模型就输入完毕。

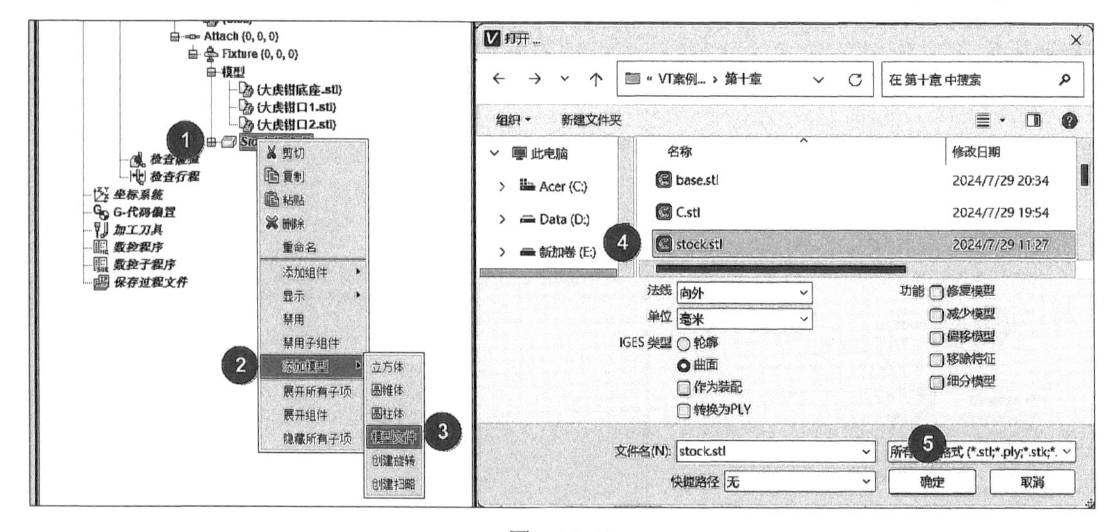

图 10-19

6. 创建坐标系

如图 10-20 所示，①右击“坐标系统”→②弹出右键快捷菜单，单击“新建坐标系”→③在“配置坐标系统”中单击 按钮→④将光标移到毛坯顶部箭头位置单击→⑤创建后的坐标系效果→⑥右击“Csys1”→⑦单击“重命名”→⑧输入“G54”→⑨确定后毛坯上的坐标系名称变成 G54。

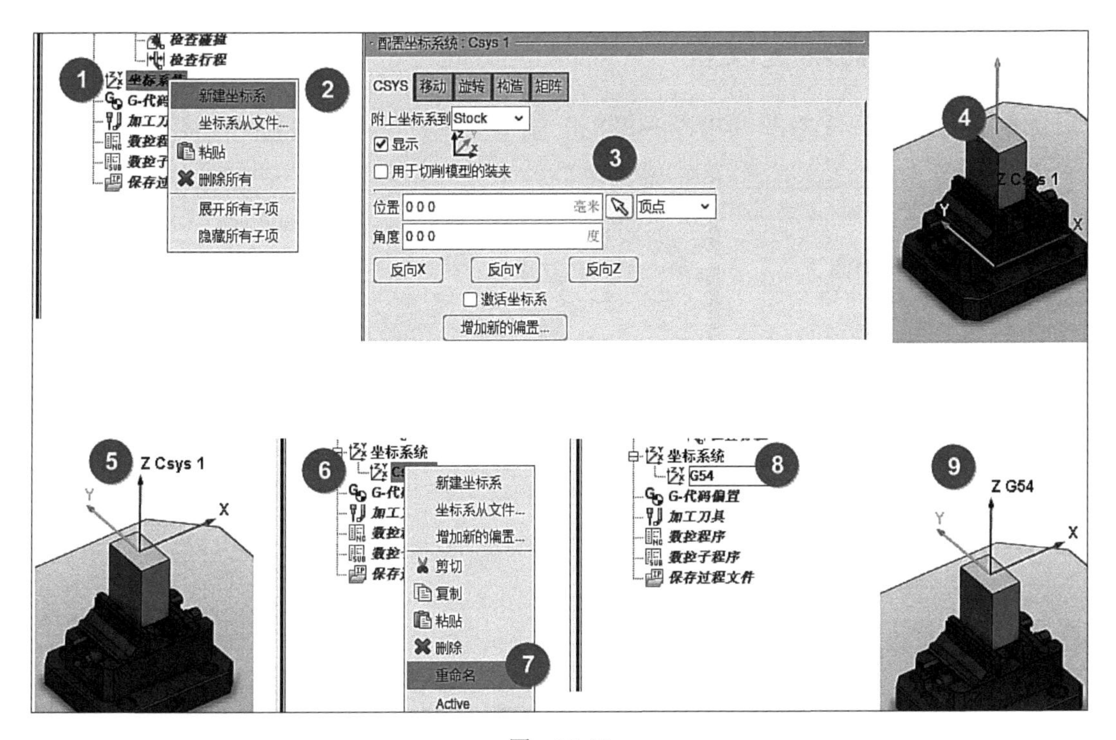

图 10-20

7. 添加 NC 程序和定义工作偏置

如图 10-21 所示，①单击“G- 代码偏置”→②在“配置 G- 代码偏置”里单击“添加”→③单击“1: 工作偏置”→④寄存器“1”→⑤在“从”后选“组件”“Spindle”→⑥在“到”后选“坐标原点”“G54”。

图 10-21

10.3 机床控制系统设置

如图 10-22 所示，①右击“控制”→②单击“打开”→③选择“hei530.ctl”→④单击“打开”。

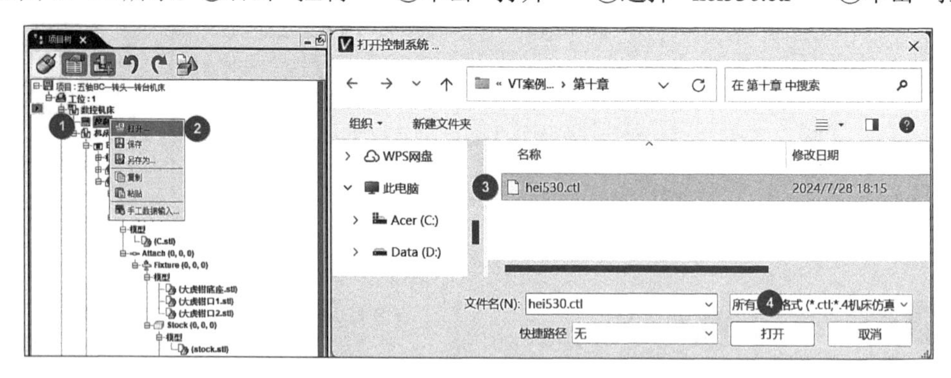

图 10-22

10.4 机床设置

单击菜单中“机床 / 控制系统”→单击“机床设定”，弹出“机床设定”对话框，如图 10-23 所示。

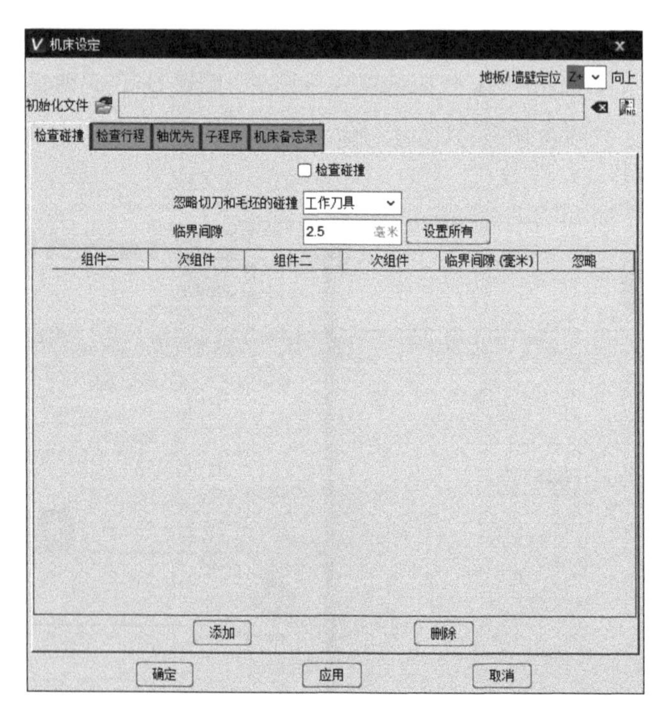

图 10-23

1. 检查碰撞

检查碰撞用于设置该组件之间的碰撞关系。

如图 10-24 所示，①单击“添加”→②勾选“检查碰撞”→③将组件一选“B”→④将组件二选“C”→⑤勾选组件二的次组件→⑥单击“应用”→⑦单击“确定”，检查碰撞就设置完成。

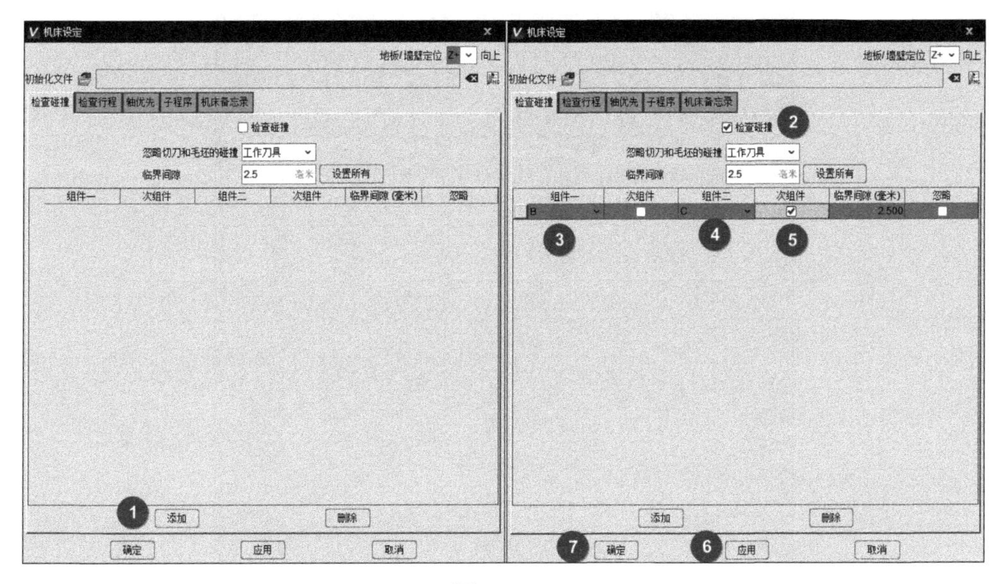

图　10-24

2. 检查行程

检查行程用于设定机床各运动轴的极限超程问题。

如图 10-25 所示，①单击“检查行程”选项卡→②单击“添加组”→③勾选“检查超程”→④勾选“允许运动超出行程”→⑤出现 Z 组件、Y 组件、B 旋转、X 组件及 C 旋转行程设置表格→⑥在 Z 组件、Y 组件、B 旋转、X 组件及 C 旋转行程设置表格中依照图上数值填写→⑦单击“应用”→⑧单击“确定”，检查行程就设置完成。参照机床 X 轴行程 2400mm、Y 轴行程 1600mm、Z 轴行程 1400mm、B 轴行程 −10° ～ +110° 、C 轴行程 n×360° 。

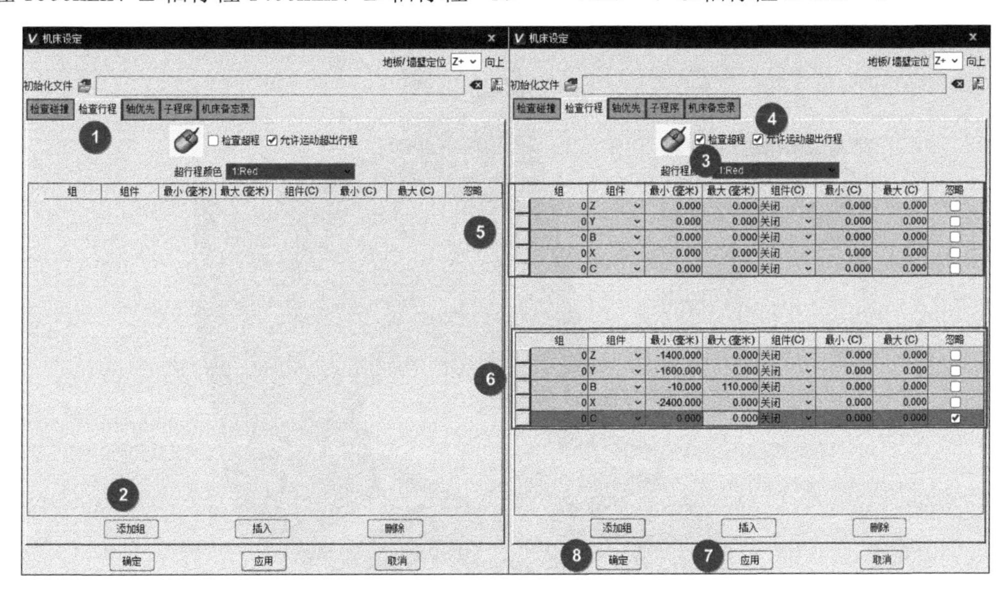

图　10-25

3. 轴优先

轴优先可设定快速模式下各运动轴的优先顺序，如图 10-26 所示。

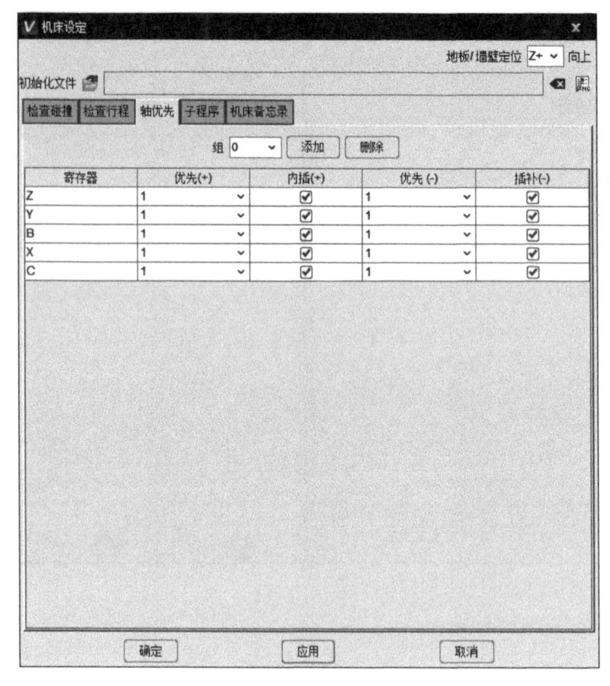

图 10-26

注意事项：关闭项目之前要将文件汇总一次并保存过程文件。

10.5 本章小结

1）B 组件移动的距离须在 UG NX 中测量，如图 10-27 所示，Z 轴模型移动的位置正面跟组件位置坐标相反。

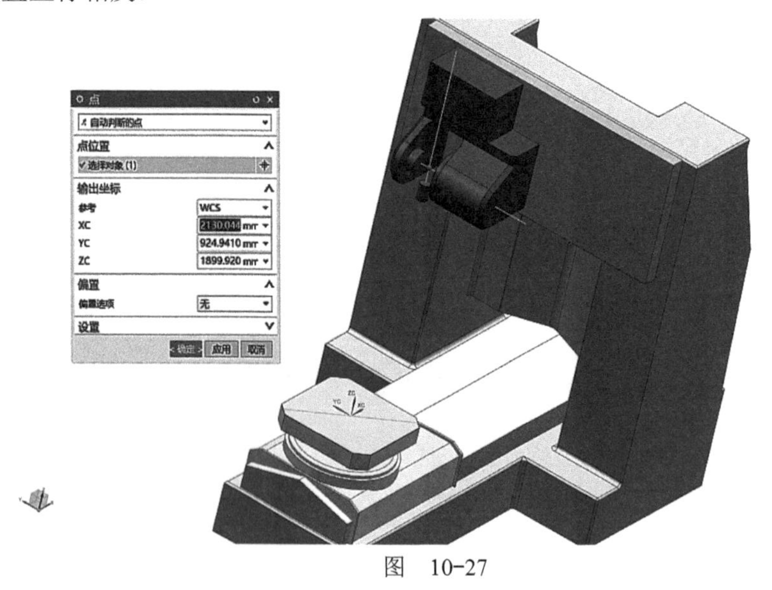

图 10-27

2）B 轴模型移动的距离跟 B 组件位置的数值相反。

3）主轴组件移动的距离须在 UG NX 中测量，如图 10-28 所示。

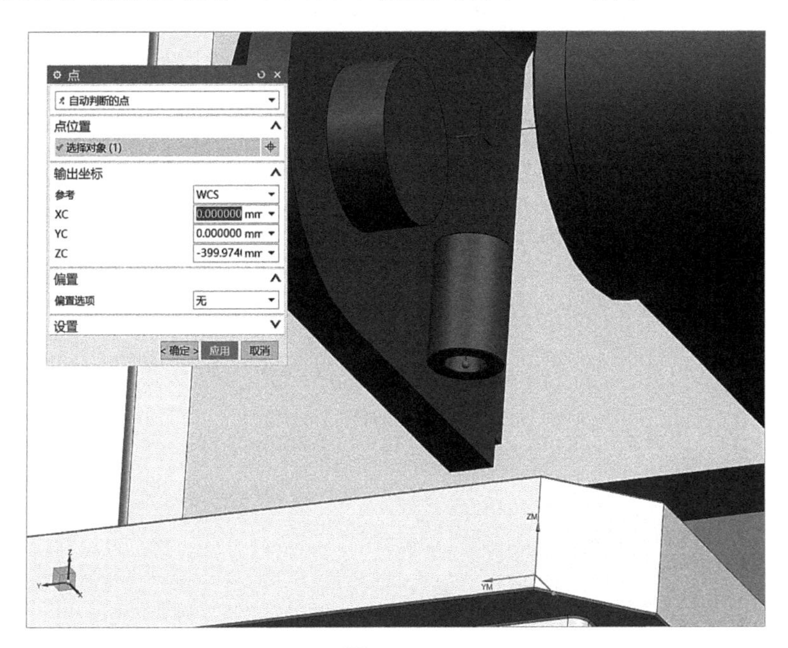

图　10-28

参 考 文 献

[1] 王荣兴. 加工中心培训教程 [M]. 北京：机械工业出版社，2006.
[2] 李海霞，姬东伟，郭长永，等. VERICUT7.2 数控加工仿真技术培训教程 [M]. 北京：清华大学出版社，2013.